Martina Bär / Rainer Krumm / Hartmut Wiehle

Unternehmen verstehen, gestalten, verändern

Martina Bär / Rainer Krumm
Hartmut Wiehle

Unternehmen verstehen, gestalten, verändern

Das Graves-Value-System
in der Praxis

2., überarbeitete
und erweiterte Auflage

GABLER

Bibliografische Information der Deutschen Nationalbibliothek
Die Deutsche Nationalbibliothek verzeichnet diese Publikation in der
Deutschen Nationalbibliografie; detaillierte bibliografische Daten sind im Internet über
<http://dnb.d-nb.de> abrufbar.

1. Auflage 2007
  Nachdruck 2008
2. Auflage 2010

Alle Rechte vorbehalten
© Gabler Verlag | Springer Fachmedien Wiesbaden GmbH 2010

Lektorat: Ulrike M. Vetter

Gabler Verlag ist eine Marke von Springer Fachmedien.
Springer Fachmedien ist Teil der Fachverlagsgruppe Springer Science+Business Media.
www.gabler.de

Umschlaggestaltung: KünkelLopka Medienentwicklung, Heidelberg
Gedruckt auf säurefreiem und chlorfrei gebleichtem Papier

ISBN 978-3-8349-1906-9

Vorwort zur 2. Auflage

Je mehr wir im täglichen Leben mit dem Graves-Value-System arbeiten, desto mehr steigert sich unsere Begeisterung für dieses „Modell der Welt". Umso erfreulicher ist es, dass das Graves-Value-System zu immer größerer Bekanntheit gelangt und zunehmend an Bedeutung gewinnt. Inzwischen finden wir das Modell und unser Buch vermehrt in der Fachpresse und -literatur zitiert. Es wird vor den unterschiedlichsten Hintergründen dargestellt. Und wir sind stolz, dass wir mit unserer Arbeit einen Mosaikstein dafür legen durften.

Diese zweite Auflage erscheint nun zu einer Zeit, in der der Veränderungsdruck auf Unternehmen vehement angestiegen ist. Die Notwendigkeit zur Veränderung wurde durch die weltweite Krise deutlicher als je zuvor. Doch immer mehr Unternehmenslenker stehen allein. Sie wissen, dass sie ihr Unternehmen verändern müssen, um nachhaltig den Erfolg zu sichern – oder das bloße Überleben. Jedoch die Fragen: „Was soll ich heute und morgen tun?", „In welche Richtung soll und kann ich mein Unternehmen mittelfristig verändern?" „Wie werde ich die Veränderung bewerkstelligen?" bleiben offen. Dieses Buch soll den verantwortungsvollen Managern eine Unterstützung geben: Zum Klardenken, für Ideen zur Beantwortung der wichtigsten Fragen, beim Gehen der Veränderungsschritte.

Die hohe Resonanz und die umfangreichen Rückmeldungen aus unserem professionellen Umfeld – von Kunden, von Geschäftspartnern, von Professoren, mit denen wir eng zusammenarbeiten – haben uns dazu bewogen, unser Buch für diese zweite Auflage zu überarbeiten und neue Inhalte aufzunehmen. Wir sind sehr dankbar für die konstruktiven Diskussionen, die wir geführt haben, und das bereichernde Feedback, das wir bekommen haben.

Das ist neu:

Führung: Ein wesentlicher Faktor der Unternehmenskultur drückt sich durch die Art und Weise aus, wie Führung in einem Unternehmen wahrgenommen wird. Wir haben das etablierte Modell des „Situativen Führens" eingehend untersucht und seine Facetten auf das Graves-Value-System projiziert und Erstaunliches festgestellt.

Veränderungsrahmen: Aus den umfangreichen Rückmeldungen zu unserem Buch haben wir gelernt, dass der größte Mehrwert unserer Arbeit darin liegt, dass wir beschreiben, wie ein Veränderungsprozess systematisch geplant und erfolgreich umgesetzt werden kann. Dies haben wir zum Anlass genommen, die Inhalte des Kapitels „Der Veränderungsrahmen" weiter zu schärfen und auszubauen. In diesem Zusammenhang haben wir zudem das „Schalenmodell" eingeführt. Es sortiert die einzelnen Gestaltungselemente einer Organisation: Kultur, Strategie, Struktur, Prozesse und Tools. Mit dem Schalenmodell gewinnen wir eine sehr übersichtliche neue Struktur hinzu: Zum Beschreiben einer Organisation, vor allem aber zur Definition und Umsetzung von Veränderungsmaßnahmen. Es hilft sehr, zu beschreiben, wo die Maßnahmen im Unternehmen ansetzen und wie diese wirken.

Unsere Leser haben auch nach mehr wissenschaftlichem Hintergrund gefragt. Mit „Let the data talk" haben wir einen sehr spannenden Teil der Forschungen von Professor Graves (in den Anhang) aufgenommen.

Zudem haben wir zwei neue Fallstudien aufbereitet. An dieser Stelle möchten wir unseren Kunden ganz herzlich danken, dass wir ihre Vorhaben beschreiben durften – und für die konstruktive Zusammenarbeit, ohne die eine erfolgreiche Umsetzung der Veränderungsvorhaben nicht möglich gewesen wäre.

Wir wünschen allen unseren Lesern viel Spaß mit dieser neuen Auflage und freuen uns auch weiterhin über zahlreiche Rückmeldungen und spannende Diskussionen!

Martina Bär, Rainer Krumm, Hartmut Wiehle

www.gravesvaluesystem.de

Vorwort zur 1. Auflage

Als wir zum ersten Mal mit den Arbeiten von Professor Clare Graves in Berührung kamen, waren wir von der Komplexität seines Systems auf der einen und von dessen Praxisnähe auf der anderen Seite fasziniert. „Ein Modell der Welt" hieß es – und das schien es auch zu sein.

Je tiefer wir das Modell durchdrangen, umso klarer waren viele Situationen im alltäglichen Leben, in Unternehmen, in der Gesellschaft sowie der Politik einzuordnen. Warum verhält sich die eine Organisation so und eine andere in einer vergleichbaren Situation völlig anders? Warum wirken die „Rezepte" von Management, Führung und Organisationsentwicklung einmal hervorragend und dann wieder weniger gut bis gar nicht? Wie erklärt sich die Übertragbarkeit von Erfolgsmustern – und was sind dabei die Voraussetzungen?

Antworten fanden wir über das nach Professor Graves benannte Graves-Value-System. Dieses ist ein Modell der Entwicklungsstufen von menschlichen Systemen wie Organisationen oder auch Gesellschaften. Aus den Entwicklungsstufen leitet es wesentliche Merkmale und Verhaltensweisen ab und beschreibt ebenso, wie die Systematik des Veränderungsprozesses von einer Entwicklungsstufe in die nächste aussieht.

Wir begannen durch das Graves-Value-System die Welt mit anderen Augen zu sehen und sie dadurch besser zu verstehen, einen völlig anderen Zugang zu ihr zu bekommen. Das Arbeiten und Lernen mit diesem Modell half uns, Unternehmen in Veränderungsprozessen besser zu beraten und wirksamer zu unterstützen.

Das Wissen darüber ist nach unserer Einschätzung für viele gut nutzbar – zum Verstehen und zum Gestalten gleichermaßen. Unser Anspruch ist es daher, in einem Buch von Praktikern für Praktiker viel Konkretes und Anwendbares zu transportieren.

Auf dem Weg zu unserer Arbeit mit dem Graves-Value-System liegt viel Vorarbeit von anderen – sowie Inspiration und Unterstützung durch andere. Wir bedanken uns ganz herzlich bei allen, die uns auf dem Weg zu diesem Praxisleitfaden unterstützt und einen Beitrag dazu geleistet haben:

- Zuallererst natürlich Professor Dr. Clare W. Graves, der in jahrzehntelanger Forschung das Modell entwickelt hat.

▓ Don Edward Beck und Christopher C. Cowan, die mit ihrem englischsprachigen Buch „Spiral Dynamics ®"[1] die theoretische Fundierung des Graves-Value-Systems weiter vorangetrieben haben und damit das Gedankengut von Professor Graves sichern konnten.

▓ Sigi Demetz, der uns auf das Graves-Value-System aufmerksam machte und es uns näher brachte. Er hat uns das erste große „Aha-Erlebnis" in der Arbeit mit dem Modell von Graves geschenkt.

▓ Allen Führungskräften, Managern und Geschäftsführern unserer Kunden, die mit uns erfolgreiche Veränderungsprojekte durchgeführt haben. Danke für Ihr Vertrauen und den Beweis der Praxistauglichkeit unserer Arbeit.

▓ Unseren Kollegen, Beratern, Trainern und Freunden für ihren kritischen und kompetenten Input, ihre Spiegelung an eigenen Erfahrungen in Veränderungsprojekten und viel gesunden Menschenverstand.

▓ Unserer Lektorin Dunja Reulein für die konstruktiv-kritische Durchsicht des Manuskripts.

▓ Ulrike M. Vetter vom Gabler Verlag für die Zusammenarbeit und das Vertrauen.

▓ Dem Architekten Thomas Zell für die visuelle Umsetzung des „Treppenmodells".

▓ Unserem jeweiligen privaten Umfeld, insbesondere unseren Ehepartnern Shirin, Nicole und Ulrich, für die umfassende Unterstützung, die immer wieder erforderliche Motivation – und vor allem für das große Verständnis für die Mühen und die Zeit, um dieses Buch entstehen zu lassen.

Martina Bär, Rainer Krumm, Hartmut Wiehle

www.gravesvaluesystem.de

---

1   Spiral Dynamics is a registered trademark of the National Values Center.

Inhaltsverzeichnis

Abbildungsverzeichnis

Change-Prozesse sind doch anders – darum dieses Buch

1.   Veränderung ist nötig

Sie als Unternehmer, Manager oder Berater haben das Ziel, Unternehmen langfristig leistungsfähig aufzustellen. Dies ist nur durch eine regelmäßige zielgerichtete Anpassung des Unternehmens an die sich häufig schnell verändernden Rahmenbedingungen möglich.

Der Blick in die Entwicklung von Unternehmen zeigt grundsätzlich, dass diese auch in der Vergangenheit verschiedenste Veränderungen durchlaufen haben. Dies gilt auch für öffentliche Organisationen, ganze Gesellschaften oder kleinere Gruppen wie Abteilungen, Vereine oder Familien. Die Veränderungen waren entweder gezielt herbeigeführt oder sind das Ergebnis einer Summe von Einflussfaktoren. Oft kann man deren tatsächliches Zusammenwirken nicht wirklich greifen. Für viele Bereiche sieht man dabei, dass weitere Veränderungen nötig sind – und häufig ist nicht klar, wie diese herbeigeführt werden sollen.

Eines ist deutlich: Veränderung ist ein ganz zentrales Thema. Wenn es darum geht, ein Unternehmen in eine gewünschte Richtung zu entwickeln, dann ist dies eine ganzheitliche Entwicklungsaufgabe. Das Einführen einer neuen Struktur, neuer Prozesse oder neuer Tools – wie beispielsweise variabler Gehaltsanteile, neuer Führungsmodelle, neuer Karrierepfade oder neuer Arbeitszeitregeln – führt für sich keine echte Unternehmensveränderung herbei. Diese Elemente werden natürlich benötigt. Ist eine wirkliche Weiterentwicklung der Organisation gewünscht, dann ist der Veränderungsprozess offensichtlich eine größere und komplexere Aufgabe. Sehr viel größer, als einem viele Veränderungskonzepte glauben machen wollen.

Und: Veränderungen sind nötig – volkswirtschaftlich und gesellschaftlich wahrscheinlich so nötig wie selten zuvor. Die wirtschaftliche Entwicklung, gemeinhin die „Globalisierung" und dann die globale Krise, verlangt leistungsfähigere Unternehmen, die auch langfristig gutes Geld verdienen. Viele Unternehmen benötigen zudem eine Kultur, die einerseits den Egoismus wieder durch mehr Sinn für die Allgemeinheit ersetzt und andererseits fordert und fördert, dass jeder Einzelne für sich selbst und für andere Verantwortung übernimmt.

2.   Herausforderungen für Unternehmen

Als Konsequenz aus Veränderungen der wirtschaftlichen Rahmenbedingungen besteht für viele Unternehmen die Notwendigkeit, sich aktiv anzupassen und ein neues Verhalten zu entwickeln. Die Intensität der Veränderungen in der Umwelt hat dabei zugenommen:

- Durch die gesenkten Markteintrittsbarrieren werden neue Märkte schneller erschlossen, aber auch schneller an Dritte verloren.

- Die Frage des Standorts eines Unternehmens richtet sich in vielen Branchen nicht mehr primär nach dem Absatzmarkt, sondern nach dem Beschaffungsmarkt der (Arbeits-)Ressourcen. Funktionsbereiche werden zu Shared Service Centern zusammengezogen, Nearshoring- und Offshoring-Konzepte setzen sich vermehrt durch.

- Produktlebenszyklen werden immer kürzer. Dies wird unterstützt durch die immer schnellere Verteilung von Information, die Vernetzung von multifunktionalen Fachleuten und die Möglichkeit, quasi 24 Stunden am Tag ununterbrochen an einem Projekt zu arbeiten.

- Weiterentwickelte Technologien schaffen Möglichkeiten für neue Arbeitsmodelle, prägen die Zusammenarbeit der Menschen und sorgen häufig für mehr Geschwindigkeit.

Allein an diesen wenigen Beispielen zeigt sich, dass sich für Unternehmen viele neue Chancen ergeben – aber auch der Druck, mithalten zu müssen oder eine passende Nische zu finden. Unternehmen sind aufgrund des Wettbewerbs und der transparenteren Märkte gezwungen, umzudenken und sich den neuen Bedingungen zu stellen. Neue Geschäftsmodelle entstehen, welche die Notwendigkeit zur Veränderung der Organisation und insbesondere auch der Unternehmenskultur nach sich ziehen.

Gleichzeitig entsteht das Gefühl, dass viele Unternehmen und Teile der Gesellschaft, vielleicht sogar die Gesellschaft als Ganzes, den Herausforderungen nicht gewachsen sind. Vieles scheint nicht besser, sondern nur schneller oder anstrengender zu sein als früher. Unternehmen müssten sich von einer heute vielfach ausgeprägten funktionalen, hierarchischen Organisation hin zu einer erfolgsorientierten, effizienten Organisation entwickeln. Denn diese Unternehmensform kann unter den gegebenen Rahmenbedingungen viel besser agieren. Tatsächlich reagieren Unternehmen auf den gesteigerten Druck mit einer „Ellenbogen"-Mentalität, die für noch mehr Unordnung und Geschwindigkeit sorgt.

Im Arbeitsleben fühlen sich daher viele Mitarbeiter überfordert oder alleingelassen, haben längst innerlich gekündigt, ohne zu wissen, wohin sie sich bewegen sollen. Die Aufgabe, Veränderung zu ermöglichen und den Menschen Orientierung zu geben, war also selten so aktuell wie heute.

Für Unternehmer und Manager bedeutet dies, die große Aufgabe anzunehmen, die erforderlichen Veränderungen zielgerichtet und möglichst beschleunigt herbeizuführen.

3.   Auch erprobte Ansätze scheitern oft

Immer mehr Manager stellen sich der Herausforderung, ihr Unternehmen grundsätzlich zu verändern. Hierbei wählen sie unterschiedliche Ansätze:

▪ Eine neue Vision und neue Strategien zu deren Umsetzung werden entwickelt. Zumeist entstehen in kurzer Zeit gute Konzepte. Zu oft kommt deren Umsetzung in der Organisation dann allerdings nicht weit voran.

▪ Das Unternehmen wird reorganisiert. Neue Strukturen werden aufgebaut, neue Rollen und Verantwortlichkeiten werden definiert. Neue Führungs- und Karrieremodelle finden Einzug. Auch diese, für sich betrachtet zumeist sehr guten Konzepte werden im Unternehmen nicht gelebt, finden keine Akzeptanz und erzielen somit nicht die gewünschte Wirkung.

▪ Process Reengineering: Bestehende Prozesse werden analysiert und neu aufgesetzt, neue Prozesse werden definiert – erprobte Modelle zur Prozessoptimierung wie SixSigma werden eingesetzt. Was zunächst eine Optimierung und Effizienzsteigerung verspricht, scheitert häufig am Widerstand der Mitarbeiter oder verliert sich im Detail.

▪ Verschiedenste Aspekte der Unternehmenssteuerung werden ins Auge gefasst. Die Palette reicht von veränderten Controllingansätzen bis hin zu modernen Kennzahlensystemen. Alle führen jedoch nur punktuell zu guten Ergebnissen.

▪ Personalentwicklung: Die Grundidee, einer Organisation Qualifikation, Fähigkeiten und Können zuzuführen, ist wichtig. Leider sind vielfach Qualifikationsmaßnahmen und Trainings nicht mit den tatsächlichen Anforderungen verzahnt und bleiben häufig wenig nachhaltig.

▪ Eine neue Vision und neue Werte werden definiert, eine umfassende Kommunikation wird aufgebaut, um die Mitarbeiter zu erreichen und sie mitzunehmen. Aber nur das Richtige über die Zukunftsperspektiven zu erzählen reicht nicht aus, um die Mitarbeiter zum Umdenken und zu einem neuen Handeln zu bewegen.

Jeder der oben beschriebenen Ansätze hat große Erfolge vorzuweisen – dennoch scheitern häufig die großen Vorhaben. Oder sie bringen nicht annähernd die gewünschte Wirkung.

Die traurigen Fälle aus Ihrer eigenen Erfahrung und aus der Zeitung

▪ Wer kennt sie nicht, die Unternehmen, die durch eine Fusion an die Spitze des Marktes gebracht werden sollten? Im Vorfeld wird detailliert analysiert und geplant, die Due Diligence liefert ein gutes Resultat: Eine Integration scheint demnach sinnvoll. Schnell sind neue Strukturen, Prozesse, Zusammenarbeitsmodelle geplant. Und dann scheitert die Umsetzung. In vielen Unternehmen sind noch Jahre nach der Fusion deutliche Gräben zwischen den Menschen der ursprünglichen Unternehmen sichtbar. Es existieren nach wie vor unterschiedliche Kulturen, Berichtsstrukturen funktionieren nicht, Prozesse laufen nur mit viel Sand im Getriebe, die erhofften Potenziale können nicht gehoben werden.

▪ Wie viele Übernahmen von innovativen Kleinunternehmen durch Großkonzerne gibt es, bei denen die Innovationsfähigkeit auf der Strecke bleibt? Oft verlassen Leistungsträger schnell das Unternehmen und die Innovationskraft zerfällt.

▪ Etliche Serviceabteilungen in großen Unternehmen werden im Sinne eines Shared Service Centers ausgegliedert und sollen sich kundenorientiert verhalten. Im Kern agiert das neue Unternehmen jedoch nach wie vor wie die Abteilung eines Großunternehmens. Das Ausgründen ganzer Unternehmensbereiche benötigt weit mehr als ein paar pfiffige Werbeslogans und einen neuen Vertriebschef.

▪ Outsourcings werden von Unternehmenslenkern mit der Zielsetzung eingefädelt, eine strategische Partnerschaft zu etablieren. Im Betrieb baut sich jedoch eine von Misstrauen geprägte Kunden-Lieferanten-Beziehung auf.

▪ Viele Topmanager kommen neu ins Unternehmen – und geben innerhalb kurzer Zeit resigniert ihre innovativen Projekte auf und passen sich an das Bestehende an. Andere verlassen das Unternehmen recht bald wieder, mehr oder weniger freiwillig.

▪ Zahllose Projekte haben einen guten Start und werden begeistert aufgenommen, dann jedoch geht ihnen irgendwann die Luft aus. Alles ist bald wieder beim Alten.

Isolierte Betrachtungsweise

Kritisch ist, dass sich Veränderungsvorhaben häufig ausschließlich auf technische, produktbezogene oder strukturelle/prozessuale Anpassungen beziehen – und dabei die Menschen und die Organisation als Ganzes vergessen. Neue technische Systeme, andere Produkte und eine veränderte Struktur sind fast immer begleitend zu einer Entwicklung im Ganzen zu finden. Sie sind Ausdruck der Veränderung, nur ganz selten deren Treiber.

Eine SAP-Einführung verändert kein Unternehmen, sie folgt jedoch zur richtigen Zeit einer Veränderung.

Aber auch der Versuch, im Unternehmen einen Werte- und Kulturwandel durchzuführen, ohne zu berücksichtigen, dass damit auch strukturelle, prozessuale und unternehmenspolitische Veränderungen einhergehen müssen, führt in den wenigsten Fällen zum gewünschten Erfolg.

Sie ahnen, worauf wir hinauswollen: Irgendwie haben alle Ansätze ihre Berechtigung, wirken aber nur zur richtigen Zeit und auch nur in gut abgestimmter Kombination.

Patentrezepte funktionieren nicht

Immer mehr Manager verstehen, dass alle im Zusammenhang mit Veränderungsvorhaben aufgeworfenen Fragen zu beantworten sind, um einen erfolgreichen Veränderungsprozess durchzuführen. Die Erkenntnis setzt sich immer mehr durch, dass isolierte Eingriffe und kurzfristige Maßnahmen wenig Wirksamkeit entfalten. Die Verantwortlichen sind sich der Wichtigkeit der Zusammenhänge zunehmend bewusst.

Dennoch führen die eingesetzten Methoden nicht immer zum gewünschten Ziel. Was in dem einen Unternehmen funktioniert, muss in einem anderen noch lange nicht passen. Unternehmen sind wie Menschen: Alle sind unterschiedlich und müssen deswegen auch unterschiedlich behandelt werden.

Nicht jede einmal erfolgreiche Herangehensweise ist in jedem weiteren Projekt wieder die richtige. Der einfache Transfer von erfolgreich durchgeführten Projekten auf andere Projekte oder Unternehmen scheitert häufig.

Erprobte Ansätze werden allzu oft wie Patentrezepte gehandhabt. Ein einmal erfolgreicher Ansatz wird in weiteren Veränderungsprojekten wieder gewählt, ohne dass man sich die „Physis und Psyche" des jeweiligen Unternehmens wirklich anschaut.

4.   Das Graves-Value-System – ein anderer Ansatz

Die Erkenntnis, dass Veränderungsprojekte aus eben diesen beiden oben genannten Gründen (isolierte Betrachtung und die Anwendung von „Patentrezepten") scheitern, führte uns zur Beschäftigung mit einem neuen Lösungsansatz – der Veränderung nach dem Graves-Value-System.

Das Graves-Value-System und die darauf aufbauende Veränderungsarbeit sind einerseits neu, weil sie einen Gesamtzusammenhang herstellen und Navigation ermöglichen. Andererseits lässt sich eine bessere Einschätzung darüber gewinnen, welche der klassischen Ansätze wann passen und worauf bei deren Anwendungen zu achten ist.

Das Graves-Value-System ist ein Modell, das sehr umfassend und sehr weit gedacht ist. Durch seine hohe Abstraktion bleibt die Komplexität im Ganzen überschaubar. Natürlich vereinfachen und kürzen wir in diesem Buch das Modell bewusst – schließlich soll dies ein Buch für die Anwendung in der Praxis und kein umfassendes wissenschaftliches Werk sein. Eine wissenschaftliche Vertiefung zu diesem Ansatz finden Sie bei Professor Graves oder bei seinen wissenschaftlichen Erben Beck und Cowan. Einen kurzen Exkurs zum wissenschaftlichen Hintergrund finden Sie zudem im Anhang.

Im Wesentlichen besteht das Modell aus folgenden zwei Teilen:

1. **Entwicklungsstufen (Reifegrade):** Unternehmen durchlaufen wie alle sozialen Systeme bestimmte, stets gleichartige Entwicklungsstufen. Diese bauen strikt aufeinander auf. Die Stufen werden repräsentiert durch erworbene Fähigkeiten sowie durch Denk- und Verhaltensweisen (Werte). Sie finden eine Entsprechung in allen organisatorischen Gestaltungselementen eines Unternehmens wie beispielsweise das Führungs- und Kommunikationsverhalten, die Strategie, die Strukturen und die Reife von Prozessen. Die Entwicklungsstufen unterscheiden sich grundlegend voneinander, so dass eine Veränderung von einer Stufe in die nächste für die Organisation einen regelrechten Quantensprung bedeutet.

2. **Veränderungsarbeit**: Damit Veränderungen stattfinden können, müssen wesentliche Voraussetzungen erfüllt sein. Veränderung bedeutet, ein Unternehmen innerhalb seiner Entwicklungsstufe zu optimieren oder es um eine Stufe weiterzuentwickeln. Die Voraussetzungen für Veränderungen beziehen sich zum einen auf die speziellen Fähigkeiten der Organisation – das Können – und zum anderen auf die grundsätzliche Veränderungsbereitschaft – das Wollen.

   Mithilfe jeweils auf die Unternehmenssituation angepasster Begleitvarianten kann in einem Unternehmen eine erfolgreiche Veränderung bewirkt werden. In diesem Zusammenhang werden dem Management wirkungsvolle Werkzeuge an die Hand gegeben, um gewollte Veränderungen zielgerichtet vorzubereiten und ebenso erfolgreich wie nachhaltig umzusetzen. Der Ansatz zielt also im Wesentlichen auf das Schaffen der Voraussetzungen für die Veränderung sowie die Konzeption und Umsetzung der neuen Organisation.

Axiome des Graves-Value-Systems

Bevor wir Ihnen die einzelnen Entwicklungsstufen vorstellen, möchten wir Sie auf wichtige Axiome des Graves-Value-Systems hinweisen mit der Bitte, diese beim Lesen unseres Buches im Hinterkopf zu behalten.

- Das Graves-Value-System beschreibt, wie Menschen beziehungsweise Systeme denken und handeln, nicht wie sie sind. Es gibt Aufschluss darüber, warum Menschen und Systeme sich so verhalten, wie sie es tun.
- Es gibt keine gute oder schlechte Entwicklungsstufe eines sozialen Systems. Die Qualität einer Entwicklungsstufe hängt immer davon ab, wie gut sich das Unternehmen seiner Umgebung angepasst hat und auch, was das Unternehmen selbst aktuell leisten kann. Es gibt also kein gut und kein schlecht, sondern nur passend und unpassend.
- Jede Ebene entsteht aus den vorausgehenden Ebenen und als Reaktion auf Veränderungen in der Umwelt.
- Die Entwicklung geht strikt von Ebene zu Ebene – ein Überspringen von Ebenen ist nicht möglich.
- Die jeweiligen Ebenen beinhalten die Erfahrungen und Wertemuster der vorausgegangenen Ebenen.

Beachten Sie, dass auch Sie in Ihrer Denk- und Handlungsweise der einen oder anderen Entwicklungsstufe mehr oder weniger stark zuneigen. Seien Sie stets offen dafür, dass bestimmte Entwicklungsstufen notwendig sind, damit sich das Unternehmen weiterentwickeln kann, auch wenn Ihnen diese Entwicklungsstufe persönlich fremd oder nicht sympathisch ist.

Entwicklungsstufen von Unternehmen

Das Graves-Value-System unterscheidet derzeit acht verschiedene Entwicklungsstufen, wobei sich die meisten Unternehmen heute auf der vierten oder fünften Ebene befinden. Die Entwicklungsstufen unterscheiden sich grundlegend voneinander. Wie bereits erwähnt, lassen sich die Entwicklungsstufen durch erworbene Fähigkeiten und Werte beschreiben. Diese Fähigkeiten und Werte spiegeln sich in der konkreten Ausgestaltung des Unternehmens wider.

Dass eine Organisation über gemeinsame Fähigkeiten verfügt, mag noch recht einleuchtend sein. Sie werden sich aber vielleicht fragen: Sind nicht alle Individuen eines Systems völlig unterschiedlich? Und hat nicht jeder Mitarbeiter, der in einem Unternehmen arbeitet, seine eigene, individuelle Wertestruktur? Das stimmt – in der Summe zeigt ihr Verhalten jedoch eine erstaunliche Gleichförmigkeit. Dies ist einer der Kernpunkte des Graves-Value-Systems: Jedes soziale System verfügt sowohl über gemeinsame Fähigkeiten als auch über gemeinsame Werte, die sich in Denk- und Verhaltensweisen ausdrücken. Dies gilt unabhängig davon, ob das menschliche System aus nur zwei Menschen oder aus Millionen besteht.

Beispiel: Gemeinsame Fähigkeiten und Werte

Den Mitarbeitern eines Unternehmens ist es sehr wichtig, dass das Unternehmen am Markt erfolgreich ist. Die Mitarbeiter denken und handeln dann im wahrsten Sinne des Wortes erfolgsorientiert. Werte wie Kundenzufriedenheit, Profitabilität, Effizienz und Verantwortungsbewusstsein überwiegen. Werte wie Arbeitsplatzsicherheit, Hierarchie und Loyalität existieren auch, stehen aber hinten an.

Um erfolgsorientiert zu arbeiten, muss das Unternehmen über bestimmte Fähigkeiten verfügen, die mit den oben beschriebenen Werten Hand in Hand gehen:

Die Mitarbeiter müssen in der Lage sein, selbstständig zu arbeiten und zu planen. Sie müssen Verantwortung nehmen und Entscheidungen treffen können. Zudem müssen sie über Unternehmensgrenzen hinweg denken können, um sich am Markt und Kunden zu orientieren.

Um einen Anhaltspunkt zu bekommen, auf welcher Entwicklungsstufe eine Organisation steht, können Sie sich zum Beispiel grundsätzliche Fragen stellen:

- Was kann man den Mitarbeitern und dem mittleren Management zutrauen, was können sie leisten, was sind sie bereit zu leisten?

- Welche geschriebenen und ungeschriebenen „Gesetze" gibt es?

- Wie wird entschieden, und wer entscheidet was?

- Wie gehen die Mitarbeiter mit Verantwortung um?

- Wie gehen die Mitarbeiter miteinander um?

- Mit welchem Führungsstil fühlen sich die Mitarbeiter wohl?

Da die Entwicklungsstufen aufeinander aufbauen – im Sinne einer Weiterentwicklung von einer Stufe zur nächsten – addieren sich die Fähigkeiten, über die eine Organisation verfügt. Eine Organisation behält also im Veränderungsprozess von einer Stufe zur nächsten ihre Fähigkeiten bei und gewinnt neue Fähigkeiten hinzu. Anders verhält es sich mit den die Organisation prägenden Werten. Diese verändern in der Entwicklung von einer Entwicklungsstufe zur nächsten ihre Rangfolge. Neue Werte gewinnen somit an Bedeutung und rücken bisherige Werte in den Hintergrund.

Die folgende Tabelle gibt Ihnen einen ersten Überblick über die Ebenen und sie prägende wesentliche Merkmale. Als Raster für die schnelle Orientierung haben wir zu jeder Ebene die Werte und die Fähigkeiten dargestellt, über die ein soziales System der entsprechenden Ebene verfügt. Zudem geben wir Ihnen prägnante Beispiele an die Hand, die zur Ausgestaltung von Unternehmen der entsprechenden Ebene gehören. Am besten lesen Sie die Tabelle von unten nach oben, da die Ebenen aufeinander „aufbauen".

Entwick-lungsstufe	Werte – was ist wichtig?	Können – über welche Fähigkeiten verfügt das soziale System?	Beispiele für die organisatorische Ausgestaltung der Ebene
Globalist	Gesellschaft-licher und ökologischer Sinn und Ge-samtzusam-menhang	Im Kontext einer gemein-samen Welt denken, planen und handeln	Übergreifende Planung, die über die Unternehmensgrenzen hinausgeht und nachhaltig das soziale Gleichgewicht schützt.
Möglichkei-tensucher	Wissen, Unab-hängigkeit, Individualität, Freiheit	Netzwerke organisieren und hochflexibel nutzen, Vorteile aller vorher-gehenden Ebenen schätzen und einsetzen	Governance für die zielbezoge-ne Arbeit schaffen, Kompeten-zen herausstellen und würdi-gen, unterschiedliche Struktu-ren zielgerichtet einsetzen.
Teammensch	Toleranz, Gemeinsam-keit, Verantwor-tung für ande-re, Konsens	Akzeptieren, dass Men-schen anders sind, ande-re nutzen (im kooperati-ven Sinn), sich selbst zurücknehmen im Inte-resse aller, Fehler und Unzulänglichkeiten zugeben	Raum für Team-Findung und Team-Arbeit schaffen, Anreizsysteme an gemeinsa-men Erfolg binden, geteilte Verantwortung, Matrix-Organisation, Titel abschaffen
Erfolgssucher	Persönlicher Erfolg und Gesamterfolg, Verantwortung, Akzeptanz, Freiheit	Planung über Bereiche hinweg/über den Teller-rand schauen, Strategien entwickeln und umsetzen, eigenverantwortlich ent-scheiden, „win-win"-Konstellationen schaffen	Variables Gehaltssystem, prozessorientierte Organisation, Key-Performance-Indicators (KPIs), Balanced-Score-Card (BSC), neue Rollen (End-To-End-Verantwortung)
Loyaler	Ordnung, Sicherheit, Wahrheit, Gerechtigkeit, Rang, Schuld und Unschuld	Regeln einhalten, große Organisationen aufbauen und führen, Planung innerhalb der konkreten Zuständigkeiten	Feste Zuständigkeiten, Funkti-onale Gliederung, Schaffen von Rängen und Titeln, Regeln setzen, Urteilen über Recht und Unrecht
Einzelkämpfer	Macht, Re-spekt, persönli-cher Erfolg, Freiheit	Kämpfen und siegen, erobern ungeregelter Märkte bzw. neuer Territo-rien, sich hocharbeiten	Trophäen, Machtinstrumente, Parallelorganisationen, Ad-hoc-Belohnungen, hierarchische Ordnung mit sehr breiten Füh-rungsspannen
Stammes-mensch	Zugehörigkeit, Schutz	Entscheidungen für eine Gruppe treffen, Zusam-menarbeit organisieren	Gruppe zusammensetzen, Rituale schaffen, Welterklärung liefern
Existierender	Überleben	Sich ernähren können	Tagelöhner ohne soziales Sicherungssystem

Abbildung 1: *Übersicht der Ebenen im Graves-Value-System und wesentlicher Eigenschaften*

Voraussetzungen für Veränderungen

Das Graves-Value-System setzt die Voraussetzungen für Veränderungen, die gegeben sein müssen, um einen Veränderungsprozess erfolgreich durchführen zu können, in den Mittelpunkt. Es gilt, sieben Voraussetzungen erfüllt zu haben – dann kann sich das Unternehmen von einer Entwicklungsstufe in die nächste weiterentwickeln. Für weniger anspruchsvolle Veränderungen, beispielsweise eine Optimierung innerhalb der aktuellen Ebene eines Unternehmens, müssen sie wenigstens teilweise erfüllt sein.

Somit ist das Schaffen der Voraussetzungen Dreh- und Angelpunkt der Veränderungsarbeit nach dem Graves-Value-System. Die Voraussetzungen für Veränderungen lassen sich in zwei grundsätzlich unterschiedliche Kategorien einteilen:

▓ Die Fähigkeiten des Unternehmens, um sich verändern zu *können*

▓ Die Veränderungsbereitschaft; sich verändern *wollen*

Können/Veränderungsfähigkeit	Wollen/Veränderungsbereitschaft
▓ **Potenzial** für Veränderungen (Fähigkeiten und Fertigkeiten, das inhaltliche Vorbereitet-Sein)	▓ **Offenheit** für die Notwendigkeit von Veränderungen und einen Veränderungsprozess
▓ **Souveräne Lösungen** für die aktuelle Ebene des Graves-Value-Systems	▓ **Dissonanz**, also das Unbehagen in der jetzigen Stufe des Graves-Value-Systems bzw. in der gegebenen Situation
▓ **Geeigneter Umgang** mit Hindernissen, die im Veränderungsprozess auftreten	▓ **Einsicht** in die Vorteile der Veränderung, den durch die Veränderung erreichbaren Nutzen und die Tatsache, dass eine Veränderung als Prozess abläuft
▓ Konsolidierung, **Integration des Gelernten**	

Abbildung 2: Dimensionen des Könnens und Wollens

Zu Beginn eines Veränderungsprozesses wird analysiert, inwieweit diese sieben Voraussetzungen bereits erfüllt sind. Darauf aufbauend kann mit dem Schaffen der Voraussetzungen – der eigentlichen Veränderungsarbeit – begonnen werden. Wir beschreiben die sieben Voraussetzungen detailliert im Kapitel „Das Graves-Value-System in der Praxis – ein Modell der Welt".

Die Begleitvarianten

Veränderung passiert nicht zum Selbstzweck, ihre Notwendigkeit entsteht vielmehr aus geänderten Rahmenbedingungen zum Beispiel einem stagnierendem Marktwachstum. Dies zieht konkrete Veränderungsschritte im Inneren des Unternehmens nach sich, wie die Einführung neuer Produkte oder die Veränderung der Wertschöpfungstiefe.

In Abhängigkeit von den geänderten Rahmenbedingungen und den konkreten Vorhaben des Unternehmens ist es geboten, zu Beginn der Veränderungsarbeit ein Ziel hinsichtlich der angestrebten – passenden – Entwicklungsstufe festzulegen. Dabei kann das Veränderungsziel auch mit dem aktuellen Reifegrad des Unternehmens korrespondieren. Die Begleitvarianten der Veränderungsarbeit zielen nun auf die Definition und Umsetzung von Maßnahmen, um einerseits die notwendigen Voraussetzungen von Können und Wollen zu schaffen und andererseits das Unternehmen in seinen organisatorischen Gestaltungselementen zu verändern.

In Abhängigkeit vom Veränderungsziel, vom Ist-Zustand und vom Erfüllungsgrad der sieben Voraussetzungen setzen wir vier verschiedene Begleitvarianten ein. Die Begleitvarianten können isoliert voneinander eingesetzt werden, es kann aber auch sinnvoll und notwendig sein, die Begleitvarianten aufeinander folgen zu lassen:

- Optimieren und Stabilisieren,

- Stretch-Up,

- Ausbruch inszenieren,

- Veränderung stabilisieren.

Alle Begleitvarianten definieren ein Set von Maßnahmen, die zielgerichtet eingesetzt werden, um das Unternehmen in den gewünschten Zustand zu entwickeln. Hierbei ist es hilfreich, die folgenden Fragen zu beantworten und entsprechend zu agieren:

- Wie viel Veränderung kann das Unternehmen vertragen? Ist es „reif" für eine einschneidende Veränderung?

- Wohin soll die Veränderung im Ganzen führen? Ist das für Führungskräfte und Mitarbeiter ein attraktives Ziel?

- Wie passen die anstehenden Veränderungsschritte zu den Geschäftszielen und zu der Unternehmensentwicklung als Ganzes?

Diese und viele weitere Fragen stellen sich im Rahmen der Veränderungsarbeit. Wir geben Ihnen im Kapitel „Der Veränderungsrahmen" einen umfassenden Überblick über die gesamte Veränderungsarbeit und die verschiedenen Begleitvarianten mit ihren Maßnahmen und Aktivitäten. Umfangreiche Beispiele aus der Praxis im Kapitel „Fallbeispiele" runden diese Beschreibung ab.

Erfolgsfaktoren

In der Veränderungsarbeit ist es essenziell, dass die Führungsmannschaft hinter dem anstehenden Vorhaben steht. Die richtigen Leute mit der richtigen Einstellung müssen an den richtigen Plätzen sein, um das Unternehmen geeignet zu verändern. Das Top-Management sollte bereits vor Beginn einer umfassenden Unternehmensveränderung alle Voraussetzungen für sich erfüllt haben. Hat die Führungsspitze dies noch nicht erreicht, muss die Veränderungsarbeit zunächst hier ansetzen. Das kann auch zu Veränderungen in der Zusammensetzung des Management-Teams führen. Nur ein Top-Management, das voll und ganz hinter dem geplanten Veränderungsschritt steht, kann seine Mitarbeiter zielgerichtet durch den Veränderungsprozess leiten.

Umfassende Unternehmensveränderungen lassen sich nicht auf einmal bewerkstelligen, vielmehr gehen sie schrittweise voran. Ein wichtiger Erfolgsfaktor ist hierbei, die Zwischenschritte in geeigneter Weise – zielgerichtet und realistisch – zu gestalten. Hilfreich kann es sein, die Veränderungsschritte in einem „Drehbuch" zu planen und durch die Veränderungsarbeit die entsprechende „Regie" zu führen: Alle Veränderungsschritte weisen somit in eine Richtung und sind stimmig zueinander.

Eine externe Begleitung der Veränderung hilft dem Unternehmen in zweierlei Hinsicht. Zum Ersten erhalten Manager eine unabhängige Expertensicht über die Entwicklungsstufe, die Realisierbarkeit von Veränderungszielen und das Portfolio möglicher Maßnahmen. Zweitens hilft sie bei Widerständen und Konflikten (und diese werden in großer Zahl auftreten), die Situation zu verstehen und Schwierigkeiten zu lösen oder zu umgehen. Zum System gehörige Personen sind im Allgemeinen zu sehr Teil des Systems, als dass sie eine solche Rolle selbst wahrnehmen könnten.

Unser Plädoyer für eine erfolgreiche Veränderungsarbeit ist ganz klar: Die Unterstützung von Veränderungsbemühungen braucht ein Modell, das den Zustand und das Potenzial des Unternehmens in allen Facetten betrachtet. Hilfreich ist dieses genau dann, wenn es die Gesetzmäßigkeiten, die Hindernisse und die Beschleuniger von Veränderungsprozessen kennt und berücksichtigt: Das Graves-Value-System.

5.   Die Wurzeln des Modells

Umfassende Forschungsarbeiten

Die Wurzeln des Modells gehen auf den amerikanischen Professor Dr. Clare W. Graves zurück, der sein gesamtes berufliches Leben damit verbrachte, Gruppen von Menschen und Gesetzmäßigkeiten von Veränderungen zu erforschen.

Graves erforschte Verhaltensweisen in Bevölkerungsgruppen, Unternehmen, Vereinen, Familien etc. – also in allen Formen von sozialen Systemen. Er entdeckte, wie schon gesagt, dass jedes soziale System sowohl über gemeinsame Fähigkeiten als auch über gemeinsame Denk- und Verhaltensweisen verfügt. Zudem stellte er eine enge Korrelation zwischen den Werten eines sozialen Systems und den Fähigkeiten fest, die dieses zu entwickeln in der Lage ist. Beispielsweise können Menschen nur dann als wirkliches Team zusammenarbeiten, wenn sie keine Angst vor Fehlern haben und Andersartigkeit groß geschrieben wird.

Eine spezielle Ausprägung von Fähigkeiten mit zugehörigen Denk- und Verhaltensweisen bezeichnete er als *Meme*. Graves fand heraus, dass die sozialen Systeme bei Veränderungen – ganz natürlich – immer den gleichen Entwicklungspfad von einer Meme zur nächsten durchlaufen. Er bewies empirisch, dass die Memes streng aufeinander aufbauen, man kann somit von *Entwicklungsstufen* oder *Ebenen* sprechen, und dass bei Veränderungen keine Entwicklungsstufe übersprungen werden kann.

Veränderungsprozesse und Umwelt

Weiterer Inhalt seiner Forschung war die Mechanik von Veränderungsprozessen. Graves ordnete den Veränderungsprozess selbst als Reaktion des sozialen Systems auf Veränderungen der Umwelt ein.

Verändern sich die Bedingungen der Umwelt, wird ein System irgendwann einmal nicht mehr mit den Anforderungen aus der Umwelt fertig. Es muss Neues erlernen und passt sich in einem – oftmals schmerzhaften – Veränderungsprozess der Umwelt an. Damit entsteht ein deutlich verändertes soziales System mit zusätzlichen Fähigkeiten und neuen Denk- und Verhaltensweisen.

Für die entsprechenden Entwicklungsschritte müssen Unternehmen – wie alle sozialen Systeme – einerseits neue Fähigkeiten erwerben und andererseits ihre Denk- und Verhaltensweisen grundlegend verändern. Dabei liegt die Betonung auf *grundlegend*, denn eine Veränderung von einer Entwicklungsstufe zur nächsten bedeutet stets einen Quantensprung.

Nochmals zu unterstreichen ist hierbei, dass die Entwicklungspfade der Systeme von einer Entwicklungsstufe zur direkt folgenden dabei zwangsläufig sind. Der Versuch, Stufen zu überspringen, scheitert stets. Somit passt sich das soziale System zwar immer seiner Umwelt an, doch dies geschieht stets auf dem gleichen Entwicklungspfad. Dieses Phänomen führt Graves auf eine Rückkopplung der sozialen Systeme auf die Umwelt zurück. Die Ausgestaltung der sozialen Systeme beeinflusst die Umwelt, so dass sich die Umwelt verändert, was wiederum die Notwendigkeit der Veränderung der sozialen Systeme nach sich zieht.

Beispiel: Veränderung der Umwelt, „postindustrial society"

Seit geraumer Zeit beschäftigt sich die Forschung mit dem grundlegenden Wandel in unserer Wirtschaft und Gesellschaft. Bereits 1970 prägte der Harvard-Soziologe Daniel Bell den Begriff der „postindustrial society", einer postmodernen Industriegesellschaft, als einer Gesellschaft, die sich durch den Einfluss neuer Technologien grundlegend verändert.

Dieser Wandel wurde – und wird immer noch – durch die rasante Entwicklung in der Telekommunikation und der Computer-, Unterhaltungs- sowie Medienindustrie angetrieben. PC, Handy und E-Mail sind Beispiele für Neuerungen der letzten 20 Jahre, die in der Arbeitswelt und der Gesellschaft nicht nur Bestehendes verbessert, sondern auch grundlegend anderes Verhalten von Menschen und Organisationen bewirkt haben.

Insbesondere das Internet als Kristallisationspunkt dieser Entwicklung lässt den orts- und zeitunabhängigen Zugriff auf ein bisher ungeahntes Ausmaß an Informationen zu. Informationen in diesem Umfang waren in der postmodernen Industriegesellschaft zunächst nur verteilt vorhanden. Durch die Fülle und die Verfügbarkeit erfährt Information eine neue Qualität.

Weiterhin können Menschen durch die Vernetzung quasi in Echtzeit interagieren und sich nahezu reibungsfrei über elektronische Medien austauschen. Dies führt letztlich zu globalen Interaktionsmustern, die Restriktionen aus Geografie, Organisationen oder gesellschaftlichen Strukturen zum Teil aufheben. Dies bringt aber z. B. auch den Verlust von ordnenden Arbeitsweisen, wie die E-Mail-Flut anschaulich vor Augen führt.

Langfristige Systematik von Veränderungen

Bahnbrechend an Graves' Forschungen sind noch weitere Erkenntnisse, zum Beispiel bestimmte Muster im langfristigen Entwicklungsprozess der Systeme.

So alterniert die grundsätzliche Einstellung, ob ein Mensch stärker für die Gruppe oder für sich selbst lebt. Das heißt: Auf der einen Entwicklungsstufe sind die Menschen sehr stark *wir*-bezogen – das Wohl der Gruppe steht über dem eigenen Wohl. Auf der nächsten Entwicklungsstufe sind die Menschen stärker *ich*-bezogen – das eigene Wohl steht über dem der Gruppe. Auf der nächsten Ebene tritt wieder der *Wir*-Bezug hervor und so weiter.

Dies ist ein wichtiger Aspekt für die Veränderungsarbeit, da sich an dieser Entwicklung viele Themen festmachen lassen. Beim Aufbau eines erfolgsorientierten Systems muss beispielsweise ein hohes Maß an persönlicher Eigenverantwortung neu etabliert werden.

6.   Über dieses Buch

Unsere Intention war es, ein Buch für die Praxis zu schreiben, welches gut verständlich und anwendbar ist. Daher vertiefen wir die theoretische Beschreibung des Graves-Value-Systems erst im Anhang.

Im nachfolgenden Kapitel werden wir die wesentlichen Grundzüge des Modells erläutern. Wir haben dafür die bildhafte Darstellung eines „Hauses" gewählt. Die einzelnen Ebenen in diesem Haus – die Entwicklungsstufen nach Graves – sind zentraler Bestandteil des Kapitels, ebenso die grundsätzlichen Voraussetzungen für Veränderungsprozesse.

Im darauf folgenden Kapitel betrachten wir die einzelnen Ebenen im Unternehmenskontext. Wir vertiefen hier, wie ein Unternehmen, das zu einer bestimmten Ebene des Graves-Value-Systems gehört, grundsätzlich ausgestaltet ist. So beschreiben wir die typischen Fähigkeiten und Denk- und Verhaltensweisen der Unternehmen sowie die dazu passenden Werte, Strategien, Strukturen, Prozesse und Tools.

Das Kapitel „Veränderungsrahmen" liefert einen konkreten Handlungsrahmen für den Veränderungsprozess:

■ Wie gehen Sie vor, um ein Unternehmen durch den Veränderungsprozess zu führen?

■ Wie schaffen Sie die Voraussetzungen für die Veränderung?

■ Welche Begleitvarianten können Sie verwenden, um Organisationen durch die Veränderung zu führen?

■ Welche Unternehmenskultur und -strategie muss entwickelt werden?

■ Welche Strukturen, Prozesse und Tools passen dazu?

Das aktive Veränderungsmanagement steht hier im Fokus – maßgeschneidert für die Organisation.

Im Kapitel „Fallbeispiele" zeigen wir in Fallstudien und Beispielen die praktische Anwendung des Graves-Value-Systems.

Das Graves-Value-System in der Praxis – ein Modell der Welt

Die Kapitelüberschrift „*ein Modell der Welt*" klingt sehr ambitioniert. Tatsächlich haben wir das so erlebt: Nachdem wir die theoretischen Grundlagen kennen gelernt und dann regelrecht „verschlungen" hatten, haben uns die im Modell beschriebenen Prinzipien nicht mehr losgelassen. Sie sind uns seither in sehr vielen Situationen begegnet und begegnen uns täglich wieder.

Das reicht von Wirtschaft und Politik über den konkreten beruflichen Kontext bis hin zu dem, was im Freundeskreis oder in der Familie zu beobachten ist. Alle sozialen Systeme verhalten sich tatsächlich nach den von Prof. Graves beschriebenen Grundsätzen. Dies gilt unabhängig davon, wie groß diese Systeme sind – also vom Zwei-Mann-Unternehmen bis hin zu einem Großunternehmen beziehungsweise dessen klar abgrenzbaren Teilen.

Nach dem Erkennen und Verstehen von Gesetzmäßigkeiten im System-Verhalten und in Veränderungsprozessen haben wir begonnen, das Modell und die Veränderungsarbeit mit dem Modell in der Praxis zu erproben. Unser besonderes Augenmerk lag und liegt dabei auf der Veränderung von Unternehmen. Bei dieser Arbeit ist das, was wir in diesem Buch als Kern des Modells vorstellen, einfacher, pragmatischer und griffiger geworden.

Wir möchten Ihnen das Modell in der Weise zugänglich machen, wie wir es selbst kennen gelernt haben. Wir beginnen mit einer Konkretisierung der schon angedeuteten Ebenen des Graves-Value-Systems und kommen darüber zu den Voraussetzungen für Veränderungen. Die Möglichkeiten für die Begleitung von Veränderungsprozessen runden unsere Erläuterungen dann ab.

In unseren Projekten, Trainings und Workshops hat sich für die einführenden Erläuterungen als Analogie, als bildhafte Darstellung, *das Haus* bewährt.

Das Haus besteht aus acht Etagen, die den Entwicklungsstufen beziehungsweise *Ebenen* nach dem Graves-Value-System entsprechen. Jede Ebene oder Etage im Haus steht für ganz bestimmte und nur hier zu findende Denk- und Verhaltensweisen:

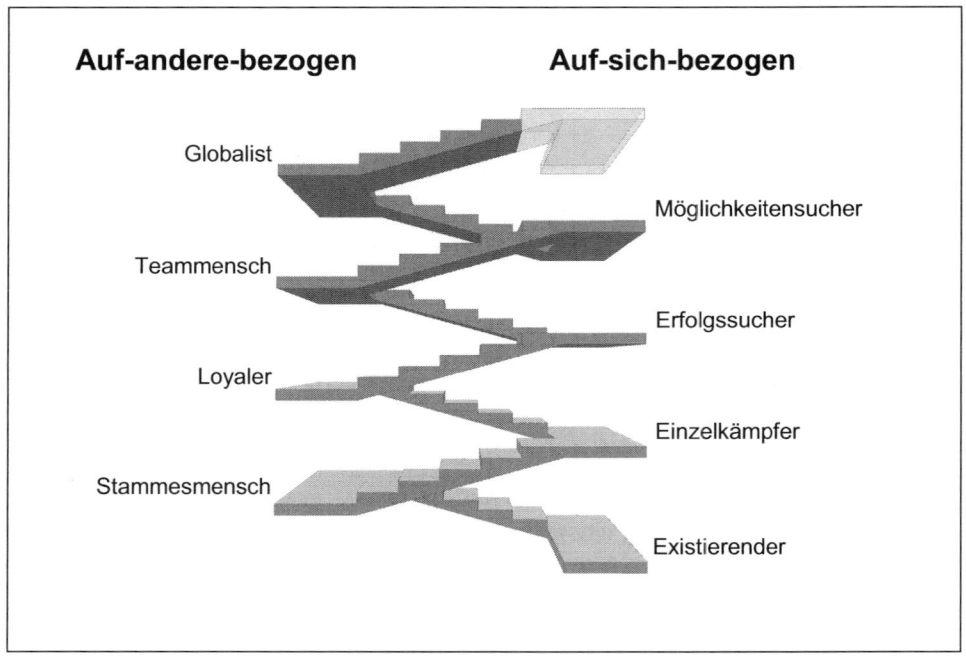

Quelle: Eigene Darstellung
Abbildung 3: *Das Graves-Value-System Modellhaus*

So wie es in einem Haus keine objektiv *guten und schlechten* Etagen gibt, gibt es in unserem Modellhaus auch keine besseren oder schlechteren Ebenen. Das wird subjektiv natürlich anders erlebt – sowohl im Urteil über die Etage, auf der man selbst wohnt, als auch über andere Etagen. Es gibt objektiv dann allerdings *passend* und *unpassend*.

1.   Entwicklungsstufen: Die Ebenen des Hauses

Die Ebenen des modellhaften Graves-Hauses bauen aufeinander auf. Sie sind im Lauf der Zeit Ebene für Ebene nacheinander entstanden und zeigen so eine Weiterentwicklung entsprechend der zunehmenden Umweltanforderungen und eigenen Ansprüchen auf. Wichtig ist das Verständnis, dass es in der Welt nebeneinander viele soziale Systeme auf unterschiedlichen Ebenen gibt. Sie haben sich jeweils auf die äußeren Rahmenbedingungen bestmöglich eingestellt. Es gibt sogar außerordentlich viele soziale Systeme auf den „unteren" Entwicklungsstufen – und sie funktionieren bestens, gerade weil sie sich gut angepasst haben. Das heißt, es geht nicht darum, möglichst weit oben im Haus zu wohnen. Vielmehr kommt es darauf an, in der für die jeweilige Situation und die jeweiligen Rahmenbedingungen (Umwelt, Wirtschaft, Branche, Geschäftsmodell und Alleinstellungsmerkmale) *passenden Ebene* zu sein.

Alternierender Ich- und Wir-Bezug der Ebenen

Bevor wir die einzelnen Ebenen beschreiben, ein wichtiges Prinzip vorab: Die aufeinander aufbauenden Entwicklungsstufen wechseln sich in ihrer Betonung des Einzelnen und der Gemeinschaft ab.

In einer Entwicklungsstufe kommt das *Ich/Mir/Mein* stärker zum Zug. Der Einzelne wird gestärkt. In den typischen Denk- und Verhaltensweisen ist es wichtig, die eigenen Interessen durchzusetzen, diese werden über die Interessen der Gemeinschaft gestellt. Im Vordergrund stehen Werte mit Ich-Bezug, beispielsweise Macht, Einfluss, Wissen und persönliche Weiterentwicklung.

In der jeweils nächsten, direkt darauf folgenden Entwicklungsstufe rückt dann die Gemeinsamkeit in den Vordergrund. Das *Wir/Uns/Unser* wird deutlich stärker betont. Den Menschen dieser Entwicklungsstufe ist nun das Wohl der Gemeinschaft wichtiger als das eigene Wohl. Werte mit Bezug auf die Gemeinschaft, beispielsweise Konsens, Loyalität, Zugehörigkeit, rücken in den Fokus. Dies drückt sich dann wieder in den entsprechenden Denk- und Verhaltensweisen aus. Dieses Muster wiederholt sich nun – einer Ebene mit stärkerem *Wir*-Bezug folgt eine Ebene mit *Ich*-Bezug, dieser wieder eine Ebene mit *Wir*-Bezug und so weiter.

Dabei werden natürlich Ich- und Wir-Bezüge integriert. So hält sich ein Erfolgssucher sehr wohl an die Regeln der Gemeinschaft, die auf der loyalen Ebene entstanden sind. Er lässt dabei aber Einengendes und Bürokratisches hinter sich, da ihm persönlicher Erfolg eher wichtig ist. Doch im Gegensatz zum Einzelkämpfer sucht er nach Win-Win-Konstellationen und möchte nicht als alleiniger Gewinner dastehen.

Gesunde und ungesunde Ausprägungen

Zu allen Ebenen des Graves-Value-Systems gibt es gesunde und ungesunde Ausprägungen. Passt eine Ebene zu den Rahmenbedingungen der Umwelt und den eigenen Anforderungen, bildet sich im Allgemeinen eine gesunde Ausgestaltung des Unternehmens heraus. Weil die Ebene zur Umwelt *passt*, sind auch Strukturen, Abläufe und Verhaltensweisen stimmig.

Ändern sich aber die Umwelt oder die Anforderungen an das Unternehmen, z. B. durch ein neues Geschäftsmodell oder ein neues Alleinstellungsmerkmal, dann muss das Unternehmen sich anpassen. Gelingt dies nicht, sondern „klammert" es an den bisherigen Werten, Denk- und Verhaltensweisen, an bestehenden Strukturen, Prozessen und Tools, kann sich sehr leicht eine ungesunde Form der Ebene herausbilden. Die Bürokratisierung in der loyalen Welt ist ein Beispiel dafür – statt Dienstleistungsverständnis und schlanken Prozessen entstehen neue Regeln und Vorschriften.

Die Organisation versucht also „immer mehr vom Gleichen", um besser zu werden und in der Veränderung den Boden unter den Füßen zu behalten. Dies kann krampfhafte Formen annehmen und ist im Hinblick auf die veränderten Anforderungen nicht wirksam, mitunter sogar kontraproduktiv. Da zur Auflösung aber eine Veränderung in der Ebene des Graves-Value-Systems erforderlich ist und dies eine entsprechende Entwicklung verlangt, haben solche ungesunden Ausprägungen häufig lange Bestand.

Überblick

Die Beschreibung der einzelnen Ebenen halten wir in diesem Kapitel zunächst so allgemein, wie sie von Professor Graves erforscht und definiert wurden. Wir beschreiben hier auch, wie sich einzelne Individuen auf den unterschiedlichen Ebenen verhalten – Denk- und Verhaltensweisen einzelner Menschen im jeweiligen sozialen Umfeld. Im Kapitel „Entwicklungsstufen in Unternehmen" werden wir die Ebenen des Hauses in den Unternehmenskontext rücken und ausführlicher darstellen.

Bevor wir die einzelnen Ebenen beschreiben, noch ein Wort zu den Namen der Ebenen. Die Bezeichnungen der Ebenen sind sehr griffig gewählt. Sie können damit aber auch Assoziationen erzeugen, die von der Ausgestaltung dieser Ebenen abweichen. Beispielsweise bilden sich auch außerhalb der Ebene Teammensch Teams im herkömmlichen Sinne heraus. Genauso wie es viele äußert kreative Individuen gibt, die sich nicht auf der Ebene der Möglichkeitensucher befinden.

Die Ebene der Existierenden

Auf der Ebene der Existierenden steht die reine Sicherung des Überlebens im Vordergrund. Zu den Fähigkeiten gehört das Suchen nach Nahrung und Schutz. Da menschliche Systeme allein auf dieser Ebene nicht überlebensfähig sind, gehen wir in diesem Buch nicht näher auf sie ein.

Die Ebene der Stammesmenschen

Auf der Ebene des Stammesmenschen bilden sich erste soziale Strukturen aus. Rituale spielen eine große Rolle. Der Fokus liegt ganz klar auf der Gruppe: Man begegnet den Anforderungen der Umwelt *gemeinsam* und in einem Verständnis von Harmonie mit der Welt. Während die ersten sozialen Systeme in diesem Verständnis als Sippen und Clans und später für den ersten Ackerbau organisiert waren, finden sich solche Strukturen in den Gesellschaften der heutigen Zeit in patriarchalisch geführten Kleinunternehmen, aber auch in (Groß-)Familien.

Auf der Ebene des Stammesmenschen gibt es ein klares Oberhaupt, häufig einen „Patriarchen". Dessen Nachfolge ergibt sich zumeist durch feste, als gegeben hingenommene Regeln,
wie zum Beispiel die Erbfolge. Das Oberhaupt trägt die Verantwortung für das Wohlergehen
der gesamten Gruppe. Jeder in der Sippe arbeitet in einer auf die Gruppe bezogenen Rolle.
Die Mitglieder der Gruppe ordnen sich unter, nicht zuletzt aus dem intuitiven Verständnis, in
der Gemeinschaft besser aufgehoben zu sein als in der existenzbedrohenden Situation des
Einzelnen in einer feindlichen Umwelt. Die „klassischen" Rollenbilder von Mann und Frau
haben ihren Ursprung auf dieser Ebene.

Zur Entscheidungsfindung werden in der Kultur der Stammesmenschen alle Mitglieder der
Gruppe gefragt und auch ernsthaft angehört. Es wird auch ein großer Wert auf Konsensbildung gelegt, die Entscheidung wird dann jedoch durch das Oberhaupt getroffen. Spezialisierung gibt es in dieser Entwicklungsstufe kaum, die Komplexität der Aufgaben ist gering, und
daher können die meisten Aufgaben von fast allen wahrgenommen werden.

Die Ebene des Stammesmenschen ist durch Werte wie Zugehörigkeit oder Schutz beschrieben. Verhaltensmuster, die man gut als Folgsamkeit und Unterordnung beschreiben kann,
sind folglich sehr stark ausgeprägt.

Beispiele in unserer Gesellschaft sind patriarchalische Familienunternehmen oder Familien,
in denen „klar ist, wer die Hosen an hat". Weiterhin sind hier auch heute die Stammeskultu-
ren in Eingeborenenvölkern zu nennen – das legt ja der Name schon nahe. Viele nach dem
Prinzip der Stammesmenschen funktionierende soziale Strukturen gibt es jedoch auch in den
Gesellschaften der ersten Welt.

Die Ebene der Einzelkämpfer

Der Einzelkämpfer hebt sich durch Selbstständigkeit, Eroberungsgeist und Durchsetzungsvermögen vom Stammesmenschen ab. Bildlich kann man sich vorstellen, wie er aus der
Stammeswelt heraustritt, sie regelrecht herausfordert. Er verlässt ihre Grenzen und Ein-
schränkungen, erlebt sie in der Rückschau als unterdrückend und ungerecht. Jetzt vertraut er
auf sein eigenes Glück, seine Stärke und seine Fähigkeiten. Das *Ich* tritt ganz stark in den
Vordergrund. Die Eroberung neuer Welten ist hoch attraktiv für Einzelkämpfer – der Kampf
ums tägliche Überleben im Ghetto am Rande der Stadt ist dagegen eine eher problematische
Ausprägung der Einzelkämpfer.

In den Strukturen der Einzelkämpfer-Welt kristallisieren sich Führungsfiguren heraus, die
durch Kraft, Geschicklichkeit, Cleverness oder Durchsetzungsvermögen hervorstechen. Praktisch jeder kann Oberhaupt sein oder werden. Dies drückt sich in entsprechenden Kämpfen
um die Rangordnung beziehungsweise die Machtverteilung aus. Es zeigt sich nach außen in
Statussymbolen von Macht und Reichtum („Mein Haus, mein Auto, meine Yacht"). Wenn es
um Vorteile und Positionen geht, dann tritt das auf, was in der Arbeitswelt vielfach als Ellen-
bogen-Denken bezeichnet wird. Nachteile für die anderen werden billigend in Kauf genommen – oder zum eigenen Vorteil herbeigeführt.

Die hierarchischen Strukturen des Stammesmenschen werden von den Einzelkämpfern übernommen und stark erweitert. In der Rangordnung gibt es nicht nur den Anführer, sondern eine mehrstufige Hierarchie, die durch Stärke, Machtausübung und unterschiedliche Formen von Gewalt geprägt sein kann.

Im Unternehmenskontext heißt das: Wer in der Hierarchie weiter oben ist, hat mehr Macht. Er nutzt seine Mitarbeiter zu seinem eigenen Vorteil. Es ergibt sich dabei eine Mischung aus Ausbeutung und gemeinsamem Handeln. Basis des Gemeinsamen sind übereinstimmende Ziele des Anführers und seiner Untergebenen – gegenüber anderen Gruppen bzw. Bereichen im Unternehmen. Belohnung und Bestrafung erfolgen jeweils unmittelbar. Ein Schuldempfinden gegenüber Dritten gibt es nicht.

Die Mitglieder einer Gruppe kämpfen immer wieder gegeneinander um die Positionen innerhalb der Gruppe. Dies wird von den Führungsfiguren nicht nur geduldet, sondern auch – wenigstens unbewusst – gefördert. Dies entspricht dem Prinzip „teile und herrsche" – und findet erst eine Grenze, wenn es um die Vormachtstellung des Anführers selbst geht. Das Wohl des Großen und Ganzen ist den Mitgliedern der Gruppe nur insofern wichtig, als die Gruppe das eigene Überleben sichert. Loyalität ist also nur vorübergehend gegeben, höchst brüchig und auch käuflich.

Beispiele in unserer Gesellschaft sind Unternehmen in aufstrebenden, erstmals erschlossenen Regionen und Märkten, die sich ihre Position erstreiten. Einzelkämpfer gibt es auch als „Inseln" in funktionalen Organisationen. Dort kämpfen sie um knappe Ressourcen, Macht und Einfluss, während die Welt um sie herum geordnet ist.

Die Ebene der Loyalen

Auf der Ebene der Loyalen suchen die Menschen nach Sicherheit, Ordnung und Gerechtigkeit – eine klare Differenzierung gegenüber dem Einzelkämpfertum, das als einseitig, ungerecht und aggressiv erlebt wird. Einzelinteressen werden in klare Schranken gewiesen und einem *höheren Ordnungsprinzip* unterworfen. Gemeinsam mit klaren Regeln und Absprachen stellt man sich den Herausforderungen der Welt. Dabei ist alles gut und arbeitsteilig organisiert.

Besonders wichtige Fähigkeiten, die auf dieser Ebene erworben werden, sind das Aufstellen und Einhalten von Regeln, ein ausgeprägter Gerechtigkeitssinn und auch die Verteilung von Aufgaben („Zuständigkeiten") auf mehrere Personen. Zentral ist auch die Bereitschaft, eine solche Ordnung zu akzeptieren. Das ausgeprägte Zugehörigkeitsgefühl entspringt dem Wunsch, Sicherheit unter dem Dach einer großen Organisation zu finden. Dies entspricht der Überzeugung eines jeden, das loyale System und seine Werte seien von größter Bedeutung. Diese Haltung wird Dritten gegenüber bei Bedarf auch sehr stark vertreten.

Verantwortung auf dieser Ebene bedeutet, dass jeder im Rahmen seines Zuständigkeitsbereichs und innerhalb der ihm gesetzten Grenzen und der bestehenden Regeln Entscheidungen treffen kann. Und natürlich zuverlässig dafür sorgt, dass die Aufgaben erledigt werden.

Hierarchien bleiben in der Ebene der Loyalen bestehen, werden allerdings deutlich anders als in der Ebene der Einzelkämpfer gestaltet. Der Weg geht zu Breite und Größe, hin zu funktionalen, zumeist großen und stark arbeitsteiligen Strukturen. Feste Zuständigkeiten werden formuliert, Positionen nach klaren Regeln vergeben, es entsteht ein ausgeprägtes Spezialistentum. Alles läuft im definierten Rahmen, geleitet von unverrückbaren Prinzipien und Vorschriften. In Bezug auf die Regeln sind alle gleich, für alle gelten die gleichen Rechte und auch die gleichen Pflichten. Im Grunde soll allen Menschen das ihrer Position Entsprechende zustehen.

Die Zugehörigkeit zu einer Hierarchieebene kann sich auch äußerlich ausdrücken. *Statussymbole* und z. B. *Uniformen* spiegeln nach außen die Zugehörigkeit zu einer bestimmten Gruppe und zeigen gleichzeitig den Status. An die Stelle einer Uniform kann zum Beispiel auch der Dienstwagen eines bestimmten, einheitlichen Typs treten. Der Status ist im Gegensatz zur Ebene der Einzelkämpfer ein Ausdruck der Ordnung im Sinne der Hierarchie. Die klassischen Statussymbole wie ein größeres Büro, die bessere Büroeinrichtung, die Sekretärin im Vorzimmer etc. stellen die Position klar heraus.

Da es auf dieser Graves-Ebene undenkbar ist, sich selbst zu bereichern, findet Belohnung *zeitlich versetzt* und in Form von Status und Titeln statt. Gehälter werden nach Position und Zugehörigkeit zum Unternehmen – also für die Treue – gezahlt.

Besonders repräsentativ für diese Graves-Ebene sind die klassisch funktional aufgestellten Unternehmen, also etwa die großen Industrieunternehmen oder große Verwaltungsapparate. Es wird einem hier auch das Bild des klassischen Beamtentums in den Sinn kommen – den Regeln verpflichtet und bedingungslos loyal. Ebenso die katholische Kirche, das Militär demokratischer Staaten und die meisten Bildungseinrichtungen befinden sich auf dieser Ebene.

Die Ebene der Erfolgssucher

Die Menschen auf dieser Ebene wollen vor allem eins: erfolgreich sein, die Besten sein. Sie sind damit wieder stärker auf sich selbst bezogen als jene auf der Ebene der Loyalen. Es steht nun der eigene Erfolg im Vordergrund, aber auch der Erfolg der gesamten Gruppe. Denn die Loyalität zur Gruppe, der hohe Stellenwert der Zugehörigkeit, findet sich auch bei den Erfolgssuchern wieder.

Wettbewerb ist das Credo dieser Ebene. Jeder will erfolgreich sein und das meiste herausholen. Anders als auf der Ebene der Einzelkämpfer öffnet sich hier jedoch der Blick für das Ganze. Eigener Erfolg darf nicht zu Lasten der gesamten Gruppe gehen, sondern vielmehr fühlt sich jeder Einzelne dann erfolgreich, wenn er auch die Gruppe voranbringt. Denn man möchte Angehöriger einer erfolgreichen Gruppe sein. Im Gegensatz zum Einzelkämpfer ist für den Erfolgssucher nicht störend, dass es weitere erfolgreiche Mitarbeiter oder Unternehmen neben ihm gibt. Während es dem Einzelkämpfer noch darum ging, auf Kosten anderer zu gewinnen, zählt hier nur der Erfolg selbst – andere dürfen auch erfolgreich sein, soweit es den eigenen Erfolg nicht schmälert.

Ein wichtiges Prinzip dieser Ebene ist, dass dem Einzelnen eine sehr große Verantwortung übertragen wird. Jeder sieht dabei über den Tellerrand hinaus, da er das Ganze im Blick behält. Dies geht einher mit dem Vertrauen der Führungspersonen, dass jeder Einzelne sich für den Erfolg der Gesamtheit verantwortlich fühlt und sich auch voll dafür einsetzt. Auf dieser Ebene herrschen demnach große Freiheit und Flexibilität.

Hierfür brauchen die Menschen einen größeren Entscheidungsspielraum. Regeln, die zu starr sind, werden aufgebrochen. Ziel ist es, flexibler und schneller agieren zu können, in der jeweiligen Situation angemessen handeln zu können. Weniger Vorschriften, mehr Geschwindigkeit, mehr Ergebnis – das sind die damit verbundenen Wünsche. Strukturen, die Geschwindigkeit und Flexibilität verhindern, werden durch schlankere ersetzt und um zusätzliche Strukturen ergänzt.

So bilden sich auf dieser Ebene erstmals lineare Organisationen mit Prozessorientierung, Produktmanagement und Projektorganisationen heraus. Diese ist langfristiger und zielorientierter ausgeprägt. Der Blick wird auf den Kunden gerichtet, die Innenorientierung der loyalen Welt wird zurückgelassen. Das klassische „Silodenken" verschwindet. Insbesondere die Fähigkeit zum komplexen Planen und Steuern wird herausgebildet.

Für die eigene Leistung und den Erfolg möchten die Menschen dieser Ebene angemessen entlohnt werden. Materielles spielt also eine sehr große Rolle. Damit wird nach außen der eigene Erfolg gezeigt, verbunden mit Statussymbolen. Einen hohen Stellenwert hat nach wie vor die Zugehörigkeit zum Unternehmen. Man ist stolz, für ein Unternehmen mit einem guten Namen zu arbeiten – es wird gegenüber Dritten sehr betont, wo man arbeitet. Neu ist, dass man sich nicht mehr – loyal – sein Leben lang an ein Unternehmen bindet. Ist mehr persönlicher oder materieller Erfolg zu erwarten, wechselt man das Unternehmen.

Beispiele für Unternehmen auf dieser Ebene sind prozessual ausgerichtete Unternehmen mit einer an Effizienzkriterien angepassten Organisation, durchaus mit Verzahnungen der einzelnen Bereiche untereinander. Häufig haben sich diese Unternehmen klar auf ihre Kernkompetenzen fokussiert. Arbeitsteilung über Unternehmensgrenzen hinweg und partnerschaftliches Denken funktionieren erstmals auf dieser Ebene.

Viele Dienstleistungs- und Produktionsunternehmen finden sich auf dieser Ebene, ebenso Organisationen, die sich als „Lösungs- oder Prozess-Fabriken" aufgestellt haben.

Die Ebene der Teammenschen

Die Erkenntnis, dass eine heterogene Gruppe von Menschen mehr leisten kann als eine homogene, ist als wichtige Errungenschaft auf dieser Graves-Ebene zu nennen. Ebenso wird eine längerfristigere Sicht eingenommen: Erfolg wird nicht als etwas Kurzfristiges aus dem operativen Geschäft, sondern als das Ergebnis der richtigen Team-Konfiguration verstanden. Es wird verstanden, wie vorteilhaft es sein kann, wenn alle Mitglieder einer Gruppe wohltuend unterschiedlich sind, und alle benötigten Qualifikationen und Kapazitäten bereitstehen. Die zueinander komplementären Fähigkeiten werden folglich gefördert und zielgerichtet genutzt.

Wichtig ist dabei zu betonen, dass die Heterogenität *innerhalb* der Gruppe besteht – denn verschiedenste, allerdings nebeneinander aufgestellte Qualifikationen und Zuständigkeiten finden sich natürlich auch schon in der loyalen Welt.

Bestehende hierarchische Strukturen werden auf der Ebene der Teammenschen zugunsten flacher Hierarchien aufgelöst. Zusammenarbeit und Zusammensein sind geprägt durch noch stärkere Flexibilisierung, Wertschätzung für die Arbeit der anderen und ein hohes Maß an Integration. Dadurch können auf dieser Ebene Matrixorganisationen erfolgreich aufgebaut werden.

Erfolg ist weiterhin ein hoher Wert, hinzu kommen Werte wie Toleranz, Gemeinsamkeit, Verantwortung für andere. Zudem entsteht die Haltung, dass man selbst auch einmal zurückstecken kann, wenn die gesamte Gruppe dann erfolgreicher wird. Dies entspricht dem Verständnis eines *echten Teams*, das weit mehr ist als die Summe aller seiner Teile. Das starke Konsensbedürfnis kann allerdings Entscheidungen deutlich hemmen und damit Geschwindigkeit aus dem Unternehmen nehmen.

Die Beispiele für diese Graves-Ebene müssen, wie schon erwähnt, sehr genau angesehen werden, da der Begriff Team im allgemeinen Sprachgebrauch auch in anderen Zusammenhängen verwendet wird. Eine Mannschaft in einem Sportverein kann beispielsweise einzelkämpferisch, loyal, erfolgsausgerichtet oder teamorientiert sein. Die Mannschaften, welche die wenigsten „Helden" oder Stars haben, die eine hohe Konstanz in der Leistung aufweisen und eher unauffällig wirken, werden am ehesten auf der Ebene Team anzusiedeln sein.

Im beruflichen Umfeld findet man höchst selten ganze Unternehmen auf dieser Ebene des Graves-Value-Systems. Wenn es der Fall ist, dann sind es jedoch oft Innovationsführer oder herausragende Nischenplayer, deren entspanntes Erfolgsrezept von der Konkurrenz zumeist nicht verstanden wird. Innerhalb von Unternehmen sind es häufig multifunktionale Teams oder Projektteams, die im Sinne von Graves als Team zusammenwirken.

Die Ebene der Möglichkeitensucher

Auf der Ebene der Möglichkeitensucher verändert sich das Verständnis der Welt und der Rolle der Menschen darin grundsätzlich. Ab der Ebene der Möglichkeitensucher beginnt nach Graves eine neue Gruppe von Ebenen. In dieser zweiten Gruppe von Ebenen, dem „Second Tier", herrscht erstmals ein Verständnis darüber, dass alle anderen vorhergehenden Ebenen ihre Vorzüge haben. Die Menschen aller vorherigen Ebenen – vom Existierenden bis zum Teammenschen – glauben, ihre eigenen Denk- und Verhaltensweisen seien die einzig wahren. Dies geht typischerweise so weit, dass sie die Denk- und Verhaltensweisen der anderen Ebenen regelrecht verurteilen.

Ab der Ebene der Möglichkeitensucher beginnen die Menschen nun, die besten Aspekte der vorherigen Ebenen zu nutzen und miteinander zu kombinieren. Dennoch verfügen auch die sozialen Systeme dieser Second Tier-Ebenen über klar fassbare Denk- und Verhaltensweisen.

Auf der Ebene der Möglichkeitensucher ergibt sich eine Öffnung hin zu mehr Flexibilität und Individualität. Die Frage des Sich-ausdrücken-Könnens tritt sehr viel stärker hervor.

Hohe Werte sind Kompetenz, Wissen, Unabhängigkeit und Individualität. Die Ebene der Möglichkeitensucher hat ein solides Verständnis der Arbeitsmodelle aus der loyalen, der erfolgsorientierten und der Team-Welt. Man kennt die Vor- und Nachteile und kann Strukturen, Prozesse und Regeln so kombinieren, dass das gegebene Ziel am besten erreicht werden kann. Das gezielte, vorübergehende Arbeiten in Arbeitsmodellen anderer Ebenen gehört also zu den Fähigkeiten, die auf der Ebene der Möglichkeitensucher entwickelt werden.

Die festen Strukturen der vorherigen Ebenen werden weniger wichtig. Man fühlt sich in losen Netzwerken und auch in virtuellen Teams wohl. Auf der Ebene der Möglichkeitensucher tritt deswegen eine veränderte Form der Steuerung hervor. Diese erfolgt fast nur noch durch Zielvorgaben und gut definierte, allgemeine Regeln (Governance). Eine Gruppe bekommt ein Ziel gesetzt oder definiert es selbst, je nach Kontext der Gruppe. Benötigte Ressourcen werden entsprechend organisiert.

Die Gruppe stellt sich so auf, wie sie das gesetzte Ziel am besten erreichen kann. Dabei werden unterschiedliche Individuen aber auch Gruppen integriert. Wichtig ist es, dass die einzelnen Individuen und Teilgruppen gut miteinander arbeiten bzw. das gesteckte Ziel erreichen können.

Beispiele für diese Ebene des Graves-Value-Systems sind selten zu finden. Think Tanks oder auch Wissensnetzwerke sind manchmal entsprechend dieser Ebene ausgeprägt.

Die Ebene der Globalisten

Die Ebene der Globalisten wird erreicht, wenn die Perspektive einer wirklich ganzheitlich zu sehenden Welt eingenommen wird – alles wird in diesem Kontext gestellt und bewertet. Große Zusammenhänge werden hergestellt, die möglichen Auswirkungen auf andere und die Umwelt spielen eine große Rolle. Man versteht die Welt als „globales Team". Direkte Konkurrenz gibt es nicht mehr – die Erwartung ist dabei, dass diese Haltung einen langfristig hohen Gesamtnutzen für alle ergibt.

Die Globalisten denken also sehr stark an das Ganze, weit über ihren Arbeitskontext hinaus. Da wir sie als Unternehmensform noch nicht gesehen haben, gehen wir hier nicht näher darauf ein.

An dieser Stelle sei der Hinweis gegeben, dass unser Verständnis von Globalisten nichts zu tun hat mit dem heutigen Wirtschafts-Sprachgebrauch der „Globalisierung" – diese ist im Sinne des Graves-Value-Systems von Einzelkämpfern bis zu Erfolgsorientierten geprägt.

Zusammenfassung und Ausblick

Wir haben die Ebenen des Graves-Value-Systems vorgestellt und wesentliche ihrer Eigenschaften gezeigt. Dabei haben wir auch deutlich gemacht, wie sie Schritt für Schritt aus einander hervorgegangen sind – eine Gesetzmäßigkeit, die sich weltweit in allen Kulturen und Zeiten findet. Die jeweiligen gesellschaftlichen, wirtschaftlichen und organisatorischen Rahmenbedingungen werden integriert. Deshalb wirken die sozialen Systeme äußerlich manchmal recht unterschiedlich, auch wenn sie sich auf der gleichen Stufe des Graves-Value-Systems befinden.

2.　　Individuen auf den unterschiedlichen Ebenen

Ausgehend von den Beschreibungen der Graves-Ebenen werden Sie sich möglicherweise sagen, dass soziale Systeme doch hauptsächlich durch die Menschen geprägt sind, die zu ihnen gehören. Und Menschen – auch die, die beispielsweise zusammen in ein und demselben Unternehmen arbeiten – sind nun einmal sehr unterschiedlich.

Wir gehen sogar noch weiter: Nicht einmal ein einzelner Mensch kann ausschließlich einer bestimmten Ebene des Graves-Value-Systems zugeordnet werden. Denn all unsere unterschiedlichen Lebensbereiche finden sich in sozialen Systemen, die verschiedener nicht sein könnten und auch unterschiedlichen Ebenen zuzuordnen sind – Familien, Unternehmen, Vereine etc. Jeder von uns hat eine unterschiedliche Nähe und Vertrautheit mit den jeweiligen Graves-Ebenen. Und auch unser Verhalten ändert sich entsprechend des umgebenden Systems.

Zudem befinden sich auch Teile sozialer Systeme meist auf unterschiedlichen Ebenen des Graves-Value-Systems. In einem Unternehmen kann beispielsweise eine Abteilung oder ein Standort auf einer Ebene sein, eine andere Abteilung oder ein anderer Standort auf einer anderen Ebene.

Auch die Denk- und Verhaltensweisen einzelner Individuen weichen bisweilen von der Ausprägung des gesamten sozialen Systems ab. Wer kennt sie nicht, die Einzelkämpfer im – eigentlich ganz klar strukturierten, loyalen – Unternehmen, die sich an keine Regeln halten und sich selbst unter Einsatz ihrer Ellenbogen klare Vorteile verschaffen möchten?

Im Folgenden wollen wir die unterschiedlichen Graves-Ebenen auf einzelne Individuen übertragen. Dies hilft, das Modell noch besser verstehen und anwenden zu können. Es macht den Transfer auf ein Unternehmen, eine Abteilung oder ein Team leichter, denn dadurch wird erkennbar, wie Individuen jeweils einzuordnen sind.

Der Stammesmensch als Individuum

Der Stammesmensch ist ein Mensch, der sich im sozialen System stets wie in einer Familie sieht.

Die Führungsperson agiert als Patriarch und sorgt wie ein Vater für die anderen Mitglieder der Gruppe – mit gewisser Sorgsamkeit, aber auch mit entsprechender Autorität. Er sieht seine Vormachtstellung als etwas, was ihm „natürlich" zusteht – und würde sie niemals selbst infrage stellen. Die Mitglieder der Gruppe sind dem Patriarchen emotional stark verbunden, aber auch Existenzängste und Abhängigkeit prägen die Zugehörigkeit zur Gruppe.

Der Einzelkämpfer als Individuum

Der Einzelkämpfer ist ein Macher und Machtmensch, der sich gut gegen andere durchsetzen kann – wenn nötig, auch ohne vereinbarte Regeln zu befolgen. Im Unternehmen sind Einzelkämpfer häufig sehr wertvolle Mitarbeiter, wenn es um Spezialprojekte, wie Task Forces, oder um die Eroberung neuer Märkte geht.

Einzelkämpfer wissen, was sie wollen, und geben alles daran, ihre Vorhaben zu erreichen. Das Handeln des Einzelkämpfers erfolgt eher situativ als geplant. Problematisch wird dies durch die sich daraus ergebende eingeschränkte Sichtweise: Er sieht häufig nur seinen Teil einer Gruppe, will sich mit aller Macht durchsetzen und nimmt nicht wahr, dass er Teil eines Ganzen ist. Er kennt keine Loyalität und kooperiert mit anderen nur so lange, wie sie ihm nützlich sind. Sieht der Einzelkämpfer persönlich keinen Vorteil mehr in der Kooperation mit einem anderen, lässt er diesen sofort fallen.

Der Loyale als Individuum

Der Loyale als Individuum ist seiner Gruppe gegenüber treu und loyal eingestellt und sieht sich als Teil derselben. Als Mitarbeiter eines Unternehmens bevorzugt er klar geregelte Arbeitszeiten und genau definierte Aufgaben. Dieser Mitarbeiter ist positionsbewusst und hält sich an die Berichtshierarchien. Er bearbeitet vorzugsweise Aufgaben, die in seinen Kompetenzbereich fallen.

Der Loyale als Individuum respektiert, dass andere in der Rangordnung einer Gruppe über ihm stehen, und unterstützt diese vorbehaltlos. Er hält gern an vorgegebenen Strukturen fest. Wertvoll ist dieser Mensch insbesondere in Krisenzeiten, denn er befolgt „Befehle" ohne große Diskussionen.

Das Verhalten von Führungspersonen auf der Loyalen Ebene zeichnet sich durch Autorität aus. Alles muss sein Recht und seine Ordnung haben, dieses wird von der Führungsperson eingefordert – mit dem entsprechenden Nachdruck aus der Autorität der Rolle heraus.

Der Erfolgssucher als Individuum

Der Erfolgssucher will sich in einer Gruppe als wichtiges Element – im Unternehmen als wertschöpfend – beweisen. Er bringt Ehrgeiz in die Gruppe ein und sucht das konstruktive Miteinander mit anderen Teilen der Gruppe.

Der Erfolgssucher braucht immer klare Ziele, denen er folgen kann. Ohne diese Ziele ist es für ihn sinnlos, Teil der Gruppe zu sein. Die Ziele dürfen gerne anspruchsvoll sein. Wichtig ist dem Erfolgssucher die Anerkennung seiner Leistung.

Als Mitarbeiter oder Führungskraft eines Unternehmens sucht er den Kontakt zu anderen Bereichen und versucht Schnittstellen transparent zu gestalten. Er hat das Unternehmen als Ganzes im Blick. Der Erfolgssucher übernimmt gerne Verantwortung für eine Sache, ein konkretes Ziel. Ihm ist Anerkennung für seine Leistung wichtig, in Form von Status, Vergütung oder zusätzlicher Verantwortung.

Der Teammensch als Individuum

Auch dem Teammenschen sind Ziele wichtig. Er sucht für ihre Erfüllung jedoch viel enger gebundene Partner, mit denen er gemeinsam am selben Strang ziehen kann. Der Teammensch lebt im Verständnis, dass man gemeinsam Verantwortung für eine Sache übernehmen muss und gemeinsam auch mehr erreichen kann, als dies alleine möglich wäre. Diese Form der Zusammenarbeit geht weit über die des Erfolgssuchers hinaus.

Die Arbeit in der Gruppe mit vielen unterschiedlichen Menschen spornt den Teammenschen an, Einzeltätigkeit mag er nicht. Der Teammensch erkennt den Mehrwert in der heterogenen Zusammenarbeit, wenn unterschiedliche Typen und Kompetenzen zu einer Lösung kommen. Der Erfolg ist auch ihm wichtig. Er stellt jedoch den persönlichen Erfolg auch problemlos einmal hinten an, wenn dies besser für den Gesamterfolg ist.

Der Möglichkeitensucher als Individuum

Der Möglichkeitensucher engagiert sich gerne in unterschiedlichen Projekten und Aufgaben, je nachdem, wo er seine Fähigkeiten und Interessen gut einbringen kann. Flexibilität und Freiheit sind ihm wichtig. Sein Engagement für eine Gruppe macht für den Möglichkeitensucher nur dann Sinn, wenn er darin einen persönlichen Mehrwert erkennen kann. Dieser persönliche Mehrwert kann zwar auch finanzieller Art sein, viel mehr geht es dem Möglichkeitensucher aber um intellektuell herausfordernde Aufgaben, darum sein Wissen zu erweitern oder auch einfach nur Spaß an der Arbeit zu haben.

Langfristige Engagements und feste Strukturen sind für den Möglichkeitensucher eher schwerer vorstellbar. Er arbeitet gerne allein oder auch in unterschiedlichen Teams, je nachdem, welche Konstellation die Lösung einer Aufgabe verlangt. Einen hohen Stellenwert hat für ihn die persönliche Weiterentwicklung. Der Möglichkeitensucher kann gut mit den Denk- und Verhaltensweisen der einzelnen Graves-Ebenen umgehen und sich diese flexibel nutzbar machen.

Der Globalist als Individuum

Der Globalist möchte mit seinem Beitrag zu einer Gruppe etwas Gutes für alle tun. Dies kann im gemeinnützigen Bereich oder in einer Organisation auch über den – global gesehen – passenden Unternehmenszweck erreicht werden. Er sucht sich Umgebungen, in denen Wohl und Entwicklung der Menschheit als Ganzes im Mittelpunkt stehen. Globalisten als Mitarbeiter haben hohe Ideale, vermitteln anderen aber teilweise den Anschein von Naivität und grenzenlosem Idealismus.

Beispiel: Win-lose, Win, Win-win: Wer verfolgt was?

Verhandlungstechniken gehen davon aus, dass Verhandlungspartner in Verhandlungen ein bestimmtes Muster verfolgen. Diese Verhandlungsmuster spiegeln die grundsätzliche Einstellung eines Menschen im Umgang mit anderen Menschen wider – passend zur Einordnung im Graves-Value-System:

- Win-lose (Einzelkämpfer, Loyaler): Ein Mensch möchte auf jeden Fall gewinnen, und er möchte auch, dass der andere verliert, nimmt das zumindest billigend in Kauf. Gibt der andere nicht nach und kann man selbst nicht gewinnen, führt dies unweigerlich zu einer Lose-lose-Situation: Beide Partner verlieren.

- Win (Erfolgsorientierter): Der Mensch möchte auf jeden Fall gewinnen, ihm ist es egal, ob der andere auch gewinnt oder nicht.

- Win-win (Team-Mensch, Möglichkeitensucher): Der Mensch möchte gewinnen beziehungsweise für sich das Maximum aus einer Sache herausholen und möchte auch, dass der andere Mensch genauso gewinnt.

3. Der Veränderungsprozess: Die Analogie eines Umzugs

Wir kommen zurück zu unserer Analogie, dem Haus, und ordnen den einzelnen Ebenen des Graves-Value-Systems Stockwerke in unserem Modell-Haus zu.

Im Veränderungsprozess ist dann die Frage zentral, ob eine Veränderung „nur" innerhalb einer Ebene angelegt ist und wie die Entwicklung von einer Ebene auf die nächste erfolgt. Denn Veränderungen brauchen erfahrungsgemäß Zeit, sie sind sehr anstrengend und mit großen Umwälzungen und daher oft viel Widerstand verbunden. Insbesondere ein Umzug – eine Veränderung in eine andere Ebene – ist immer ein Kraftakt.

Bemühen wir also weiter die Analogie unseres Modell-Hauses: Es geht darum, eine Wohnung zu renovieren bzw. umzubauen oder in eine Wohnung in einer der unmittelbar benachbarten Ebenen – zumeist ein Stockwerk nach oben – umzuziehen und dann dort zu leben. Wie entsteht das Bedürfnis dazu, und wie wird der Umzug selbst angestoßen und umgesetzt?

Die Bewohner unseres Modell-Hauses erfahren aus dem eigenen Leben oder aus der Umwelt heraus Veränderungen. Entweder wird die Wohnung für die sich wandelnden eigenen Bedürfnisse unpassend oder es ergeben sich von außen neue oder modifizierte Anforderungen, welche die gleiche Empfindung entstehen lassen.

Aus vielerlei Gründen beginnen die Bewohner also, sich in ihrer Ebene nicht mehr wohl zu fühlen. Eine Veränderung der Wohnung oder ein Umzug steht ins Haus. Letzteres rückt dann ins Bewusstsein, wenn eine andere Wohnung deutlich attraktiver erscheint. Ob man den Umzug dann tatsächlich angeht, hängt davon ab, ob man sich zur endgültigen Erkenntnis und zu einer Entscheidung tatsächlich durchringen kann. Allzu viele Menschen leben ja in unpassenden Wohnungen und klagen darüber, verändern aber nichts.

Gehen wir davon aus, dass der Umzugsgedanke wirklich heranreift. Ein Umzug führt durch das Treppenhaus. Jedes Erklimmen der Treppe erfordert Initiative und Kraft. In unserem Modellhaus gibt es keinen Fahrstuhl und keine Möbelpacker. Und ein Umzug in die übernächste Ebene ist unmöglich. Dies folgt aus der Gesetzmäßigkeit, dass sich im Graves-Value-System Veränderungen immer nur von einer Ebene zur nächsten ergeben. Nur langfristig und mit mehreren Umzügen sind weitergehende Entwicklungen möglich.

Wie ein Umzug von einer zur anderen Etage können große Veränderungen in Unternehmen, Organisationen und Systemen sehr unterschiedlich ablaufen. Ist ein Umzug gut organisiert, weiß jeder, was zu tun ist; und kennen alle das Ziel (und identifizieren sich damit), dann laufen auch solche schwierigen Veränderungen fast wie von selbst. Ist alles schlecht verpackt, das Ziel unklar, sind die Kartons zu schwer, dann zieht sich ein Umzug hin. Die Motivation lässt irgendwann nach, vielleicht bleibt der Umzug ganz stecken und man sitzt weiterhin in der alten Wohnung.

Das entspricht den Change-Projekten, die Sie vielleicht aus Ihrer Erfahrung kennen. Die einen verlaufen relativ problemlos – auch wenn sich anschließend vielleicht Muskelkater zeigt. Andere Projekte gleichen eher der Hölle auf Erden, nichts klappt, schließlich scheitern sie.

Es ist also wichtig, einen Umzug gut zu organisieren, ein realistisches und passendes Ziel zu setzen und die nötigen Voraussetzungen zu schaffen. Und es ist ganz zentral zu verstehen, ob es um einen Umzug, einen Umbau oder „nur" eine Renovierung geht. Mit den Voraussetzungen für Veränderungen – gleich welchen Umfangs – wollen wir uns nun näher beschäftigen.

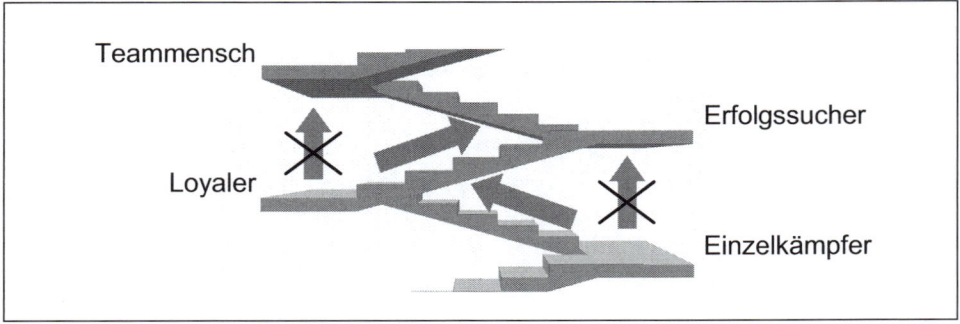

Quelle: Eigene Darstellung
Abbildung 4: *Es gibt keinen Aufzug im Graves-Value-System Modellhaus*

4.   Die Voraussetzungen für Veränderungen: Können und Wollen

Damit der Umzug, also die Veränderung von einer Ebene des Graves-Value-Systems zur nächsten, reibungslos vonstattengehen kann, muss eine ganze Reihe von Voraussetzungen erfüllt sein, die sich wie folgt zusammenfassen lassen:

▦ Verfügen die Bewohner der Wohnung über die notwendigen Fähigkeiten? Also: *Können* sie sich überhaupt auf der nächsten Etage des Hauses einrichten und werden sie dort leben können? Haben sie schon jetzt alle ihre Aufgaben gut gelöst, so dass sie ihre Aufmerksamkeit auf die Anforderungen der nächsten Ebene richten können? Können die Hindernisse umgangen oder beseitigt werden, die bei einem Umzug und in der neuen Wohnung auftreten?

▤ Besitzen die Bewohner auch die entsprechende Motivation? Also: *Wollen* sie überhaupt umziehen? Fühlen sie sich auf der bisherigen Ebene wirklich dementsprechend unwohl? Erkennen sie, dass ein Umzug eine Lösung für das aktuelle Unwohlsein ist und eine attraktive Zukunft bringt? Sind sie bereit, sich einem Umzug als Prozess zu stellen?

All diese Voraussetzungen für die Veränderung müssen erfüllt sein, um die nächste Entwicklungsstufe erreichen zu können. Für weniger anspruchsvolle Veränderungen, also Renovierung, Umnutzung oder Umbau der Wohnung, müssen sie wenigstens teilweise erfüllt sein. Ein wesentlicher Teil der Veränderungsarbeit ist, die Voraussetzungen im jeweils erforderlichen Umfang zu schaffen.

Unter den Überschriften *Können* und *Wollen* gehen wir noch detaillierter auf die verschiedenen Voraussetzungen ein, die für eine Organisationsveränderung erfüllt sein müssen.

Können/Veränderungsfähigkeit	Wollen/Veränderungsbereitschaft
▪ **Potenzial** für Veränderungen (Fähigkeiten und Fertigkeiten, das inhaltliche Vorbereitet-Sein) ▪ **Souveräne Lösungen** für die aktuelle Ebene des Graves-Value-Systems ▪ **Geeigneter Umgang mit Hindernissen**, die im Veränderungsprozess auftreten ▪ Konsolidierung, **Integration des Gelernten**	▪ **Offenheit** für die Notwendigkeit von Veränderungen und einen Veränderungsprozess ▪ **Dissonanz**, also das Unbehagen in der jetzigen Stufe des Graves-Value-Systems bzw. in der gegebenen Situation ▪ **Einsicht** in die Vorteile der Veränderung, den durch die Veränderung erreichbaren Nutzen und die Tatsache, dass eine Veränderung als Prozess abläuft

Abbildung 5: *Dimensionen des Könnens und Wollens*

4.1 Können

Das Verständnis von *Können* bezieht sich schwerpunktmäßig auf die für das Leben in einer neuen oder veränderten Wohnung erforderlichen Fähigkeiten und Fertigkeiten – und natürlich das entsprechende Wissen. Als Grundlage dafür dient das Können in der aktuellen Ebene, denn nur, wenn die „Welt, aus der man kommt," gut beherrscht wird, kann man sich später in einer noch anspruchsvolleren bewegen.

Ebenfalls zum *Können* zählen wir die Fähigkeiten und Fertigkeiten, die in einer Veränderung benötigt werden. Dies betrifft den Umgang mit Hindernissen und das Lernen an sich.

Potenzial für Veränderungen, inhaltlich vorbereitet sein

Ganz am Anfang steht die Frage, ob tatsächlich ausreichend *Potenzial* vorhanden ist, sich in einer höheren Ebene des Graves-Value-Systems einrichten und dort leben zu können – oder sich auch „nur" auf der aktuellen Ebene zu entwickeln. Dies hat sehr viel mit der Fähigkeit zu tun, mit höheren Ansprüchen und einer höheren Komplexität umzugehen. Welche relevanten Fertigkeiten können also erworben werden? Oder werden zum Beispiel zusätzliche Mitbewohner benötigt, die sich in einer veränderten oder neuen Wohnung schon auskennen?

Potenzial beschreibt die Summe von individuellen und kollektiven Fähigkeiten und Fertigkeiten. Es drückt sich in der Frage aus: Mit welchem Maß an zusätzlichen Anforderungen und Schwierigkeiten kann jeder Einzelne in einer Organisation umgehen – und wie geht die Organisation als Ganzes mit Komplexität und veränderten Aufgaben um?

Viele Organisationen verfügen über ein hohes Entwicklungspotenzial, das nicht genutzt wird. Oft liegen Können und Wissen Einzelner brach oder kommen nur außerhalb des beruflichen Umfelds zum Einsatz.

In der Entwicklung über die Ebenen des Graves-Value-Systems hinweg wird vom Mitarbeiter immer mehr Eigenverantwortung und Flexibilität verlangt. Dieses Potenzial besitzen viele, setzen es im beruflichen Umfeld jedoch nicht ein, weil dies entweder nicht notwendig oder sogar nicht gewollt ist.

Souveräne Lösungen für die aktuelle Ebene des Graves-Value-Systems

Natürlich müssen die Menschen auch in der aktuellen Wohnung zurechtkommen. Das heißt, dass *souveräne Lösungen* im aktuellen Umfeld bestehen. Wer nicht mit Waschmaschine, Fernseher und Mikrowelle umgehen kann, wird nicht in eine Wohnung umziehen können, in der vieles noch komplexer ist – in der Backofen und Mikrowelle integriert sind oder Fernsehen, Videorecorder, DVD-System und Internet eine nahtlose Einheit darstellen. Wichtig ist also, dass souveräne Lösungen für das Leben in der aktuellen Wohnung gefunden sind beziehungsweise erst einmal geschaffen werden.

Die Kernfrage ist hier: Kann die Organisation das leisten, was bisher von ihr erwartet wird, und wo sind noch Verbesserungen erforderlich? Dies ist wesentlich, weil die Fähigkeiten auf der nächsten Ebene darauf aufbauen.

Wenn die aktuellen Probleme der Organisation über den Kopf wachsen, ohne dass Veränderungen aus der Umwelt oder neue Anforderungen etwas damit zu tun hätten, ist an eine Veränderung auf eine höhere Ebene des Graves-Value-Systems nicht zu denken.

Beispiel: Handelsunternehmen

Ein Handelsunternehmen, das wesentliche Grundfunktionen der Lagerlogistik und Auslieferung nicht zuverlässig beherrscht, wird den Wechsel zu einer differenzierten Belieferung der Kunden mit 24-Stunden-Service und garantierten Lieferzeiten nicht schaffen.

Es muss also zum Beispiel erst gelernt werden, Arbeit effizient zu teilen und interne Regeln einzuhalten. Oder die Planungs- und Managementfähigkeiten müssen soweit wachsen, dass die aktuell nötige Arbeitsqualität wirklich erreicht ist. Immer muss erst die Basis gelegt und wirklich beherrscht werden, dann ist ein Angehen höherer Komplexität möglich.

Beispiel: Regeln in loyalen Unternehmen

Ein Unternehmen auf der loyalen Ebene muss Regeln einhalten können und feste Zuständigkeiten akzeptieren. Tut es dies nicht, dann verhält es sich analog zur Ebene der Einzelkämpfer. Dann wird beispielsweise um Ressourcen gekämpft, dann machen manche Bereiche einem anderen Verantwortlichkeiten streitig, und es bekommt nur derjenige die Aufmerksamkeit der Geschäftsleitung, der am lautesten „schreit". Dann kann sich dieses Unternehmen auch nicht in ein erfolgsorientiertes Unternehmen entwickeln, in dem Verantwortlichkeiten sehr stark delegiert werden, in dem sehr kooperativ und eng miteinander gearbeitet wird. Für einen Veränderungsprozess heißt dies: erst Loyalität (wieder) herstellen und dann das Unternehmen weiterentwickeln.

Geeigneter Umgang mit Hindernissen

Der veränderte und konstruktive *Umgang mit Hindernissen* ist weiteres zentrales Thema. Im Verlauf eines Umbaus der aktuellen Wohnung oder eines Umzugs werden Schwierigkeiten auftreten, die es so noch nicht gegeben hat. Diese werden die Bewohner während des Veränderungsprozesses lösen oder umgehen müssen.

Wenn bei den Vorbereitungen etwa deutlich wird, dass der Schrank nicht mehr nur verschoben werden kann, wie man es vom Renovieren gewohnt ist, dann müssen andere Wege gefunden werden. Zum Beispiel kann man den Schrank zerlegen. Man braucht dafür dann aber Aufbewahrungsmöglichkeiten für die Kleinteile und einen Plan für den erneuten Zusammenbau.

Alle Organisationen und Unternehmen kennen aus der täglichen Arbeit verschiedenste Hindernisse. In Veränderungsprozessen mehren sich die Schwierigkeiten, vor allem sind sie dann meist deutlich komplexer als die bisher gekannten.

Zu Veränderungsprozessen gehört, dass eine Organisation lernen muss, mit solchen veränderten Aufgabenstellungen geeignet umzugehen. Und es geht hier um die gesamte Organisation. Eine Veränderung kann nicht stattfinden, wenn ausschließlich das Management oder externe Berater mit Hindernissen umgehen können.

Dabei ist das Management, das ja selbst auch dem Veränderungsprozess unterliegt, ganz wesentlich vom Umlernen bezüglich neuartiger Hindernisse betroffen. Die Hindernisse dürfen als solche weder negiert noch klein geredet werden. Ihrem Wesen nach sind die fundamentalen neuen Herausforderungen Vorboten der künftigen Unternehmenswelt. Daher müssen sie gelöst, umgangen oder neutralisiert werden.

Beispiel: Handelsunternehmen

Wenn sich das oben angesprochene Handelsunternehmen entschließt, eine neue Logistik-Software einzuführen, dann wird es mit allen Themenstellungen großer, prozessverändernder Projekte konfrontiert werden – vollkommen unabhängig von der Softwareeinführung selbst.

Beispiel: Loyales Unternehmen

Genauso werden einem loyalen Unternehmen auf dem Weg zur Erfolgsorientierung Hindernisse begegnen. Die neue Arbeitsteilung wird an der einen oder anderen Stelle nicht funktionieren, ein „unfähiger" Leiter wird einen Bereich verantworten und nicht zielorientiert genug arbeiten können. Das Unternehmen muss dann – entgegen der bisherigen loyalen Verfahrensweise – lernen, Verantwortung geeignet umzuverteilen, Schwachpunkte nicht mehr zu verstecken und auch Mitarbeiter in einigen Positionen zu ersetzen.

Integration von Gelerntem

Zentral ist, aus der Lösung von Problemen zu lernen und das Gelernte dann allen zugänglich zu machen. Dann werden Lösungen künftig schneller gefunden oder Probleme treten erst gar nicht auf. Es geht darum, *Gelerntes zu sichern* und wieder zugänglich zu machen.

Mittel und Wege dafür gibt es prinzipiell viele, sie müssen jedoch der gegebenen Situation und den zu erwartenden Aufgaben angemessen sein. Zum Beispiel kann sich neues Spezialistentum für das Zerlegen und Wiederzusammenbauen von Möbeln herausbilden. Mitunter genügt es zu wissen, wo Spezialkenntnisse benötigt werden und wie man sich Zugang zu ihnen verschaffen kann. Wer einen guten Umzugsspediteur, einen Installateur und einen Schreiner kennt und weiß, wie er mit ihnen zusammenarbeiten kann, tut sich leichter beim Umbau oder Umzug. Natürlich muss die Wohnungsgemeinschaft verstehen oder auch erst lernen, was die Anforderungen solcher externer Partner sind, damit diese ihre Aufgaben bestmöglich erledigen können.

Vielleicht wird Wesentliches auch aufgeschrieben, um Wissen für alle zugänglich zu machen: Ein zentrales Archiv für Aufbauanleitungen wird angelegt. Oder es wird beschlossen, nur noch Möbel eines bestimmten Herstellers anzuschaffen, die dann alle leicht auf- und abbauen können.

Hinter der Konsolidierung, der Notwendigkeit, Gelerntes zu integrieren, steht die Frage nach der künftigen Problemlösungs- und Lerngeschwindigkeit. Muss eine Lösung jeweils komplett neu erfunden werden oder kommt Bewährtes wieder zum Einsatz? Werden Analogieschlüsse gezogen, Muster erkannt und für ähnliche Aufgaben wieder verwendet? Im Unternehmens-kontext steckt darin zum Beispiel die Frage, ob Methoden einer zügigen Prozessoptimierung wieder eingesetzt werden – oder ob die Anpassung eines Prozesses jedes Mal wieder ein Kraftakt ganz eigener Art ist.

Wichtig ist dann, wie die Erhaltung des Gelernten organisiert wird – das gilt für Wissen und Können. Ebenso bedeutsam ist, dass erkannt wird, was überhaupt ein wesentlicher Lern-Erfolg ist, der entsprechend gewürdigt werden muss.

Beispiel: Handelsunternehmen

> Vielleicht wird bei der Einführung einer neuen Logistiksoftware verstanden, dass in der Vereinheitlichung der Lager-Systematik und in der Anpassung der Prozesse an die Markt-erfordernisse der Schlüssel für die Veränderung liegt. Dann wird man sich in allen Punkten der Lagerung und Auslieferung entsprechende Gedanken machen und die passenden Schlussfolgerungen ziehen. Gelingt das nicht, wird jede Einzelfrage neu diskutiert und muss kompliziert, meist individuell gelöst werden.

Die Anforderungen an das *Können* sind also recht breit. In der Vorbereitung und Begleitung von Veränderungen ist der Aufbau eines hinreichenden Könnens ein zentraler Erfolgsfaktor. Aber auch das entsprechende Wollen, die Veränderungsbereitschaft, muss erreicht werden.

4.2 Wollen

Die Menschen müssen motiviert sein, die Wohnung deutlich zu verändern oder umzuziehen. Zum Einen muss der Druck, umzubauen oder die bisherige Wohnung zu verlassen, groß genug sein, das heißt die aktuelle Situation muss unangenehm genug sein, damit eine Verän-derung angestrebt wird. Zum Zweiten muss ein attraktives Ziel verfolgt werden, das die Ver-änderung bedingt. Diese beiden Motivationsfaktoren wirken zusammen.

Wir wissen nicht wirklich, was uns in der neuen Wohnung erwarten wird. Unsicherheit – vielleicht auch Sorge – macht sich breit. Wir versuchen die Notwendigkeit des Umzugs zu verdrängen oder zu relativieren. Eigentlich fühlen wir uns in der Wohnung doch ganz wohl, wir haben jahrelang äußerst zufrieden dort gewohnt. Also liegen zunächst kleinere Verände-rungen näher. Dieses Zweifeln kann sich bis hin zu Blockaden gegen Veränderungen steigern. Um Veränderung herbeizuführen, muss jedoch grundsätzlich Offenheit gegenüber einer Ver-änderung gegeben sein.

Das *Wollen* im Zusammenhang mit Veränderungen ist ebenso wichtig wie das *Können*. Alles Wissen und Können hilft nichts, wenn sich Menschen gegen das Umräumen, den Umbau oder Umzug sperren – die Veränderungsbereitschaft fehlt.

Offenheit für Veränderungen

Für einen Umbau oder Umzug ist grundsätzlich eine große *Offenheit* erforderlich. Doch schon kleine Veränderungen in einer Wohnung können zu größtem Widerstand führen. Der Haushaltsvorstand, wenn es denn einen im direkten Sinne gibt, wird noch so sehr auf den Umzug in eine andere Wohnung drängen können – wenn alle anderen überhaupt keine Bereitschaft zur Veränderung haben, wird nichts passieren. Selbst externe Umzugshelfer, die Kisten und Mobiliar in die andere Wohnung schaffen, werden keine Hilfe sein: Die Menschen bleiben in der alten Wohnung, richten sich auf Apfelsinenkisten und schnell organisierten Möbeln – von Nachbarn und Freunden, aus der Zeitung, ein paar neue, ein paar vom Sperrmüll – schnell wieder ein. Das passiert schneller, als sich Mobiliar durch Dritte oder vom Haushaltsvorstand aus der Wohnung schaffen ließe. Es fehlt die Vorstellung, dass es einmal anders sein könnte, dass sich überhaupt etwas verändern kann.

Offenheit hat auf der einen Seite etwas mit der Grundeinstellung der Menschen zu tun, auf der anderen Seite aber auch mit dem Eingehen auf sie und ihre Bedürfnisse.

Bezüglich der Offenheit lassen sich drei Ausprägungen wie folgt darstellen:

- *Offen*, bereit für Veränderungen: Der Einzelne möchte Hindernisse beseitigen, hält dabei Veränderungen für unvermeidlich. Dabei besteht große Flexibilität im Handeln – ohne gleich auf jeden fahrenden Zug aufspringen zu wollen. Neues wird gern angenommen und umgesetzt. Offene Menschen sind in der Regel gute Zuhörer und tolerieren in starkem Maße Unterschiede.

- *Blockiert, feststeckend* oder auch „eingeschränkt" beziehungsweise „gehemmt": Diese Charakterisierung bezüglich Veränderungen trifft auf viele Menschen zu. Das Leben wird im gegebenen Rahmen gemeistert, man versucht, seinen Platz im Leben zu finden. Das meiste wird aus den gegebenen Umständen heraus gemacht, „härter und besser arbeiten", das ist oft die Devise, wenn man sich verbessern will. Folglich widmet man sich auch eher einer Verfeinerung der Arbeitsweise und macht seinen Frieden mit den Gegebenheiten, statt nachhaltige Veränderungen anzugehen. Das Gleichgewicht hat einen hohen Stellenwert, neue Lebensumstände erzeugen daher eher Angst und Unsicherheit als das Gefühl neuer Möglichkeiten. Vieles wird als nicht änderbar gesehen, was dann über die Zeit zu Stress, Ärger und Frustration führt, mitunter sogar zu Aggression.

- *Verschlossen* ist, wer glaubt, dass es andere Wege als die aktuell benutzten nicht gibt. Alternativen werden offen abgelehnt. Oft stehen dahinter blockierende Erfahrungen, auch fehlen bisweilen die intellektuellen Voraussetzungen für entsprechende Einsichten. Die Folge ist oft unangemessenes Verhalten, alles wird in gleicher Weise bewertet, „über einen Kamm geschoren", das Verhalten mag mitunter renitent oder gar künstlich sein.

Bei anstehenden Veränderungen ergibt sich eine Form von Unersättlichkeit: Es wird immer mehr vom Gleichen gefordert. Erläuterungen oder Vorgaben sind nie genug gegeben, nie ist der Betreffende zufrieden damit. Bei Frustrationen, schon bei kleineren Problemen, sind dann oft Ausbrüche zu beobachten. Andere Spielarten sind übertriebener Perfektionismus oder das immerwährende Prüfen von Arbeitsergebnissen. Oder auch das „Sich-Einmauern": Alle Informationen werden gefiltert und umgedeutet, quasi einer Zensur unterworfen. Man lässt nichts an sich heran, was Veränderungen erfordern könnte.

In gewachsenen Organisationen finden sich die entsprechenden Strukturen: Es gibt so etwas wie einen „inneren Kreis", zu dem nur sehr wenige gehören und der praktisch unerreichbar ist. Eine etwas schwächere Ausprägung ist die „Inzucht" bei der Besetzung von Management-Positionen – das Prinzip der Selbstähnlichkeit herrscht vor, Neubesetzungen erfolgen immer wieder mit Kandidaten, die den bisher managenden Persönlichkeiten sehr ähnlich sind und sich in deren Zusammenspiel nahtlos einfügen.

Dissonanz, Unbehagen in der gegebenen Situation

Ausreichendes Unbehagen – *Dissonanz* – über die aktuelle Wohnsituation muss als Voraussetzung für Veränderungen ebenfalls gegeben sein: Die Wohnung ist zu klein, schlecht geschnitten und die Wasserflecken stören. In der zunehmenden Auseinandersetzung mit diesen Themen wird deutlich, dass die Wohnung im Ganzen den Ansprüchen nicht mehr genügt.

Die mit etablierten Verfahren gut messbaren Ausprägungen der Dissonanz in Unternehmen sind eine sinkende Zufriedenheit der Mitarbeiter, eine Verschlechterung der Produktivität und der Qualität sowie eine messbare Verschlechterung der Verkaufszahlen. Auch werden viele Manager und Personalverantwortliche erleben, dass Probleme in den Arbeitsbeziehungen ihrer Mitarbeiter zunehmen und in verstärktem Maße ihre Aufmerksamkeit und Energie verlangen. Sichtbare Zeichen sind auch häufiger geschlossene Türen, mehr „Flurgespräche" hinter vorgehaltener Hand oder Gruppen von Mitarbeitern, die öffentlich ihrem Ärger Ausdruck verleihen.

In der Veränderungsarbeit führt dies zu einer scheinbar paradoxen Folgerung: Die Betroffenen müssen unzufrieden sein, es ist in Kauf zu nehmen – und sogar erforderlich –, dass sie im Lauf der Veränderung unzufrieden werden. Nur müssen die Maßnahmen, die gewollt zu Unbehagen und Dissonanz führen, in direktem Zusammenhang mit den veränderten Herausforderungen und dem Ziel des Veränderungsprozesses stehen. Das bloße Erzeugen von Druck würde nicht verstanden werden, den erforderlichen Lern- und Veränderungsprozess sogar stören und damit das Ergebnis infrage stellen.

Die Erkenntnis ist also, dass sinkende Zufriedenheit und die Verschlechterung von Kennzahlen durchaus normal sind für den Zustand einer Unternehmung im Umbruch. Es wird nötig, gegen diese Kennzahlen intensiv zu managen, den Abfall der Leistung aber richtig einzuordnen.

Dissonanz kann in der Praxis zum Beispiel gezielt erzeugt werden, indem die Mitarbeiter aus der Zeitung oder über andere externe Kanäle erfahren, dass ein Unternehmensteil geschlossen oder verkauft werden muss. Oder man greift zum „Klassiker" und entlässt, im richtigen Zusammenhang dargestellt, eine zentrale Figur des Unternehmens.

Einsicht in die Vorteile der Veränderung

Für eine erfolgreiche Veränderung muss verstanden werden, dass eine andere Nutzung, ein Umbau der Wohnung oder gar ein Umzug eine gute Lösung bringen. Wir meinen also die *Einsicht*, dass die Lösung des Problems nicht darin liegt, nur einmal die Wände neu zu streichen (diesmal in einer anderen Farbe), dem Hauswirt einen bösen Brief zu schreiben oder einen Rechtsanwalt einzuschalten.

Wesentlich ist zudem die Einsicht, dass es sich um einen Veränderungs*prozess* handelt. Der Umbau oder Umzug wird zu planen und durchzuführen sein. Es wird eine Reihe neuer Möbel brauchen, manch Liebgewonnenes wird man zurücklassen oder aufgeben müssen.

Die Einsicht in die Vorteile der Veränderung, den durch die Veränderung erreichbaren Nutzen, zu fördern – das ist die zentrale Aufgabe. Dabei geht es weniger um das abstrakte Ziel der Veränderung, vielmehr sprechen wir von den konkreten Vorteilen, die sich durch die veränderte Situation erreichen lassen.

Die Alternative muss besser sein als der Status quo – und sie muss auch verstanden sein. Dies gilt ebenso für die persönlichen Perspektiven der Manager und der Mitarbeiter.

In einem Unternehmen kann das sehr anspruchsvoll sein. Die Idee, aus der Transformation eines bürokratischen Apparats in ein schnelles und agiles Dienstleistungsunternehmen kämen Vorteile, will für die Betroffenen erst einmal aufgebaut sein. Die Chancen – das Mehr an Gestaltungsfreiheit und Verantwortung, an persönlicher Entwicklungsmöglichkeit – werden oft nicht gesehen, wohl aber mehr Arbeit, mehr Tempo, weniger Ruhe, weniger Sicherheit. Die einzelnen Unternehmensfunktionen wie auch die Mitarbeiter müssen ihren Beitrag zum künftigen Unternehmenserfolg kennen und einschätzen können.

4.3 Die Voraussetzungen im Kontext von Unternehmensveränderungen

Wenn die Geschäftsleitung größere Veränderungen in ihrem Unternehmen wünscht, dann muss sie das Vorhandensein der genannten Voraussetzungen gut prüfen und zu einer realistischen Einschätzung kommen. Dabei wird es auch darum gehen, die Rahmenbedingungen zu betrachten. Manche Veränderung ist gar nicht möglich, weil sie eine Konzern-Mutter nicht zulassen würde.

Das Schaffen der genannten Voraussetzungen ist längerfristig gesehen ein zentraler Kern der Veränderungsarbeit. Natürlich wird man sich immer Zwischenziele definieren, um abhängig von den Möglichkeiten kleinere Veränderungen zu erreichen. Viele Themen der Ausgestaltung von Veränderungen, also zum Beispiel die schrittweise Anpassung der Organisation, lassen sich bearbeiten.

Und: Gewisse Abstriche sind bei den Voraussetzungen durchaus möglich, aus Beschleunigungsgründen vielleicht auch unvermeidlich. Wir werden später darstellen, welche Varianten für die Begleitung von Veränderungen dem Rechnung tragen (Kapitel „Der Veränderungsrahmen"). Sind die Voraussetzungen jedoch nicht vollständig erfüllt, verlangt dies deutlich aufwändigere Veränderungsimpulse und Interventionen – und das Risiko des Scheiterns wächst überproportional.

Der klare Wille einer Unternehmensleitung zur Veränderung und zum Herbeiführen der erforderlichen Voraussetzungen ist ebenso unabdingbar. Alle Veränderungserfordernisse müssen von der Management-Seite getragen werden. Veränderungsprozesse finden sonst natürlich auch statt, lassen sich ohne das verantwortliche Management aber nur deutlich schwieriger oder gar nicht gestalten. Am Beginn großer Veränderungsprozesse liegt also vielfach die Veränderung, die Neuausrichtung des Managements selbst – damit es dann die entsprechenden Impulse im Unternehmen setzen kann.

5.   Die Richtung der Veränderung

Veränderungen können grundsätzlich in drei Richtungen stattfinden: innerhalb der aktuellen Ebene, eine Ebene nach „oben" oder aber eine Ebene nach „unten". Neben der anderen Nutzung oder dem Umbau der aktuellen Wohnung kann man also in beide Richtungen umziehen, nach oben und nach unten. Die Richtung eine Veränderung ist dabei stark von den Umweltbedingungen abhängig, denn ein System verändert sich ja, um sich seiner Umwelt anzupassen.

Veränderungen auf einer bestehenden Ebene

Veränderungen müssen nicht immer gleich auf die nächste Ebene des Graves-Value-Systems führen. Die meisten Veränderungen finden innerhalb einer Ebene statt.

Dies geht so lange gut und ist auch richtig, bis sich die Umwelt grundlegend verändert hat und eine Optimierung der aktuellen Situation nicht mehr ausreicht, um ein dauerhaft stabiles System zu erhalten.

Veränderungsprozesse auf der gleichen Ebene sind für die Menschen häufig nicht so schmerzhaft wie Veränderungen über Ebenen hinweg. Dennoch, auch sie können ins Stocken geraten oder von den Betroffenen blockiert werden.

Nach oben

Die größte Herausforderung der Veränderungsarbeit ist, ein Unternehmen um eine Ebene im Graves-Value-System nach oben zu entwickeln. Denn diese Veränderung bedeutet einen Quantensprung für das Unternehmen. Es wird neue Fähigkeiten erlernen müssen, neue Denk- und Verhaltensweisen werden Einzug erhalten. Nach der Entwicklung „nach oben" wird das Unternehmen ein grundsätzlich neues, verändertes sein.

Es sei daran erinnert, dass Veränderungen immer von einer Ebene des Graves-Value-Systems zur unmittelbar nächsten stattfinden. Nie werden Ebenen übersprungen: Ein loyales System verwandelt sich beispielsweise in ein erfolgssuchendes, aber nie direkt in einem Schritt in ein teamorientiertes.

Das liegt daran, dass eine obere Ebene immer alles Wissen und Können der unteren Ebenen integriert. Erst wenn ein stabiler Stand an Fähigkeiten sowie Denk- und Verhaltensweisen erreicht ist, kann sich das System auf die nächsthöhere Ebene weiterentwickeln. Im Kontext unseres Hauses bedeutet dies: Es gibt keinen Fahrstuhl. Ein Umzug findet immer von einer Etage des Hauses zur nächsten statt.

Auf diese Richtung der Veränderung werden wir im Kapitel „Der Veränderungsrahmen" umfassend eingehen und die erforderlichen Begleitvarianten vorstellen.

Nach unten

Eine Veränderung nach unten kann gewollt sein. Wenn sich beispielsweise die gesamte Umwelt einen Schritt zurück bewegt, dann muss sich das System eben entsprechend der neuen Situation nach unten anpassen. Eine Veränderung nach unten kann aber auch ungewollt in Folge eines nicht souverän durchgeführten Veränderungsprozesses erfolgen.

Sinnvoll ist ein Umzug nach unten, wenn man in der aktuellen Wohnung nicht zurechtkommt. Wer mit Waschmaschinen, Fernseher und Mikrowelle nicht umgehen konnte, wird nicht in einer Wohnung leben können, in der vieles komplexer ist. Dann wäre die Wohnung eine Ebene niedriger die passende – die mit dem vertrauten Waschzuber und dem Röhrenradio. Die Richtung eines Umzugs ginge hier also intuitiv in die andere, zumeist nicht gewünschte Richtung.

Wenn die Umweltbedingungen aber so sind, dass der Strom nicht mehr bezahlbar ist und es kein Fernsehangebot mehr gibt, dann ist der Weg auf die Ebene mit Waschzuber und dem

Röhrenradio genau der richtige. Er entspricht dann einfach den veränderten Anforderungen und schafft einen stabilen Zustand.

Ein weiterer wichtiger Aspekt sind die zuvor besprochenen Voraussetzungen für eine Veränderung. Sind sie nicht erfüllt, wird sich ein System nicht auf eine höhere Ebene entwickeln können. Es besteht dann vielmehr die Gefahr, dass es in eine schlimme Krise gerät und unvermittelt nach unten absteigt. Solche Krisen können eine Eigendynamik bis hin zur Zerstörung des Systems entwickeln.

Ist mehr als eine der Voraussetzungen für Veränderungen nicht erfüllt, ist die Gesamtsituation also potenziell gefährlich: Das System kann unter Druck eine Veränderung auch in die unerwünschte Richtung machen. Eine *Regression* auf eine frühere Ebene tritt ein, beispielsweise wird eine funktionale (loyale) Organisation nicht wie gewünscht prozessorientiert (Erfolgssucher), sondern fällt in den Zustand des „Einzelkämpfers" zurück. Konkret zerfiele das Unternehmen in Machtbereiche, die von wenigen mit harter Hand gesteuert werden – mit Blick auf schnelle Ergebnisse sowie den eigenen, persönlichen Vorteil und nicht auf die Entwicklung des ganzen Unternehmens.

Dies beruht dann auf dem Hervorholen „alter Rezepte", sobald sich größere Herausforderungen zeigen oder erste Veränderungsschritte eingeleitet werden. In der Konsequenz muss man sich vor Veränderungen gegebenenfalls von Managern trennen, die ein unerwünschtes Verhalten zeigen.

Entwicklungsstufen in Unternehmen

In diesem Kapitel wenden wir uns der Anwendung des Graves-Value-Systems im Unternehmenskontext zu und verlassen die Analogie des Hauses. Wir beschreiben ausführlich die Ausgestaltung von Unternehmen auf den Entwicklungsstufen nach Graves und die dazu passenden Rahmenbedingungen.

Organisationen auf einer Ebene des Graves-Value-Systems verfügen über bestimmte Fähigkeiten und über spezifische Denk- und Verhaltensweisen, die auf den im Unternehmen besonders ausgeprägten Werten beruhen. Diese zentralen Werte sind das jeweils bestimmende Element der Ebenen im Graves-Value-System – daher auch die Namensgebung für das Modell. Um Organisationen anschaulich zu beschreiben, möchten wir an dieser Stelle das Modell der Gestaltungselemente einführen.

Was verstehen wir unter den organisatorischen Gestaltungselementen eines Unternehmens:

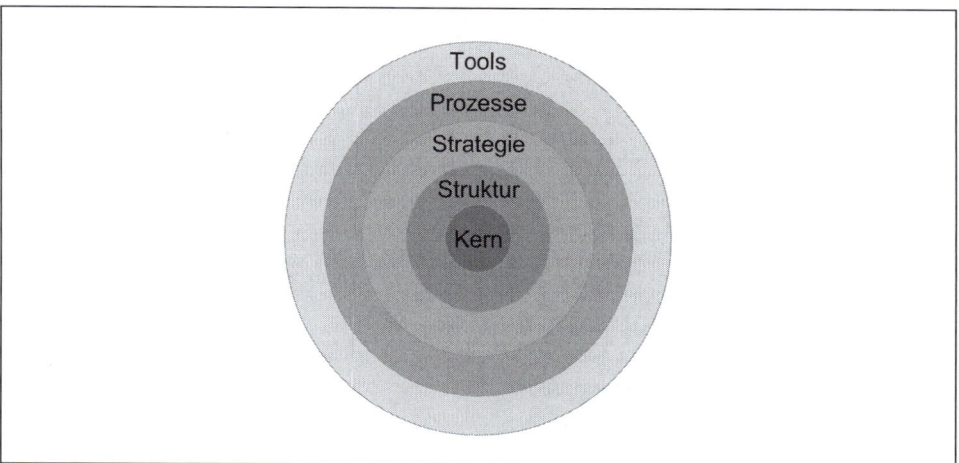

Quelle: Eigene Darstellung
Abbildung 6: *Organisatorische Gestaltungselemente eines Unternehmens*

- Der Kern:
  Unter dem Kern des Unternehmens verstehen wir typische, gemeinsame Werte der Menschen im Unternehmen. Beispiele sind Zuverlässigkeit, Akzeptanz oder auch Glaubwürdigkeit. Mit den Werten gehen Denk- und Verhaltensweisen der Mitarbeiter im Unterneh-

men Hand in Hand. Sie spiegeln die ungeschriebenen Gesetze – das „wie gehen wir miteinander um" wider; also auch das Führungsverhalten sowie Kommunikationsmuster. Im
Kern liegt das Selbstverständnis des Unternehmens – häufig als „Mission" bezeichnet.
Etwa „Die xy Organisation ist für ihre Kunden ein starker Partner und bietet ganz individuell auf den Kunden angepasste Produkte an". Genauso gehört in unserer Definition die
Vision zum Kern des Unternehmens: Wo möchte das Unternehmen langfristig hin? Was
sind die langfristigen Ziele des Unternehmens?

■ Die Strategie:
Unter der Strategie verstehen wir, wie das Unternehmen die langfristig gesetzten Ziele
(Vision) umsetzen will. Hier werden beispielsweise die folgenden Fragen beantwortet:
Welche Produkte gehören in mein Portfolio und welche Produkte möchte ich welchen
Kundensegmenten anbieten? Wie ist meine Vertriebsstrategie: Möchte ich meine Produkte
nur durch eigene Agenturen vertreiben oder setze ich vermehrt auf den Maklervertrieb?
Konzentriere ich mich als Unternehmen auf meine Kernkompetenzen und kaufe andere
Kompetenzen hinzu oder stelle ich alle Funktionen selbst?

■ Die Struktur:
Unter der Struktur verstehen wir die Aufbauorganisation des Unternehmens; sie umfasst
alle Stellen, Rollen und Verantwortlichkeiten im Unternehmen. Damit definiert die Struktur nicht nur die Bereiche, Hauptabteilungen, Abteilungen und Referate/Teams und ihre
jeweilige Größe sondern auch, wie diese Einheiten zueinander stehen, wie Berichtslinien
aussehen und wie Verantwortlichkeiten aufgeteilt werden. Die Festlegung einer funktional
geteilten Organisation, einer prozessorientierten Organisation oder einer Matrixorganisati-
on fällt somit auch in diese Kategorie.

■ Die Prozesse:
Unter dem Begriff „Prozesse" fassen wir alle Elemente der Ablauforganisation eines Unternehmens zusammen. Hier wird im Wesentlichen die Frage beantwortet, wie ein Unternehmen seine Wertschöpfung erzielt und welche zusätzlichen steuernden und unterstützenden Aktivitäten notwendig sind. Prozesse können in Unternehmen in unterschiedlichen
Reifegraden ausgeprägt sein. Der Reifegrad eines Prozesses ist beispielsweise sehr gering,
wenn der Prozess „zufällig abläuft" und immer wieder in anderer Art und Weise ausgeführt wird (gemäß Capability Maturity Model Integration, kurz CMMI-Grad 1). Ein Prozess ist mäßig reif, wenn er grundsätzlich beschrieben ist und immer wieder auf gleiche
Art und Weise ausgeführt wird (CMMI-Grad 3). Von einem sehr reifen Prozess spricht
man, wenn der Prozess anhand bestimmter Kenngrößen gesteuert und regelmäßig optimiert wird (CMMI-Grad 5). Wie reif Prozesse in einem Unternehmen werden können, ist
stark vom Kern des Unternehmens abhängig. Denn nur, wenn die Menschen in einem Unternehmen passende Werte und Denkweisen haben, können sie überhaupt einen Prozess in
entsprechender Reife ausführen.

▨ Die Tools:

Unter Tools fassen wir alle Werkzeuge zusammen, die das Unternehmen zum Laufen bringen, wie etwa Budgetierungsregeln, Qualifizierungsmaßnahmen, Arbeitszeitregeln, Führungssysteme, Vergütungs- und Belohnungssysteme. Genauso finden wir hier aber auch alle IT-Systeme, die im Unternehmen und über seine Grenzen hinweg eingesetzt werden, um die Prozesse zu unterstützen.

Dabei steht die Anordnung der einzelnen Gestaltungselemente als Ringe um einen Kern (siehe Abbildung 6) im Zusammenhang mit der Schwierigkeit, eine Veränderung umzusetzen. Der Kern eines Unternehmens, der das Innere des Unternehmens darstellt, ist das am schwersten zu ändernde Gestaltungselement. Die Ebene der Tools ist die am einfachsten zu verändernde Schicht. Wir bezeichnen daher Veränderungen auf der Toolebene auch als „Kratzen an der äußeren Schale eines Unternehmens". Überhaupt hängen alle Gestaltungselemente stark voneinander ab und beeinflussen sich gegenseitig. Zum Beispiel definiert die Strategie auch die „Wichtigkeit" einer Abteilung und hat damit Einfluss auf deren Größe und Zusammensetzung.

Diese Tatsache führt Manager selbstverständlich immer mehr zu der Erkenntnis, dass isolierte Eingriffe und kurzfristige Maßnahmen nicht zum gewünschten Resultat führen. Immer mehr Manager verstehen, dass sie alle organisatorischen Gestaltungselemente ihres Unternehmens – Tools, Prozesse, Strukturen, Strategien und den Kern – zu betrachten haben, um erfolgreich zu sein. Den Verantwortlichen ist die Wichtigkeit der Zusammenhänge zunehmend bewusst. Sie wissen, dass alle Facetten in ihrer Ausgestaltung miteinander harmonieren und das Zielbild aller dieser organisatorischen Gestaltungselemente stimmig und passend sein müssen.

Natürlich lassen sich nicht alle Menschen, die in einem Unternehmen arbeiten, über einen Kamm scheren. Genauso, wie sie über individuell unterschiedliche Fähigkeiten sowie Denk- und Verhaltensweisen verfügen, sind auch verschiedene Bereiche eines Unternehmens oft in unterschiedlichen Ebenen angesiedelt. Wichtig ist, dass die einzelnen Bereiche hinsichtlich ihrer Ebene in sich stimmig sind.

Beispiel: Unterschiedliche Ebenen in einem Unternehmen

Ein konzernzugehöriges Shared Service Center hat, historisch gewachsen, eine grundsätzlich loyale Ausrichtung. Es ist verantwortlich dafür, alle ihm übertragenen Leistungen zuverlässig und in hoher Qualität zu erbringen. Dies ist für das Geschäftsmodell des Mutterunternehmens unabdingbar.

Ursprünglich war das Shared Service Center eine Hauptabteilung des Mutterunternehmens und wurde vor einigen Jahren als selbstständige Gesellschaft ausgegründet. Faktisch blieb die loyale Konzern-Anbindung jedoch erhalten, da die Anforderungen unverändert waren. Dies zieht sich beobachtbar durch die gesamte Organisation, die auch in schweren Zeiten und bei schlechten Nachrichten ihre hohe Qualität aufrechterhält. Eine Vielzahl von Aufträgen nehmen die Mitarbeiter direkt von Konzernstellen an – und dies im natürlichen Verständnis, dass es ein klarer Auftrag, gar eine Anweisung ist. Die gewünschte unternehmerische Steuerung durch die Geschäftsleitung des Shared Service Centers fällt hier natürlich schwer.

Die Intention zum Aufbau des Shared Service Centers war ganz klar die Senkung von Kosten. Und so haben sich einige Geschäftsbereiche des Centers bereits erfolgsorientiert aufgestellt. Das Unternehmen weist einzelne Erfolgssucher auf, die überwiegend Nachwuchsmanager oder von außen geholte Führungskräfte sind. Diese finden sich zum Beispiel im Kundenmanagement und in der Serviceorganisation – und sie verzweifeln oft an der vermeintlichen Trägheit der Gesamtorganisation. Zum Teil entstehen um diese Erfolgssucher herum Zellen, die als wendige Einheiten eine enorme Leistungsfähigkeit entstehen lassen. Dabei streifen sie nicht selten bürokratische Hemmnisse ab und erbringen Leistungen außerhalb des eigentlichen Aufgabenbereichs wesentlich schneller und effektiver, als die eigentlich „zuständigen" Unternehmenseinheiten es tun können – oft zu deren großer Verärgerung.

Auf der anderen Seite gibt es innerhalb der Organisation einige Manager auf der Projekt- oder Abteilungsleiterebene, die in verschiedensten Kontexten beauftragt werden, Sonderaufgaben als „Task Force" durchzusetzen. Diese agieren dabei – im „loyalen Auftrag" – als Einzelkämpfer und sind so in der Lage, vieles schnell umzusetzen. Natürlich entstehen dabei viele Reibungspunkte in der Organisation, da die loyale Gesamtheit das Handeln dieser Einzelkämpfer oft als hart und vorbei an Vorschriften und kollegialen Vorstellungen erlebt.

Fazit: Das Unternehmen befindet sich auf drei unterschiedlichen Ebenen des Graves-Value-Systems. Um es den Erfordernissen der Zukunft anzupassen, müssten sich zumindest weite Teile des Unternehmens in Richtung Erfolgssucher entwickeln. Das Shared Service Center wird dauerhaft nur dann Bestand haben, wenn die Einzelkämpfer-Kultur vollständig aufgelöst wird und – speziell im Projektkontext – Verhaltensweisen der Erfolgssucher angenommen werden.

Im Folgenden werden wir nun der Einfachheit halber Unternehmen skizzieren, die sich auf genau einer der Ebenen des Graves-Value-Systems befinden. Dabei beschreiben wir die zur Graves-Ebene passenden Gestaltungselemente.

Zentral dabei ist, dass wir vom *Ist-Zustand* und nicht vom formalen *Wunsch-Zustand* sprechen. Die beschriebenen Strukturen und Organisationen sind also die gelebten und erlebten, nicht die aufgeschriebenen oder gewünschten. In vielen Unternehmen gibt es offizielle Regeln mit Organigrammen und Strukturen oder auch vermeintliche Team-Events, die Tagespraxis der Zusammenarbeit sieht jedoch ganz anders aus.

Wenn wir Beispiele von Unternehmen auf den jeweiligen Entwicklungsstufen nennen, heißt das nicht, dass sich alle Unternehmen mit dem gleichen Geschäftsmodell in dieser Branche auf der vorgestellten Entwicklungsstufe befinden. Ebenso erheben die Beispiele keinen Anspruch auf Vollständigkeit.

Wir beschreiben im Folgenden immer zuerst die Rahmenbedingungen der Umwelt und das vom Unternehmen angestrebte Geschäftsmodell. Dann leiten wir die dazu passenden organisatorischen Gestaltungselemente des Unternehmens ab. Da es uns hierbei besonders wichtig ist, über welche Fähigkeiten ein Unternehmen auf einer Entwicklungsstufe verfügt, stellen wir diese gesondert dar.

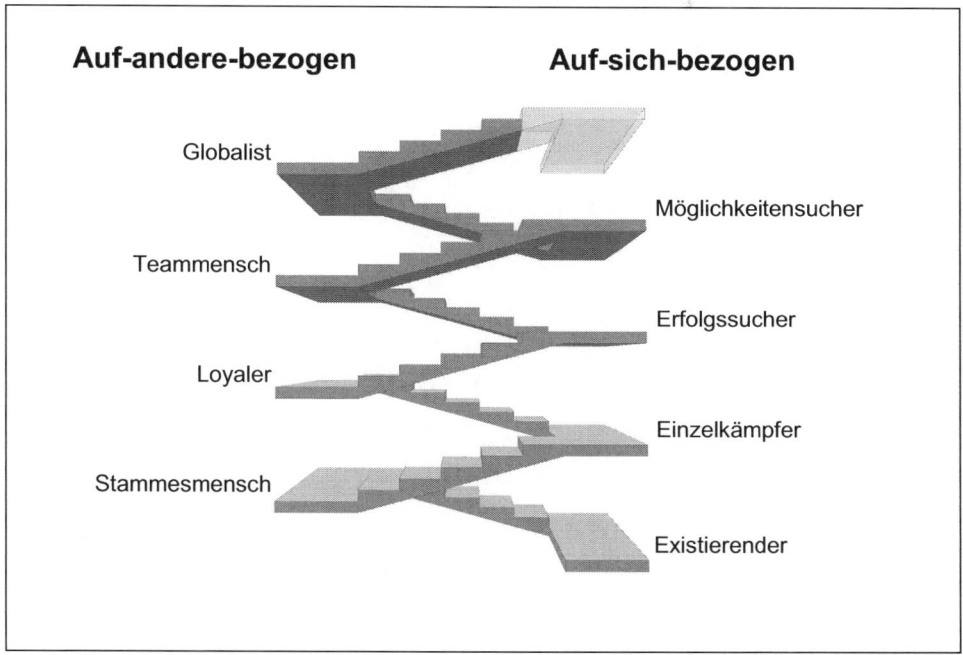

Quelle: Eigene Darstellung
Abbildung 7: *Entwicklungsstufen „Das Graves-Value-System Modellhaus"*

1.   Der Existierende – keine Unternehmensform

Auf der Ebene der Existierenden geht es dem einzelnen Menschen um das nackte Überleben und um das Befriedigen von absoluten Grundbedürfnissen. Nahrung finden und satt werden ist die zentrale Fähigkeit. Verständlicherweise gibt es keine Unternehmen, die sich auf dieser Entwicklungsstufe befinden, wohl aber einzelne Menschen wie Säuglinge oder sehr stark behinderte Menschen, die ausschließlich auf die Zuwendung der Umgebung angewiesen sind.

2. Die erste Unternehmensform: Das Stammesmensch-Unternehmen

Rahmenbedingungen und Geschäftsmodell: Der Markt des Stammesmensch-Unternehmen zeichnet sich durch einen stabilen, planbaren Absatz aus (Verkäufermarkt). Die Unternehmen produzieren einfache Produkte mit geringem Innovationsbedarf und einem hohen Grad an Selbstfertigung. Häufig sind diese Unternehmen im Besitz von Einzelpersonen oder es handelt sich um Familienbetriebe. Die Unternehmensgröße ist in Mitarbeiterzahl und Umsatz eher klein. Endkunden sind zumeist Einzelkunden, auch bei Lieferanten handelt es sich häufig um Einzelpersonen bzw. sehr kleine Unternehmen. Der lokale bzw. regionale Markt spielt eine große Rolle.

Das Stammesmensch-Unternehmen ist vom *Kern* her patriarchisch geprägt. Harmonie und Einklang mit dem Umfeld stehen hier im Vordergrund. Geschäftsführung und Kollegen erwarten von den Mitarbeitern eine hundertprozentige Treue zur Organisation bis hin zur Aufopferung. Der Führungsstil des „Patriarchen" ist sehr eng und direkt und wird zuweilen als autoritär erlebt. Die Entscheidungen sind durch eine starke Kommunikation geprägt. Jeder hat das Recht, seine Meinung frei zu äußern und sie allen mitzuteilen. Der Patriarch bildet anschließend den Konsens – diesem folgen alle.

Es gibt weder eine formulierte *Strategie* noch definierte Maßnahmen zu deren Umsetzung. Unternehmensziele manifestieren sich hauptsächlich in Sicherheit für die Angestellten und Absicherung der Grundbedürfnisse – diese sind in der Organisation „selbstverständlich" und ebenso wenig niedergeschrieben. Besonderes Wachstum oder eine Vormachtstellung im Markt wird nicht angestrebt. Der Status Quo soll gehalten werden.

Die *Struktur* ist eine zweistufige Hierarchie. Es gibt eine Führungspersönlichkeit an der Spitze des Unternehmens und eine Reihe von Mitarbeitern auf der zweiten Hierarchiestufe. Die Mitarbeiter der zweiten Ebene können in eine feste Rangfolge eingeordnet werden. Es gibt jedoch formal keine weiteren Hierarchieebenen. Obwohl Mitarbeiter entsprechend ihrer Fähigkeiten eingesetzt werden, gibt es keine klar definierten Zuständigkeiten. In etwas größeren Stammesmensch-Organisationen finden sich einzelne spezialisierte Rollen, wie z. B. den Vertriebsmann.

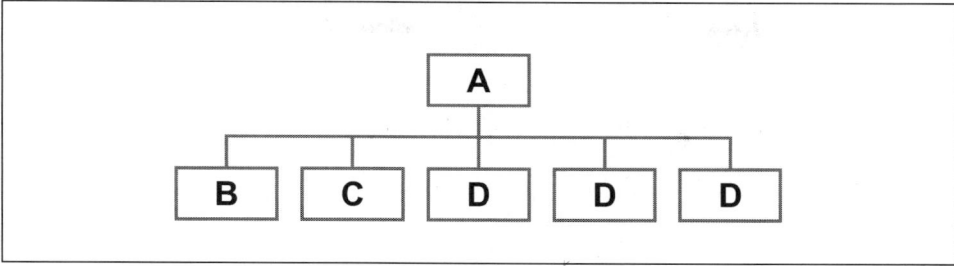

Quelle: Eigene Darstellung
Abbildung 8: *Stammensmensch-Unternehmen*

Es wird sehr kollaborativ ohne definierte *Prozesse* nach den Anweisungen des Vorgesetzten gearbeitet. Nur die Kernprozesse, die wenig komplex sind, sind klar strukturiert und definiert. Diese Prozesse gehen Schritt für Schritt immer den gleichen Weg. Somit gibt es wenige wertschöpfende Prozesse, diese haben mittleren Reifegrad. Steuernde Prozesse sind praktisch nicht vorhanden.

Auf der Ebene der *Tools* gibt es faktisch keine Personalentwicklungsmaßnahmen. „Beförderungen" folgen entsprechend der Seniorität bzw. der „Rangfolge". Allein dem Patriarchen stehen Statussymbole zu. Eine IT-Unterstützung ist, falls überhaupt vorhanden, rudimentär und nicht integrativ.

Die *Fähigkeiten* liegen darin, für eine Gruppe Entscheidungen zu treffen sowie die Zusammenarbeit zu organisieren.

Beispiele sind landwirtschaftliche und Handwerks-Unternehmen oder auch kleine Familienunternehmen (z. B. aus der Gastronomie oder Hotellerie), auf die das oben dargestellte Modell zutrifft.

Beispiel: Wenn der Juniorchef das falsche Auto fährt

Ein kleines schwäbisches Bauunternehmen, das seit Generationen immer an den Sohn oder die Söhne weitergegeben wird, hat seit jeher eine quasi familiäre Bindung zu seinen Angestellten. Die langjährigen Mitarbeiter haben teilweise noch unter der Führung des Großvaters eine Maurerlehre absolviert und sind seither dem Unternehmen treu geblieben. Man ging gemeinsam durch dick und dünn. Als der Juniorchef die Leitung des Betriebs übernahm, fuhr er einen italienischen Kleinwagen, den er sich während des Studiums gekauft hatte. Einer der Maurermeister, der eben schon den Großvater und den Vater des Juniorchefs erlebt hatte, bat ihn eines Tages um ein Gespräch. Dabei legte er dem Juniorchef nahe, sich endlich einmal ein „Chefauto" anzuschaffen. Inzwischen fährt dieser ein Mittelklasseauto und die patriarchische Welt des Stammesmenschen-Unternehmens ist wieder in Ordnung ...

Überblick Stammesmensch-Unternehmen

Kern:	Werte: Harmonie und Einklang, Sicherung der Existenz, Tradition, Zugehörigkeit, Gewohnheit
	Kultur und Politik: Kollaboratives Arbeiten und Entscheiden, Patriarch bildet Konsens, Statussymbole stehen ausschließlich dem Patriarchen zu, Stellung und Position des Patriarchen werden nicht infrage gestellt
	Lernen: Klassische Konditionierung, Routinen; Schritt für Schritt
Struktur:	Einfache Hierarchie; ein Patriarch, viele Mitglieder mit fester Rangfolge auf der zweiten Ebene, keine fest definierten Zuständigkeiten
Strategie:	Status Quo erhalten, Grundbedürfnisse sichern
Prozesse:	Wenige definierte Prozesse, Routinen, keine steuernden Prozesse
Tools:	kaum Tools
Unternehmensbeispiele:	landwirtschaftliche Betriebe, kleinere Familienunternehmen

---

3. Die Eroberung neuer Märkte: Das Einzelkämpfer-Unternehmen

Rahmenbedingungen und Geschäftsmodell: Einzelkämpfer-Unternehmen finden wir bei der aggressiven Erschließung neuer Märke sowie im Verdrängungswettbewerb, wenn der Markt eng wird. Der schnelle Vorteil „ohne Rücksicht auf Verluste" prägt dabei die Haltung. Das Einzelkämpfer-Unternehmen konzentriert sich in der Regel auf einfache Produkte oder Dienstleistungen mit geringem Innovationsgrad, die in Massenfertigung erstellt werden können. Häufig zielt das Unternehmen dabei auf die Kostenführerschaft oder auf das Erreichen einer marktbeherrschenden Stellung. Die Unternehmensgröße kann sehr unterschiedlich sein: von der Einzelperson bis hin zu mehreren hundert Mitarbeitern.

Im *Kern* des Einzelkämpfer-Unternehmens sind Werte wie Macht und die unbedingte Wahrung der Unabhängigkeit kennzeichnend. Die Mitarbeiter beziehen einen Großteil ihrer Motivation aus dem Respekt gegenüber der erfolgreichen Führungskraft. Wichtig sind ebenso das Dazugehören-Wollen, die eigene Position auszubauen und Macht über andere ausüben zu können. Autokratische und autoritäre Führungsstile sind häufig ein gut erkennbares Ausprägungsmerkmal dieser Ebene. Entscheidungen werden „von oben nach unten" getroffen. Allerdings geht es auch darum, Fehler, Misserfolge und damit „Schande" zu vermeiden oder zu verdecken. Denn Fehler fallen auf den Chef zurück und werden daher bestraft. Auch die Kommunikation läuft von oben nach unten, um Anweisungen zu geben, und von unten nach oben zur Berichterstattung. Der Kommunikationsstil ist im Ganzen von Machtstreben und Machterhalt geprägt. In dieser Graves-Ebene finden wir propagandistische Reden und Zensur. In der Einzelkämpfer-Kultur kann jeder alles erreichen, wenn er stark genug ist und das System durchschaut. Quereinstiege und Machtübernahmen sind möglich.

Auch auf dieser Ebene wird keine *Strategie* formuliert. Zielsetzungen sind konkret benannt, aber weder langfristig noch nachhaltig. Sie beziehen sich auf das kurzfristige Erobern neuer Märkte, auf das „schnelle Geldverdienen" und auf das Ausüben von Macht. Unter diesen Voraussetzungen ist es das Ziel, schnell zu wachsen.

Die *Struktur* des Unternehmens ist streng hierarchisch aufgebaut. Jeder Vorgesetzte hat eine große Anzahl von Mitarbeitern, die für ihn arbeiten. Das Unternehmen beschäftigt eine breite Masse an „Arbeitern", die möglichst austauschbar sind. Die unterschiedlichen Arbeitsgruppen üben die gleichen oder sehr ähnliche Tätigkeiten aus, Funktionen werden häufig gedoppelt.

Die wenig definierten Routine*prozesse* sind beschrieben und werden stets gleich ausgeführt. Der Vorgesetzte erteilt Anweisungen und Vorschriften, die Arbeiter führen sie aus. Auch auf dieser Ebene gibt es noch keine planenden und steuernden Prozesse. Vorgesetzte auf gleicher Ebene kämpfen häufig um knappe Ressourcen – wer mächtiger ist, setzt sich durch.

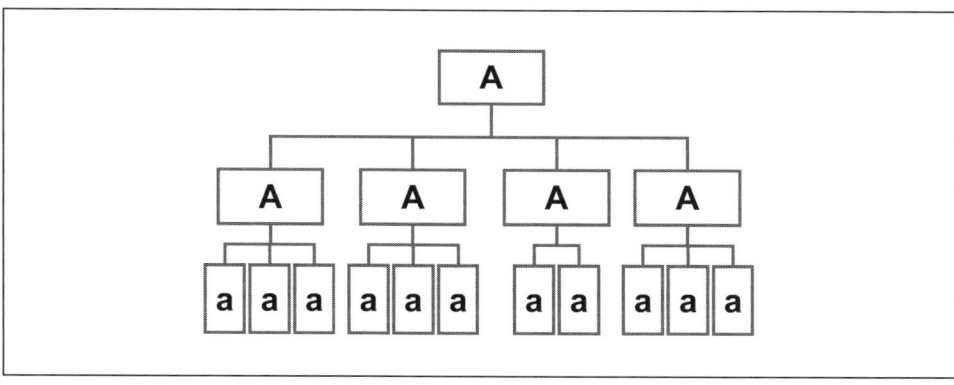

Quelle: Eigene Darstellung
Abbildung 9: *Einzelkämpfer-Unternehmen*

Tools: Es gibt keine geregelten Arbeitszeiten. Konkrete Anwesenheitszeiten, Feierabend, Pausen etc. werden durch den Chef bestimmt. Die Bezahlung orientiert sich sehr stark an der individuellen Leistung des Mitarbeiters – etwa nach der produzierten Menge oder nach Absatzzahlen. Die fixen Gehaltsanteile sind dabei gering, das Gehaltsgefälle ist zudem sehr groß. Auch hier ist eine IT-Unterstützung eher rudimentär vorhanden und nicht integrativ.

Fähigkeiten: Unternehmen auf dieser Ebene sind sehr schnell, schlagkräftig und durchsetzungsstark. Führungspersonen werden nach Dominanz und Durchsetzbarkeit beurteilt, diese wiederum bewerten die Mitarbeiter danach, ob und wie gut sie für die eigenen Zwecke einsetzbar sind.

Beispiele für Unternehmen auf dieser Ebene sind schnell expandierende Handelsunternehmen. Unternehmen, die nach dem Akkordlohn-Prinzip arbeiten (Einzelakkord). Ein aktuelles Beispiel sind Investment-Banker, die auf diese Art und Weise die Finanzmarktkrise verursacht haben.

Beispiel: Die rote Laterne

Die berühmte rote Laterne für den Letzten in der Tabelle oder der Vertriebsmannschaft wird immer wieder in Unternehmen an die Gruppen oder die Einzelpersonen verliehen, die das schlechteste Ergebnis erzielt haben – und das im großen Rahmen. Dies führt zu starkem Wettbewerb, denn als Zweitletzter kann man ungeschoren davonkommen, aber die Blamage der roten Laterne vor versammelter Kollegenschar ist schmerzlich. Speziell in einer Kultur, in der man sich überwiegend durch Erfolg und Status definiert.

Überblick Einzelkämpfer-Unternehmen

Kern:	Werte: Marktmacht, Unabhängigkeit, Gewinnen um jeden Preis, Bewunderung und Respekt, der eigene Vorteil (Macht bei der Führungskraft/das pure Überleben auf der Ebene der Mitarbeiter); Vermeidung von „Schande"
	Kultur und Politik: Ringen um knappe Ressourcen, Entscheidungen von oben nach unten, alles Tun und Handeln zentral um die Führungsperson, eine Führungsperson macht sich selbst unverzichtbar (nahezu alles ist „Chefsache")
	Lernen: Operante Konditionierung mit sofortiger Belohnung oder Bestrafung; Vermeidungslernen
Struktur:	Strenge Hierarchien; klassische Führungsspanne von 6 bis 15 Mitarbeitern pro Vorgesetztem; keine funktionale Gliederung
Strategie:	Erobern neuer Märkte, schneller Ertrag, Machtgewinn
Prozesse:	Wenige definierte Prozesse, insbesondere keine planenden und steuernden Prozesse
Tools:	Der Chef bestimmt/wenig konkrete Regeln, die Entlohnung erfolgt stark nach individueller Leistung, rudimentäre IT-Unterstützung
Unternehmensbeispiele:	Strukturvertriebe (Schneeballprinzip); schnell expandierende Handelsunternehmen; Unternehmen, die nach dem Akkord-Lohn-Prinzip (für den Einzelnen) arbeiten

4. Es entsteht die funktionale Organisation: Das Loyale Unternehmen

Rahmenbedingungen und Geschäftsmodell: Dieses Geschäftsmodell behauptet sich in deutlich reiferen Märkten. Das Unternehmen ist etabliert und kann bzw. muss nun in der Expansion deutlich langsamer vorgehen. Der Marktdruck ist hier also erheblich geringer bzw. verändert: der stürmischen Expansion folgt Sättigung und die Unternehmen müssen sich anders aufstellen, um zu bestehen. Die Produkte des Loyalen Unternehmens sind komplexer, vorrangig geboten ist nun die korrekte Erfüllung der Aufgaben. Regeln werden aus Gründen von Handhabbarkeit und Sicherheit geschaffen, dies führt zu vermehrter Arbeitsteilung und Spezialisierung. Dennoch erbringt das Loyale Unternehmen fast alle Teile seiner Wertschöpfung selbst. Es handelt sich um große, gesattelte Organisationen mit mittlerem Innovationsgrad und einem guten Markenimage.

Kern: Die höchsten Werte sind Loyalität, Ordnung, Sicherheit und Gerechtigkeit. Es wird versucht, möglichst viel zu regeln und zu dokumentieren. Kompetenzen sind klar definiert und Entscheidungen werden innerhalb des definierten Rahmens im eigenen Zuständigkeitsbereich getroffen. Ziel ist es, die Aufgaben zuverlässig zu erledigen, die einem übertragen werden. Denken und Handeln über den definierten Rahmen hinweg wird von den Mitarbeitern nicht erwartet und ist auch nicht gewünscht. Ein prozessuales Denken existiert folglich noch nicht. Mitarbeiter sind oft ihr gesamtes Arbeitsleben lang bei dem Unternehmen beschäftigt – dies erstreckt sich auch über Generationen hinweg. Die Kommunikation läuft streng hierarchisch ab. Mitarbeiter auf der gleichen Hierarchiestufe unterschiedlicher Abteilungen kommunizieren praktisch ausschließlich informell in ihren Netzwerken.

In Loyalen Unternehmen wird eine *Strategie* formuliert, die darauf zielt, die Existenz und Größe des Unternehmens zu sichern. Es gibt jedoch häufig keine einheitlichen Mechanismen zur Entwicklung von Maßnahmen, um die Strategie umzusetzen. Strategie ist hier die Aufgabe des Top-Managements und die von Stabsstellen. Eine Beteiligung der Mitarbeiter bei der Formulierung und Ausgestaltung der Strategie ist nicht gegeben.

Eine streng hierarchische *Struktur* sorgt für Klarheit und Gerechtigkeit. Die Organisation ist funktional aufgebaut, die Funktionen innerhalb des Unternehmens sind das prägende Element. Es gibt eindeutige Verantwortlichkeiten sowie ein fest definiertes „Oben und Unten".

Arbeits*prozesse* sind klar geregelt und beschrieben, dabei ist das Vorgehen oft stark zergliedert und berücksichtigt zahlreiche Zuständigkeitsbereiche. Die Prozesse sind somit nicht an der Wertschöpfungskette des Unternehmens ausgerichtet. Die Mitarbeiter orientieren sich mehr an der Hierarchie als an den Abläufen. Planende und steuernde Prozesse sind in einem geringen Reifegrad beschrieben und implementiert, wobei diese wenig über Bereichsgrenzen (z. B. Sparten) hinweggehen und sich zumeist auf abgeschlossene Einheiten beziehen.

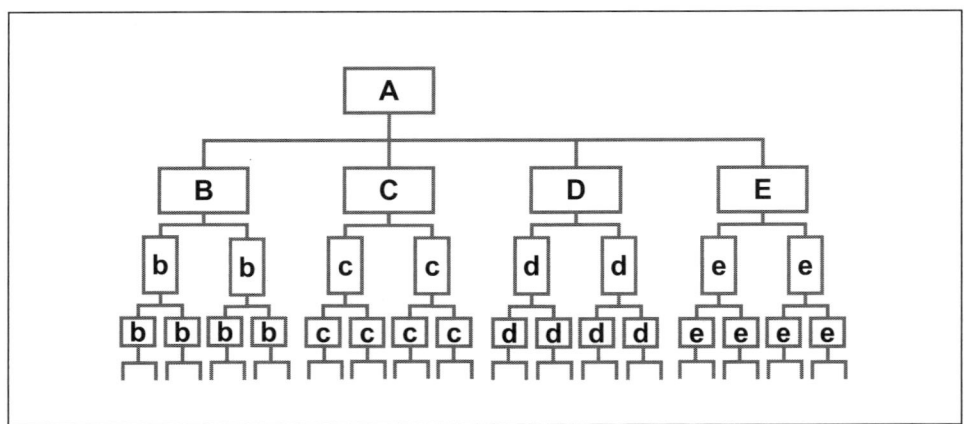

Quelle: Eigene Darstellung
Abbildung 10: *Loyales Unternehmen*

Auf der Ebene der *Tools* sind Arbeitsplatzsicherheit und eine kontinuierliche Steigerung der Löhne Ausdruck der Loyalität des Unternehmens zu seinen Mitarbeitern. Dies trägt zu lebenslanger Treue bei. Titel und Ränge spiele in dieser Welt eine große Rolle. Arbeitszeiten sind fest geregelt. Es gibt sehr viele Regeln im Unternehmen – Verfahrensanweisungen, Nutzerhandbücher und Qualitätsstandards. Kennzahlen liegen in sehr detaillierter Form vor, allerdings fällt es den Mitarbeitern in Loyalen Unternehmen schwer, diese zu aggregieren oder Zusammenhänge abzuleiten. Die IT-Unterstützung ist vielfältig, für fast jede Funktion gibt es ein IT-System (mit fest definierten Zugriffsrechten), wobei die Unternehmen mit einer großen Unterschiedlichkeit und einer mangelnden Integration der Systeme zu kämpfen haben.

Die *Fähigkeiten* der Mitarbeiter dieser Ebene bestehen im Einhalten von Regeln und im Arbeiten im vorgegebenen Rahmen. Dies folgt häufig einer fachlichen Spezialisierung. Führungskräfte können große Organisationen aufbauen und führen sowie Planungen innerhalb der konkreten Zuständigkeiten durchführen.

Beispiele sind Ämter und Behörden wie Polizei und Finanzämter, viele deutsche Großunternehmen aus dem Bereich der Produktion (z. B. Automobil) und der Dienstleistung (z. B. Mobilität), viele Banken und Versicherungen.

Überblick Loyales Unternehmen

Kern:	Werte: Loyalität, Ordnung, Sicherheit und Klarheit, Gerechtigkeit, Disziplin, Ehre und Titel, Status
	Kultur und Politik: viele Regelungen, Hang zur Überreglementierung und Bürokratie.
	Führung eher autoritär, keine Förderung von selbstständigem Denken und Handeln, Vermeidung von Fehlern und Schuld, langjährige Mitarbeit im Unternehmen, unbedingte Loyalität
	Lernen: Vermeidungslernen
Struktur:	Funktional getrennt, streng hierarchisch
Strategie:	Existenz und Größe des Unternehmens sichern
Prozesse:	Klar geregelte Prozesse, sequenziell und geordnet, Prozesse zumeist nicht funktionsübergreifend und nicht optimiert (mittlerer Prozessreifegrad); erstmalig planende und steuernde Prozesse innerhalb der Sparten
Tools:	Viele geschriebene Regeln, die unbedingt einzuhalten sind
Unternehmensbeispiele:	Ämter und Behörden wie Polizei und Finanzämter, viele deutsche Großunternehmen, traditionell Banken und Versicherungen, das Militär demokratischer Staaten

---

5.   Schlank, schnell und viele Entfaltungsmöglichkeiten: Das Erfolgssucher-Unternehmen

Rahmenbedingungen und Geschäftsmodell: Märkte wachsen zusammen, Binnenmärkte sind zunehmend gesättigt, es entsteht ein Nachfragermarkt, Innovationszyklen werden immer kürzer. Folglich ergibt sich ein zunehmender Kosten- und Innovationsdruck auf die Unternehmen. Effizienzsteigerung, Konzentration auf die Kernkompetenzen, Lean Management, Customer-Relationship-Management sind Modelle, die im Erfolgssucher-Markt wirksam eingesetzt werden. Hinzu kommt eine weiter wachsende Komplexität der Produkte. Geschäftsmodelle von Erfolgssucher-Unternehmen sind gekennzeichnet durch eine Orientierung an der langfristigen Kundenbindung, einen starken Vertrieb, eine schlanke Administration und strategische, gut funktionierende Partnerschaften.

Folgende Werte sind im *Kern* des Erfolgssucher-Unternehmen vorrangig: Mitarbeiter tun alles zum Besten des Unternehmens. Erfolgreich ist, wer für ein erfolgreiches Unternehmen arbeitet. Die Kunden- und Marktorientierung ist im Denken der Mitarbeiter fest verankert. Die unbedingte Zielorientierung und der Wille zur Verantwortungsübernahme auf allen Hierarchieebenen des Unternehmens stehen im Vordergrund. Im täglichen Arbeitsablauf wird viel delegiert, Verantwortung und Handlungskompetenz gleichermaßen. Es wird vom Mitarbeiter erwartet, unternehmerisch zu denken und zu handeln. Die Kommunikation ist sehr offen und funktioniert bereichsübergreifend. Jedem Mitarbeiter stehen jederzeit faktisch die erforderlichen Informationen zur Verfügung. Die Kooperationsbereitschaft mit anderen Unternehmen ist wesentlich höher als im Loyalen Unternehmen: Aus dem „Lieferanten" wird ein Partner auf der gleichen Augenhöhe. Es herrscht jedoch im Unternehmen keine große Disziplin, Informationen proaktiv für andere bereitzustellen – dafür ist der Ich-Bezug der Mitarbeiter zu stark in den Werten verankert.

Die *strategischen* Ziele der Erfolgssucher-Unternehmen sind gekennzeichnet durch das Streben nach Erfolg, die Umsatzsteigerung bzw. die Kostensenkung. Strategie hat hier eine zentrale Bedeutung: Sie wird unter Beteiligung der Mitarbeiter erstellt, und sie wird auch mit Leben gefüllt und umgesetzt. Es gibt wirksame Prozesse und Tools, die der Implementierung der Strategie im Unternehmen dienen.

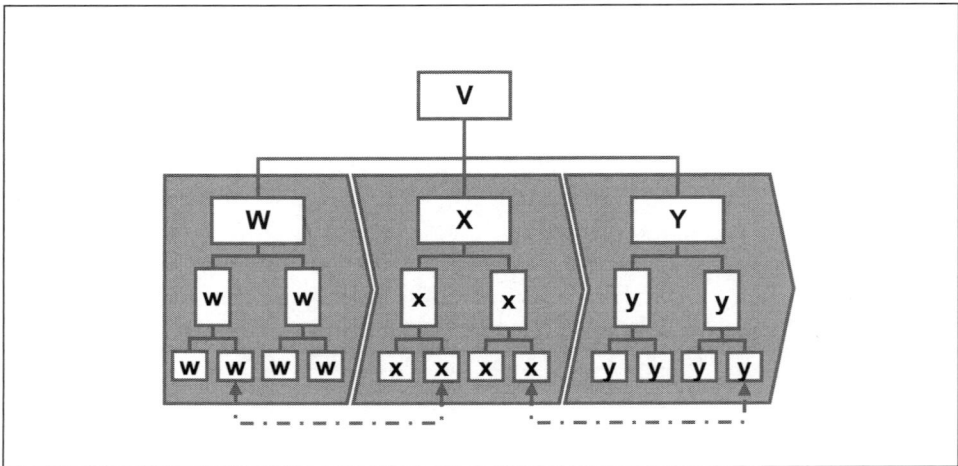

Quelle:Eigene Darstellung
Abbildung 11: *Erfolgssucher-Unternehmen*

Die *Struktur* der Erfolgssucher-Unternehmen ist gekennzeichnet durch flache, schlanke Hierarchien. Es bildet sich eine prozessuale Struktur heraus. Verantwortungsbereiche umfassen vollständige Prozesse der Wertschöpfungskette. Prozessorientierte und bereichsübergreifende Berichtswege werden hinzugefügt. Funktionierende Projektorganisationen und Produktmanagement entstehen, Stabsfunktionen erhalten Durchgriff zur Prozess- und Organisationsveränderung. In der Administration arbeiten nur noch wenige Mitarbeiter.

Das Erfolgssucher-Unternehmen ist *das* prozessorientierte Unternehmen. *Prozess*design hat Hochkonjunktur. Effizienz und Effektivität sind Entscheidungskriterien hierfür. Prozesskennzahlen werden definiert und gemessen, Prozesse laufend optimiert. Prozesse haben durchwegs einen hohen Reifegrad, auch die in Planung und Steuerung.

Tools: Personalentwicklung, Gehaltsentwicklung und Beförderungen orientieren sich an den zumeist jährlich neu gesetzten, messbaren Mitarbeiterzielen. Arbeitszeiten sind flexibel. Kennzahlen haben eine große Bedeutung, die Balanced Scorcard hält Einzug. Die Prozesse werden durchgängig und integriert durch IT unterstützt, so z. B. durch ERP-Systeme. Customer-Relationship-Managment-Prozesse und -Systeme sind nutzbringend und effizient.

Erfolgssucher-Unternehmen sind gekennzeichnet durch folgende typische Fähigkeiten: Planung über Verantwortungsbereiche hinweg, Strategien entwickeln und umsetzen, Prozesse organisieren, eigenverantwortlich Entscheidungen treffen, sowie über den Tellerrand sehen. Hervorzuheben ist auch das Denken in „win-win-Kategorien".

Viele Marktführer in der Fertigungsindustrie und Dienstleistung sowie Unternehmen mit stark ausgeprägtem Produktmanagement sind gute *Beispiele* für diese Ebene.

Überblick Erfolgssucher-Unternehmen

Kern:	Werte: Erfolg, Wertschöpfung, Zielorientierung, Konzentration, Wachstum (Managed Volume) Kultur und Politik: Prinzip hoher Selbstverantwortung, Freiheit und Herausforderung, Steuerung und Führung anhand von Zielen, unternehmerische Verantwortung, Kundenorientierung, Integration von Partnern, bereichsübergreifende Vernetzung Lernen: Wettbewerb mit Belohnung (Prämien, Incentives)
Struktur:	Prozessorientiert, teilweise mit mehrfachen Berichtswegen, Vernetzung zwischen Verantwortungsbereichen, temporäre Projektorganisationen
Strategie:	Streben nach Erfolg, Umsatzsteigerung
Prozesse:	Reife, übergreifende Prozesse, Fokus auf planende und steuernde Prozesse, Steuerung der Strategie-Umsetzung
Tools:	messbare Ziele, Kennzahlen, flexible Arbeitszeiten, durchgängige IT-Unterstützung
Unternehmensbeispiele:	Viele Marktführer in der Fertigungsindustrie und Dienstleistung, vielfach Unternehmen mit stark ausgeprägtem Produktmanagement

6.   Langfristige Innovationskraft durch multifunktionale Teams: Das Teammensch-Unternehmen

Rahmenbedingungen und Geschäftsmodell: Der Markt, zu dem das Teammensch-Unternehmen passt, ist weiterhin ein Nachfrager-Markt. Verlangt werden hoch innovative, komplexe Produkte in hoher Qualität. Das Teammensch-Unternehmen ist als Innovator bzw. Nischenanbieter aufgestellt. Teammensch-Unternehmen sind von der Mitarbeiterzahl eher kleine Unternehmen, wobei der Umsatz durchaus der eines Großunternehmens sein kann. Dies weist auf einen hohen Grad an Outsourcing und eine Konzentration auf die Kernkompetenzen hin. Im Teammensch-Unternehmen steht der Mitarbeiter als Person im Mittelpunkt.

Kern: Das Leitbild könnte lauten: „Als starke Gemeinschaft unterschiedlicher Menschen können wir unsere Ziele erreichen, wovon alle im Unternehmen profitieren." Die Motivation der Mitarbeiter funktioniert dementsprechend über eine gemeinschaftsorientierte Sinngebung und gemeinsamen, langfristigen Erfolg. Die Unterschiedlichkeit der Menschen ist anerkannt und wichtig. Es wird verstanden, dass die Mitarbeiter die entscheidenden Assets eines Unternehmens sind. Entscheidungen werden im Konsens des Teams gebildet. Der Führungsstil dieser Ebene ist kooperativ und partizipativ. Eine offene Kommunikation ist weiterhin einer der wesentlichen Faktoren, dabei ist sie wertschätzend und klar. Information ist auf dieser Ebene des Graves-Value-Systems ein wesentliches Asset und sie wird als Bringschuld verstanden und gelebt. Eine neue Fehlerkultur entsteht: Die Teammenschen sehen Fehler als etwas Natürliches an, wollen die Zusammenhänge und Hintergründe verstehen und dann Abhilfe schaffen.

Die *Strategie* auf der Ebene Teammensch ist ähnlich wie die der Erfolgsucher-Unternehmen gekennzeichnet durch das Streben nach Erfolg, Umsatzsteigerung und Kostensenkung, um mittel- und langfristig den Unternehmenswert zu steigern. Hinzu kommt hier noch eine stärkere menschliche Komponente. In der Strategie richtet sich nicht alles am bloßen Erfolg aus, auch nachhaltige Ziele auf der Ebene der Mitarbeiter werden formuliert.

Es bilden sich Matrix-*Strukturen* mit mehrfachen Berichtswegen und multifunktionalen, in ihren Fähigkeiten komplementären Arbeitsteams heraus. Diese werden für bestimmte Aufgaben immer wieder neu zusammengestellt. Häufig sind Kompetenz-Pools kombiniert mit einer echten Projektorganisation zu finden. Für ein Projekt werden die richtigen und kompetenten Mitarbeiter in einem Projektteam zusammengeführt. Innerhalb dieses Teams gelten neue, auf die Rollen und konkreten Aufgaben im Team bezogene Entscheidungskompetenzen.

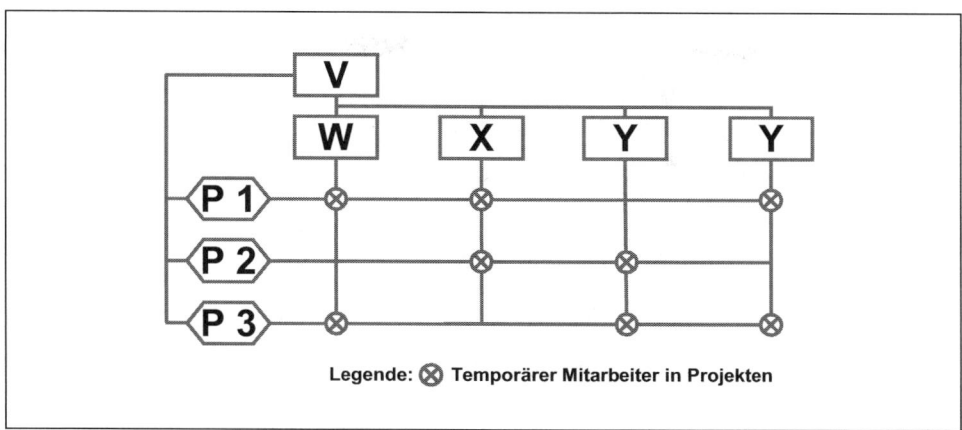

Quelle: Eigene Darstellung
Abbildung 12: *Teammensch-Unternehmen*

Die *Prozesse* sind sehr reif. Neu sind Prozesse, die vorhandene Ressourcen (Mitarbeiter und Geld) flexibel und zielgerichtet steuern können. Die Prozesse sind stark kollaborativ, damit jeder sein Bestes für die gemeinsamen Ziele einbringen kann. Aufgrund der besonderen Bedeutung der Mitarbeiter sind zudem in der Mitarbeiterführung Governance-Prozesse in hoher Reife eingeführt.

Die *Tools* der Erfolgsorientierung werden beibehalten. Hinzu kommen Teamprämien und man setzt noch stärker auf die technische Unterstützung. Diese wird insbesondere auch zur Verbesserung der Kommunikation und inhaltlichen Zusammenarbeit eingesetzt (Kollaborationssysteme). Wissensmanagement-Konzepte kommen hier zum Leben. Im Gegensatz zum Erfolgssucher-Unternehmen sind die Gehaltsstrukturen möglichst homogen, für jeden verständlich und vielfach transparent für alle. Die Arbeitszeiten sind nicht unbedingt fest geregelt, müssen aber sozial verträglich sein.

Die *Fähigkeit* der Teammenschen liegt darin, zu akzeptieren, dass Menschen anders sind. Sie nutzen diese im kooperativen Sinn und können sich selbst im Interesse aller zurücknehmen.

Beispiele sind innovative Modelle in der Automobil- und Fertigungsindustrie, Dienstleistungsunternehmen, die Kompetenzpools eingeführt haben, multifunktionale Projektteams.

Überblick Teammensch-Unternehmen

Kern:	Werte: Gemeinschaft, langfristige Erfolgssicherung, Flexibilität, persönlich und menschlich wachsen
	Kultur und Politik: Gemeinsam mehr erreichen, als es jeder Einzelne könnte; Wertschätzung erleben für die eigenen Fähigkeiten; kollaborative und Konsens bildende Arbeit, reife Fehlerkultur zur Verbesserung der Qualität
	Lernen: Beobachtungslernen, Erfahrungslernen, Reflexion und Austausch
Struktur:	Matrix-Organisation, multifunktionale Projektteams
Strategie:	Streben nach Erfolg, Nachhaltigkeit, menschliche Komponente
Prozesse:	Reife Planungs-, Steuerungs- und Wertschöpfungsprozesse, besonderer Fokus auf Projektmanagement und Prozesse zur Ressourcenplanung
Tools:	Team-Unterstützungswerkzeuge, Wissensmanagement, homogene Gehaltsstruktur
Unternehmensbeispiele:	Innovative Modelle in der Automobil- und Fertigungsindustrie, Dienstleistungsunternehmen, die Kompetenzpools eingeführt haben, multifunktionale Projektteams

Exkurs: Was heißt eigentlich Team?

Der Begriff Team wird in der heutigen (Wirtschafts-)Welt inflationär verwendet und unabhängig von der Ebene im Graves-Value-System gerne als Allheilmittel propagiert. An dieser Stelle ist zu unterstreichen, dass in der Perspektive des Graves-Value-Systems die Herausforderungen der Umwelt und der Zustand des sozialen Systems zur „Form der Zusammenarbeit" als Team passen müssen. Viele als Team bezeichnete Strukturen sind in diesem Verständnis also eher „Gruppen von Menschen" – und man muss genau hinsehen, ob eine Gruppe mit tatsächlichen oder vermeintlichen Elementen aus der Teammenschen-Ebene wirklich ein Team ist.

Zum besseren Verständnis beziehen wir uns hier auf Katzenbach/Smith (1993, S. 70), die eine sehr bekannte Definition des Begriffs Team liefern:

„Ein Team ist eine kleine Gruppe von Personen, deren Fähigkeiten einander ergänzen und die sich für eine gemeinsame Sache, gemeinsame Leistungsziele und einen gemeinsamen Arbeitseinsatz engagieren und gegenseitig zur Verantwortung ziehen."

„Teamarbeit kann sich lohnen, muss es aber nicht." Es gibt auch solche Meinungen, die dann auch vom „Mythos Team" sprechen. Teams müssen sich rechnen und effektiv sein – so die Forderung. Diese Meinungen haben aus Perspektive des Graves-Value-Systems Recht. Denn ein echtes Team hat die Fähigkeiten der Ebene „Erfolgssucher" integriert und sich aufgrund noch größerer Umweltanforderungen entwickelt.

Häufig wird der Begriff Team auch von loyalen Strukturen verwendet – man möchte gerne die Teamarbeit einführen, vergisst aber dabei, dass die Werte Erfolgsorientierung und Leistungsorientierung eine Grundvoraussetzung hierfür sind. Die Mitarbeiter loyaler Unternehmen bezeichnen sich gerne als Team – sind aber weder leistungsorientiert noch wirklich teamorientiert im Sinne von Graves. Dies geht im verzerrten Selbstverständnis dann so weit, dass einzelkämpferische oder Stammesmensch-Gruppen sich als Team bezeichnen.

Wichtig ist nochmals die Feststellung, dass alle zentralen Fähigkeiten insbesondere der Erfolgssucher-Ebene bei den Teammenschen integriert und stark genutzt werden. Die Entwicklung und Umsetzung von Strategien, das Planungsverständnis, einfache und schnelle Prozesse – alles das gehört selbstverständlich zur Welt der Teammenschen. Die klare Abgrenzung zur Welt der Stammesmenschen, welche die Ausrichtung am Gemeinsamen und an der Konsensbildung auch sehr stark in den Vordergrund stellen, ist uns hier wichtig.

Einige beliebte Akronyme zeigen die Verzerrungen im Umgang mit dem Begriff *Team* deutlich. In einer loyalen Welt versteckt man sich gerne hinter dem Team-Begriff im Sinne von „*Toll, ein anderer macht's*".

Für echte Teammenschen steht eher das englische Akronym „*Together Everyone Achieves More*". Denn in der Ebene der Teammenschen steht die Lösung der langfristigen Herausforderungen aller im Vordergrund.

7. Hohe Flexibilität in der Vernetzung: Das Möglichkeitensucher-Unternehmen

Rahmenbedingungen und Geschäftsmodell: Auch der Markt des Möglichkeitensucher-Unternehmens ist ein Nachfrager-Markt und verlangt hoch innovative, komplexe Produkte in hoher Qualität – nur ist dieser Markt noch anspruchsvoller als der des Teammensch-Unternehmens. Das Geschäftsmodell des Möglichkeitensucher-Unternehmens ist das eines Netzwerks, in dem mehrere Unternehmen in einem Verbund – mit einem gemeinsamen Ziel – flexibel zusammen arbeiten. Dementsprechend sind die einzelnen Unternehmen stark auf ihre jeweilige Kernkompetenz fokussiert. Sie positionieren sich als Innovatoren bzw. Nischenanbieter.

Kern: Integrationsfähigkeit ist entscheidend, basierend auf dem Verständnis, offen und partnerschaftlich mit anderen zusammenarbeiten zu können. Flexibilität und der Wille, das eigene Wissen bestmöglich einzubringen, prägen das Grundverständnis der Mitarbeiter und wirken als Motivation. Die offene Kommunikation ist sehr wichtig, vor allem der Austausch von Wissen. Die Kunst des Möglichkeitensuchers liegt in der Kreativität, Kommunikationswege und Arbeitsmodelle zu optimieren. Selbstverantwortung ist ein wichtiger Wert, und so werden die Mitarbeiter auch geführt.

Die *Strategie* des Möglichkeitsuchers ist die eines hoch innovativen Nischenanbieters, der in einem Netzwerk von Geben und Nehmen gedeiht. Hier geht es stärker um das Produkt bzw. die Dienstleistung als um das Unternehmen. Natürlich ist es auch wichtig, nachhaltig Leistungen zu erbringen.

Die *Struktur* formt sich als Netzwerk, auch „virtuelle Unternehmen" können sich hier bilden. Dieses Netzwerk koppelt die verschiedensten Arbeitsmodelle der anderen Ebenen des Graves-Value-Systems an oder kreiert sie gezielt. So werden etwa Projektteams aufgestellt, die als Team im direkten Graves-Verständnis konfiguriert sind – oder es werden eine erfolgsorientierte Vertriebseinheit und eine loyale Qualitätssicherungseinheit aufgebaut.

Die *Prozesse* sind sehr reif und unterliegen einer ständigen Optimierung, so dass sie schnell und flexibel an die aktuelle Situation angepasst werden können. Für die Steuerung von Zielvorgaben müssen funktionierende Governance-Prozesse (z. B. IT, Mitarbeiter) im Unternehmen verankert sein. Diese sichern eine hinreichend einheitliche Arbeitsweise.

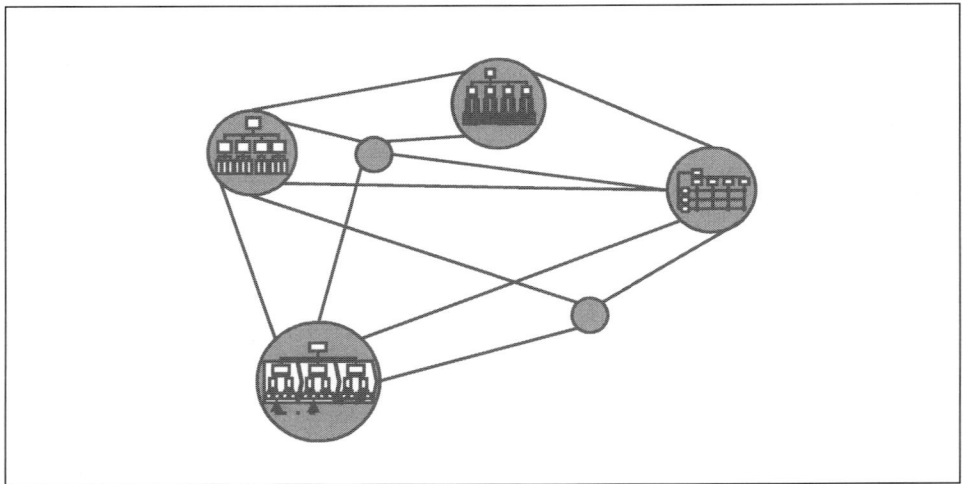

Quelle: eigene Darstellung
Abbildung 13: *Möglichkeitensucher-Unternehmen*

Tools: Die Steuerung erfolgt über Zielvorgaben und ein verbindliches und sehr klares Regelwerk. Der Einsatz von Informationssystemen ist sehr wichtig. Es überwiegen Kollaborationssysteme, Kommunikationssysteme sowie Wissensmanagement-Systeme. Die Arbeitszeiten sind flexibel, jeder kann selbst entscheiden, wann, wo und wie er arbeiten möchte.

Die *Fähigkeit* der Möglichkeitsucher liegt in der Organisation und hochflexiblen Nutzung von Netzwerken; es werden die Vorteile aller vorhergehenden Ebenen geschätzt und eingesetzt.

Beispiele sind schnell (anorganisch) wachsende Unternehmen, die ihre Tochterunternehmen in Netzwerken organisieren, Think Tanks, Wissensnetzwerke

Überblick Möglichkeitensucher-Unternehmen

Kern:	Werte: Innovation, Wachstum, Integration, Flexibilität, Offenheit, Eigenverantwortung, Wissen, Kompetenz
	Kultur und Politik: In großen Zusammenhängen denken und handeln; Vorhandenes unter Nutzung aller positiven Aspekte integrieren, ohne es „gleichmachen" zu wollen; Förderung von Innovationskraft, Flexibilität, Wissen und Kompetenz
	Lernen: Selbstgesteuert, Information und Ressourcen bereitstellen, neue Lernkontexte schaffen
Struktur:	Netzwerk, situatives Einsetzen aller Strukturen der vorhergehenden Graves-Ebenen
Strategie:	Netzwerk von Geben und Nehmen, Produkt bzw. Dienstleistung stärker im Vordergrund als das Unternehmen
Prozesse:	Sehr reife, optimierte Prozesse, Fokus auf Governance: Regularien, Strukturen und Prozesse schaffen, so dass alle verfügbaren Ressourcen mit höchstem Mehrwert eingesetzt werden können
Tools:	Zielvorgaben, verbindliches und sehr klares Regelwerk, Kollaborationssysteme
Unternehmensbeispiele:	Schnell (anorganisch) wachsende Unternehmen, die ihre Tochterunternehmen in Netzwerken organisieren, Think Tanks, Wissensnetzwerke

8.   Das Globalisten-Unternehmen

Unternehmen auf dieser Ebene sind sehr selten. Meist sind es Organisationen, die sich einem hoch stehenden ethischen Wert verpflichtet fühlen und ihm dienen. Wirtschaftlich orientierte Unternehmen auf dieser Ebene haben wir noch nicht angetroffen. Die Handlungsfähigkeit und das Verständnis von Selbstverantwortung der Möglichkeitensucher werden bei den Globalisten in einen größeren, allumfassenden, globalen Zusammenhang gestellt. Das Individualziel muss in einen gesellschaftlichen und ökologischen Sinn- und Gesamtzusammenhang eingeordnet werden. Dieser geht deutlich über die Ideen und Prinzipien der loyalen Welt hinaus und speist sich aus dem Verständnis sehr großer, globaler Wirkungszusammenhänge.

9.   Bedeutung der Führung in der Veränderung

Im Verständnis des Graves-Value-Systems ist es wichtig, Führung bezogen auf die jeweiligen Ebenen zu adaptieren. Graves nennt dies „The Congruent Management Strategy" (vgl. Graves et al., 1970). Die Ausprägung der Führung muss nicht nur zur Persönlichkeit der geführten Person und zur Aufgabenstellung passen, sondern insbesondere auch zur Graves-Ebene des Umfeldes. Ist die Führung nicht passend (nicht kongruent), kann sie nicht wirksam sein und erzeugt Widerstand beim Mitarbeiter.

Insbesondere in Veränderungsprozessen sollte der Führung höchste Aufmerksam zuteil werden. Denn sie spielt in zweierlei Hinsicht eine zentrale Rolle: Zum einen ist das Führungsverhalten ein wichtiges Element der Unternehmenskultur. Führung gestaltet ein Unternehmen im innersten Kern. Durch die Veränderung des Führungsverhaltens kann eine Führungskraft mächtige Interventionen setzen und Einfluss auf den Veränderungsprozess eines Unternehmens nehmen. Zum zweiten ist Führung auch ein wichtiges Steuerungselement. Im Veränderungsprozess, wenn im Unternehmen Irritation und Instabilität herrschen, ist eine gute Führung der Menschen besonders wichtig. Hier sollte eine Führungskraft für Halt sorgen und ihre Mitarbeiter durch die Veränderung führen, auch kann die Führungskraft im Veränderungsprozess den Mitarbeitern eine neue – zur veränderten Situation passende – Verhaltensweise und deren Nutzen demonstrieren.

Wir appellieren an dieser Stelle folgerichtig an die Führungskräfte-Entwicklung. Führungskräfte sollten sich dahin entwickeln, dass sie ihre Gedankenwelt erweitern können, dass sie aus ihrem eigenen Welt-Verständnis heraustreten und in die Welt des Unternehmens und die der Mitarbeiter eintauchen können. In der Praxis mangelt es an diesem Verständnis. Führungskräfte sind zwar darauf sensibilisiert, sich auf die Persönlichkeit ihrer einzelnen Mitarbeiter einzustellen, sie sind jedoch oft ausschließlich ihrem eigenen Welt- und Werteverständnis verhaftet. So wundern sie sich, dass Mitarbeiter nicht so reagieren und agieren, wie sie sich das wünschen. Häufig kommen neue Führungskräfte mit dem Verhaltensrepertoire von einem Arbeitgeber in ein Tätigkeitsfeld eines anderen Unternehmens und sind überrascht, dass ihre bisher erfolgreiche Verhaltensweise nicht mehr funktioniert.

Im Kontrast dazu beziehen sich die meisten Definitionen von Führung direkt oder indirekt auf die Wirkung einer Führungsperson auf die Organisation und deren Mitglieder. Beispielsweise wird Führung definiert als:

- ▪ jener Prozess, in dem eine Person die Zielsetzung oder die Richtung für eine oder mehrere andere Personen vorgibt, und diese dazu bringt, mit ihm oder ihr und miteinander mit Sachverstand und vollem Einsatz in diese Richtung zu gehen (Clement/Jacques, 1991)

- ▪ die Kunst, andere zu mobilisieren, um für gemeinsame Ziele zu kämpfen (Kouzes/Posner, 1995)

■ Menschen zu befähigen, auf ihre Eigeninitiative und Erfahrungen zu vertrauen anstatt ihre Erfahrungen und Handlungen zu verleugnen oder einzuschränken. (Bennis/Nanus, 1985)

In Anbetracht dieser Definitionen können Führungskräfte nicht „führen" (d.h. „lenken" oder „steuern"), wenn sie nicht auf irgendeine Art und Weise das Arbeitsumfeld von Personen, deren Herangehensweise an die Arbeit und deren Umgang miteinander verändern, gestalten oder beeinflussen. Der Erfolg einer Führungskraft hängt daher von der Stärke und Richtung dieser Wirkung sowie von den zur Erreichung dieser Wirkung eingesetzten Führungsansätzen ab.

D.h. Führungskräfte müssen sich nicht nur ihrer eigenen Verhaltensweise bewusst sein und wissen, auf welcher Graves-Ebene sie agieren. Sie müssen auch verstehen – und dies wird meist vernachlässigt – wie sie als Führungskraft wirken und was sie bei ihren Mitarbeitern durch ihr Tun und Sein auslösen.

Für eine Führungssituation nach Graves (vgl. Graves, 1971) müssen vier Aspekte in Bezug auf die „Graves-Ebenen" betrachtet werden:

■ Welcher Ebene liegen die Management-Richtlinien oder Führungsleitlinien des Unternehmens zu Grunde?

■ Auf welcher Ebene befindet sich die Führungskraft?

■ Auf welcher Ebene denkt und agiert der zu führende Mitarbeiter?

■ Welche Art von Arbeit ist zu tun, welchen Charakter besitzt/erfordert diese Tätigkeit?

Um diese Aspekte nun in konkrete Führungsarbeit umzusetzen, muss die Führungskraft berücksichtigen, dass jeder Mitarbeiter auf seine Weise einzigartig ist. Auch wenn jeder Mitarbeiter sich als Teil des Systems mit seinen Handlungen, seinen Gefühlen, seiner Motivation, seinen Werten und seinem Denken – und natürlich auch mit seinen Fähigkeiten – auf einer speziellen Ebene des Graves-Value-Systems befindet. Führung muss demnach individuell auf jeden einzelnen Mitarbeiter abgestimmt werden: Auf seine Persönlichkeit, seine Graves-Ebene und auf die Aufgabenstellung. Es geht also darum, die Rahmenbedingungen und das Führungsverhalten so auszurichten, dass die Motivation des Mitarbeiters gefördert wird.

Effizientes Managen oder Führen setzt sich daher aus mehreren Faktoren zusammen:

■ Unterschiedliche Arbeit wird unterschiedlich organisiert.

■ Die Menschen, zu denen die Arbeit passt, führen diese auch aus.

■ Der Managementstil der Führungskraft ist kongruent (stimmig) zu der auszuführenden Arbeit und zum Mitarbeiter, der diese Arbeit ausführt.

■ Die grundlegenden Führungsleitlinien/-philosophien entsprechen genau diesen Aspekten: Der Führungsstil passt zu Führungskraft, Mitarbeiter und der zu erfüllenden Tätigkeit – jeweils bezogen auf die entsprechende Graves-Ebene.

Im Folgenden werden wir zunächst die unterschiedlichen Bereiche der Führung vorstellen, um den Begriff „Führung" im Sinne von Graves noch greifbarer zu machen. Darauf hin werden wir die kongruente Führung nach Graves anhand der einzelnen Graves Ebenen darstellen. Hier beziehen wir uns auf das Führungsmodell des „Situativen Führens". Wir haben dieses Modell und seine Wirksamkeit in Bezug zu den unterschiedlichen Graves-Ebenen gesetzt.

Bereiche der Führung

Für Führung gibt es zahlreiche Definitionen. Wir verwenden die folgende gängige Definition nach Ken Blanchard et al. (1995, S. 22): *„Führung ist die Art und Weise, wie Sie sich immer verhalten, wenn Sie versuchen, die Leistungen anderer zu beeinflussen."* Für eine Führungskraft heißt dies, dass Führung keine situative Einzelaufgabe ist, sondern, dass Führung gelebt wird.

Sie umfasst näher betrachtet drei Bereiche: Personal Leadership, Group Leadership und Organizational Leadership. Personal Leadership beinhaltet neben der individuellen Führung von Mitarbeitern auch das Selbstmanagement. Group Leadership betrifft die Führung von Gruppen, Organizational Leadership die Führung von ganzen Organisationen. Alle drei Bereiche der Führung sind eng miteinander verwoben und aufeinander abzustimmen.

Personal Leadership – individuelle Führung

Das Spektrum von Personal Leadership umfasst die beiden Bereiche Selbstmanagement und Führung einer einzelnen Person. Die Führungskraft wird beim Selbstmanagement in einer Vorbildfunktion erlebt. Hier ist Authentizität gefragt – und Werteorientierung. Durch die Vorbildfunktion wird mittelbar erheblicher Einfluss genommen auf das Verhalten der zu Führenden. Von großer Bedeutung ist dabei, zu welcher der Graves-Ebenen das jeweilig gelebte Verhalten passt.

Der klassische Bereich von Personal Leadership betrifft die unmittelbare Führung von Einzelpersonen. Diese sind zumeist direkt disziplinarisch oder fachlich unterstellte Mitarbeiter. Diese Mitarbeiter sind entsprechend der Graves-Ebene in einer Weise zu führen, die einerseits zum Unternehmen passt und andererseits zum jeweiligen Mitarbeiter. Insbesondere in Veränderungsprozessen spielt die kongruente Führung nach Graves eine große Rolle. Die Führungskraft kann einerseits die Mitarbeiter mit den geeigneten Werten motivieren, andererseits auch gezielt Dissonanz erzeugen, um Mitarbeiter zu Veränderungen zu bewegen.

Group Leadership

Group Leadership umfasst die Führung von zwei oder mehreren Personen. Durch die gleichzeitige Führung von mehreren Menschen in einem Arbeits- oder Verantwortungsbereich wird deren Zusammenarbeit und Verhalten maßgeblich geprägt. Group Leadership ist eine der zentralen Führungsaufgaben jenseits von Personal Leadership.

Je nach Intention lassen sich unterschiedliche Mechanismen in Gang setzen und durch die Führungskraft fördern. Auch hier spielt die kongruente Führung nach Graves eine entscheidende Rolle. Wir erläutern dies an einem Beispiel:

Graves führte mit Studenten Untersuchungen durch, in denen es darauf ankam, in einer Gruppe ein konkretes Problem zu lösen (vgl. Graves, 1974). Bei der Bearbeitung des Problems formten Loyale Studenten mehrere unterschiedliche Gruppen mit jeweils einem Führer. Erfolgssucher-Studenten führten zahllose Diskussionen, bis sich ein Führer für die gesamte Gruppe herauskristallisierte. Teammenschen-Studenten arbeiteten ohne eine Führungsperson zu benennen. Die Möglichkeitensucher suchten sich einen Führer, der für die Aufgabe am besten qualifiziert war, ließen von diesem aber wieder ab, wenn sich für die nächste Aufgabe ein besser qualifizierter Führer anbot.

Ähnliche Verhaltensweisen sind in Unternehmen zu beobachten, wenn hinreichend Raum dafür besteht. In wirtschaftlich orientierten Interaktionen spielen meist andere Faktoren wie Sachzwänge und feste Strukturen eine Rolle, die das rein wissenschaftliche Bild überlagern. Umso wichtiger ist jedoch auch dann bewusstes, kongruentes Group Leadership, um komplexe Aufgaben zu bewältigen oder Veränderungen herbeizuführen.

Organizational Leadership

Organizational Leadership ist eine andere Beschreibung für den weiten Begriff der Organisationsentwicklung. Prozessentwicklung fällt ebenso wie die Veränderung von Strategien, Strukturen oder Tools in diesen häufig unterschätzen Bereich der Führung.

Viele Führungskräfte sehen diesen Bereich der Führung in der Verantwortung des Top-Managements beziehungsweise als eigenständigen Verantwortungsbereich, beispielsweise im Stab der Unternehmensleitung. Dies führt zu verpassten Chancen der aktiven Einflussnahme und Gestaltung des Unternehmens. Speziell Informationswege und Entscheidungskompetenzen sind relativ leicht gestaltbar, auch der Aufbau von Kompetenzen und Fähigkeiten ist in der Breite des Unternehmens möglich.

Die genannten Aspekte der Führung werden im Folgenden für die einzelnen Graves-Ebenen dargestellt. Die Aspekte der Führung in Veränderungsprozessen – insbesondere die Erzeugung von Dissonanz durch Führung – werden im Kapitel „Der Veränderungsrahmen" beleuchtet.

Kongruente Führung nach Graves

Viele Jahre versuchte die Managementliteratur deutlich zu machen, was der beste Weg der Führung ist. Das Ergebnis waren unterschiedlichste Führungsmethoden und -philosophien. Die Ergebnisse waren nicht allgemein einsetzbar. In der Praxis kam es oft zu einem monolithischen Führungsstil nach den „aktuell gültigen" Regeln, der in den meisten Fällen weder zur Organisation, zur Führungskraft noch zum Geführten oder zu der Aufgabe passte.

Wir verzichten daher bewusst auf eine vertiefte Vorstellung der Führungsmethoden – obwohl all diese ihren Platz und ihre Berechtigung haben, jedenfalls dort, wo sie passen.

Die wahre Herausforderung der Führung liegt im Verstehen der Unterschiede in den Denk- und Verhaltensweisen der Menschen, die auf den einzelnen Ebenen des Graves-Value-Systems auftreten. Es gilt, diese zu erkennen und einen der jeweiligen Ebene angemessenen Führungsstil zu entwickeln. Persönliche Verhaltensweisen, Motivationsfaktoren, ethische und moralische Wertvorstellungen, Konzepte, Wahrnehmungen, Stimuli, Gedanken und Vorlieben für Führungsstile hängen alle ganz wesentlich mit den Ebenen des Graves-Value-Systems zusammen.

An dieser Stelle möchten wir nochmals ausdrücklich betonen, dass jede Ebene zu ihrer Zeit und ihren Rahmenbedingungen ihre Berechtigung hat. Die im Folgenden beschriebenen Führungsstile mögen Ihnen teilweise befremdlich vorkommen oder gar auf Ihre Ablehnung stoßen – entsprechend Ihres eigenen Weltbildes. Bezogen auf die aktuelle Graves-Ebene eines spezifischen Unternehmens oder Unternehmensteils erscheinen sie jedoch in einem anderen, einem passenden Licht. Vergessen Sie bitte nicht, dass Sie selbst eine der Graves-Ebenen bevorzugen, die damit natürlich Ihre Werte und Anschauungen, Ihre Meinung und Sichtweise prägt.

Situatives Führen im Graves-Value-System

Das weit verbreitete Konzept des Situativen Führens basiert ursprünglich auf Paul Hersey und wurde weiterentwickelt und verbreitet durch Ken Blanchard. Die hier vorgestellte Version des Situativen Führens lehnt sich an Max Landsberg an. Zunächst wird das Konzept vorgestellt, um es dann in der Anwendung und Umsetzung auf den jeweiligen Ebenen des Graves-Value-Systems zu diskutieren.

Das Grundprinzip des Situativen Führens ist es, den jeweils zu führenden Mitarbeiter abhängig von der Situation zu führen. So wird ein und derselbe Mitarbeiter in unterschiedlichen Aufgaben unterschiedlich geführt und verschiedene Mitarbeiter, die dieselbe Aufgabe zu erledigen haben, werden ebenso individuell und situativ geführt. Als Beobachtungskriterien dienen hier für die Führungskraft die beiden Aspekte Kompetenz und Engagement.

Das heißt, die Führungskraft betrachtet zunächst, welche Aufgabe der Mitarbeiter erledigen soll, prüft dann, welche Kompetenzen er dazu benötigt und bewertet schließlich, wie engagiert der Mitarbeiter ist, diese Aufgabe zu erledigen. Der Kompetenzen-Aspekt gliedert sich hier wiederum in Fachkompetenz, Methodenkompetenz, soziale Kompetenz und persönliche Kompetenz. Das Engagement setzt sich seinerseits aus Selbstbewusstsein und Motivation zusammen. Ein Mitarbeiter kann beispielsweise hoch motiviert sein, aber ohne Selbstbewusstsein – dann wird kein Engagement zu erkennen sein. Umgekehrt ist kein Engagement vorhanden, wenn ein Mitarbeiter zwar selbstbewusst ist, aber nur eine kleine Motivation hat.

In der nachfolgend wiedergegebenen Matrix-Darstellung ergeben sich dann die Führungsstile Motivieren, Delegieren, Vorgaben geben, Qualifizieren und Coachen.

Für weitere Hintergründe und Details zum Situativen Führen verweisen wir an dieser Stelle bewusst auf die Literatur von Hersey, Blanchard und Landsberg. Der Fokus liegt bei uns in der Anwendbarkeit dieses Modells auf den verschiedenen Ebenen des Graves-Value-Systems. Wir prüfen, wie das Situative Führen auf den jeweiligen Graves-Ebenen eingesetzt werden kann.

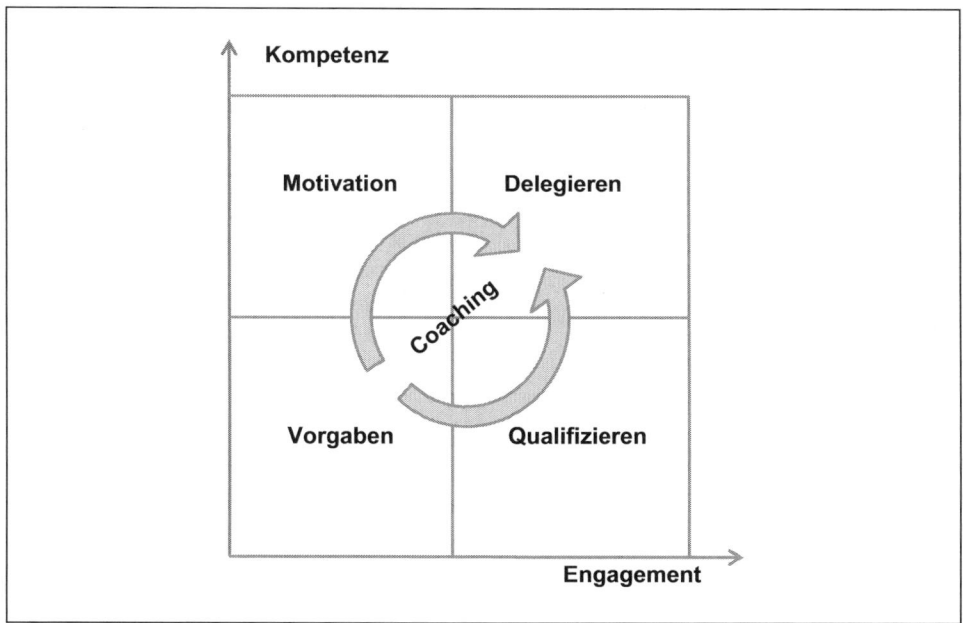

Quelle: Landsberg, 2003
Abbildung 14: Das Modell des Situativen Führens

Führung von Stammesmenschen

Mitarbeiter auf dieser Ebene arbeiten hart und lange, wenn sie richtig geführt werden. Die Akzeptanz der Individualität innerhalb des Unternehmens ist wichtig, um die Mitarbeiter mittelfristig zu einer Einheit werden zu lassen. Führung zeichnet sich auf dieser Ebene durch einen freundlichen, patriarchalischen Stil aus. Die Führungskraft arbeitet mit den Mitarbeitern und sorgt für eine gute Arbeitsatmosphäre. Wettbewerb innerhalb des Unternehmens ist nicht gewünscht.

Das Situative Führen auf dieser Ebene reduziert sich im Wesentlichen auf den Führungsstil „Vorgaben machen", was sich maximal in der Tonalität und Schärfe verändert. Die Macht und Entscheidungsgewalt ist klar beim Patriarchen, über den alle Entscheidungswege gehen. Es gibt auf dieser Ebene noch keine Stellenbeschreibungen und Kompetenzabgrenzungen (dies sind Errungenschaften der Loyalen Ebene). Die zu erledigenden Aufgaben sind einfach. Da der Patriarch diese nach seinen Vorstellungen gestaltet und vorlebt, ergibt sich für die Mitarbeiter keinerlei Gestaltungsspielraum in der Ausführung der Aufgaben. Somit sind alle Mitarbeiter der Organisation kompetent, diese auszuführen. Eine aufgabenbezogene Qualifizierung findet nicht statt. Durch den hohen Grad der Abhängigkeit der Mitarbeiter zum Unternehmen scheidet auch der Führungsstil „Motivation" aus, auch das Delegieren von Aufgaben ist weder von der Führungskraft noch von den Mitarbeitern gewünscht. Hieraus leitet sich die Reduzierung der Führungsstile auf das reine „Vorgaben machen" ab.

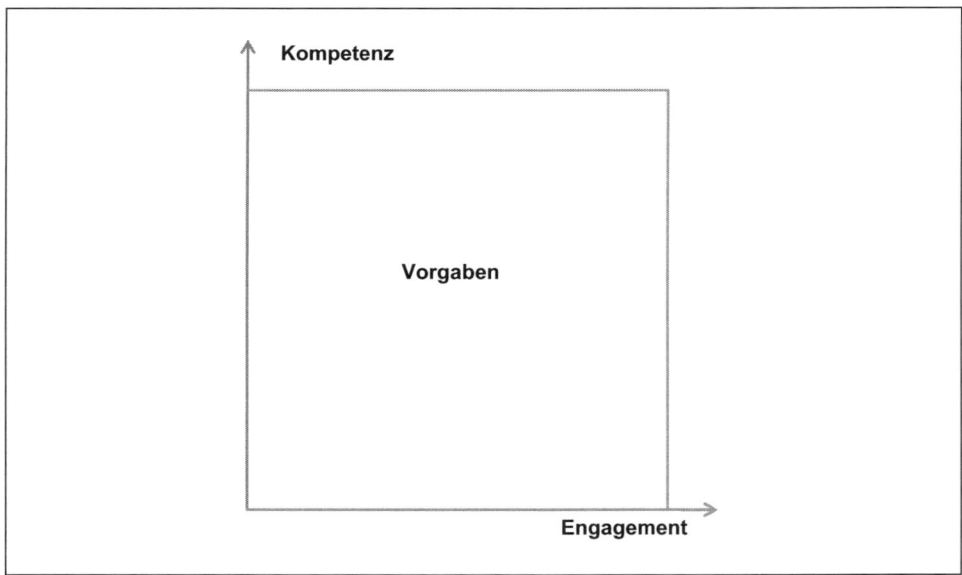

Quelle: Eigene Darstellung – nach Landsberg, 2003
Abbildung 15: *Das Situative Führen auf der Stufe der Stammesmenschen*

Führung von Einzelkämpfern

Die Mitarbeiter in Einzelkämpfer-Unternehmen wissen genau, was zu tun ist und wie das Endergebnis der Tätigkeit aussehen soll. Stolz und persönliche Fertigkeiten prägen die Wahrnehmung der Mitarbeiter. Der dabei erforderliche Führungsstil ist tendenziell bevormundend. Es wird dem Mitarbeiter klar gemacht, wer das Sagen hat. Die Botschaft, die bei den Mitarbeitern ankommen soll, ist, dass die Führungskraft die Aufgabe besser erledigen könnte als jeder einzelne Mitarbeiter – genau dies macht ja die Position der Führungskraft aus. Die Fähigkeiten der Mitarbeiter werden jedoch respektiert, wie auch die zufrieden stellende Erledigung des Jobs. Die Aufgaben, die an Mitarbeiter gegeben werden, sind eher klein und schnell lösbar sowie durch häufiges Wiederholen der gleichen Tätigkeiten geprägt. Ein umfassender Überblick wird dem Mitarbeiter nicht gegeben. Die Fertigkeiten, die zur Erfüllung der Tätigkeit notwendig sind, sind meist rasch und relativ einfach zu erlernen – so dass eine Qualifizierung der Mitarbeiter zwar stattfindet, wenn ein Mitarbeiter seine Arbeit neu antritt, während der regulären Ausführung einer Aufgabe aber praktisch nicht mehr erfolgt. Somit gehört der Führungsstil „Qualifizieren" nicht in das regelmäßige Repertoire einer Führungskraft.

Missmanagement tritt dann ein, wenn die Anweisungen zu restriktiv und zu autoritär sind. Die Mitarbeiter brauchen die Möglichkeit, stolz auf ihre Tätigkeit zu sein, sie brauchen auch einen gewissen Freiraum und sie brauchen Belohnung für gut erledigte Arbeit. Das Situative Führen erweitert sich somit durch den Führungsstil „Motivation". Wobei sich die Motivation auf die extrinsischen Motivationsanreize reduziert. Neben den Vorgaben ist es nun möglich, die Mitarbeiter durch extrinsische Anreizsysteme zu führen.

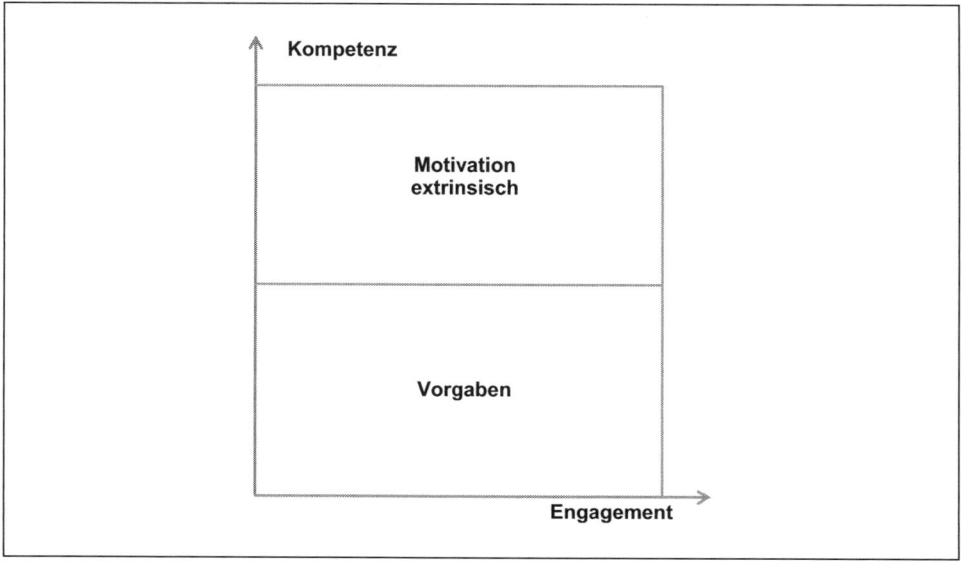

Quelle: Eigene Darstellung – nach Landsberg, 2003
Abbildung 16: *Das Situative Führen auf der Stufe der Einzelkämpfer*

Führung von Loyalen

Der Vorgesetzte wird von den Mitarbeitern auf der Graves-Ebene der Loyalen aufgrund seiner Position prinzipiell akzeptiert. Der Führungsstil ist autoritär und entsprechend direkt. Die Mitarbeiter sehen die Rolle der Führungskraft darin, den Ordnungsrahmen zu schaffen und für Routine zu sorgen, also Aufgaben zu strukturieren, Regeln zu definieren und zu klären. Und die Führungskraft hat die Aufgabe, das Unternehmen zu repräsentieren.

Missmanagement stellt sich ein, sobald Führung, Richtung und Struktur fehlen. Kooperativer Führungsstil oder offene Diskussionen sind auf dieser Graves-Ebene nicht angebracht. Einen kooperativen oder demokratischen Führungsstil würden die Mitarbeiter als Schwäche der Führungskraft interpretieren. Diesem „Missmanagement" würden die Mitarbeiter eine unbewusste Sabotage des Produktivitätsfortschritts entgegensetzen, da ihnen die Führung fehlt – sowie aus der Überzeugung heraus, dass der Manager seiner Aufgabe nicht gerecht wird.

Die Motivation über die extrinsischen Motivationsanreize der Einzelkämpferebene verändert sich auf der Loyalen Ebene zu einer Motivation über Werte. Dies lässt sich darauf zurückführen, dass die Identifikation mit dem Unternehmen und den dahinter stehenden Werten auf dieser Ebene wichtiger ist als auf der Einzelkämpfer-Ebene. Die Loyale Ebene zeichnet sich durch eine geringe Incentivierung aus – gute Arbeit zu leisten ist selbstverständlich – Anerkennung erfolgt durch „Auszeichnungen".

Auf der Ebene der Loyalen kommen aufgrund der komplexer werdenden Aufgabenstellungen – und wegen der Wichtigkeit von Sicherheit und Regeln – Stellenbeschreibungen und Regelsysteme zur Anwendung. Die klar geregelten Kompetenzbereiche geben zudem einen Anhaltspunkt dafür, dass sich Mitarbeiter für weiterführende Aufgaben qualifizieren müssen. Sie nehmen daher auch Hilfe und Unterstützungen rund um das Thema Qualifikation an. Scheine, Zertifikate und Urkunden werden gesammelt und eingesetzt.

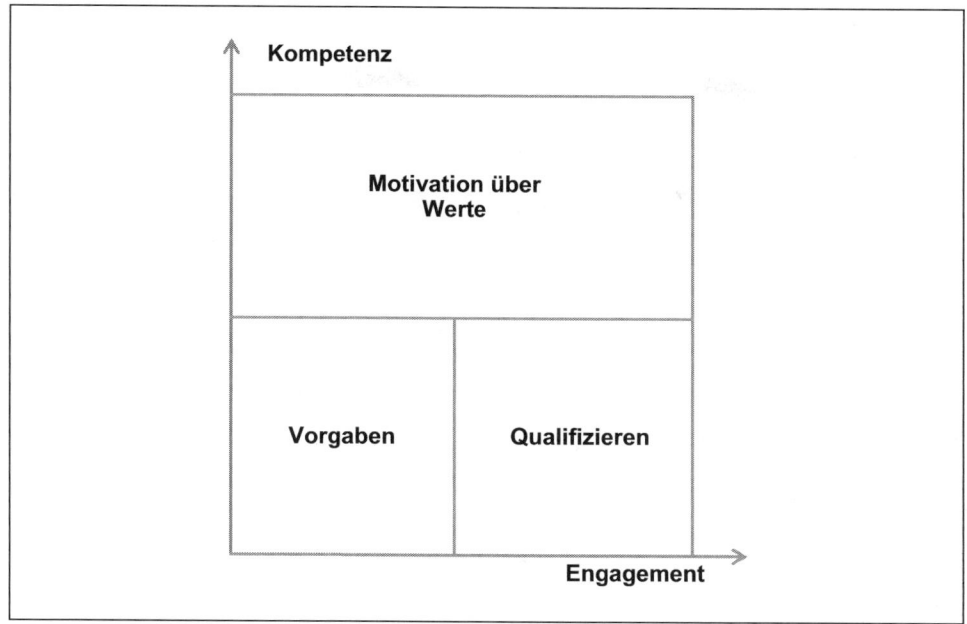

Quelle: Eigene Darstellung – nach Landsberg, 2003
Abbildung 17: Das Situative Führen auf der Stufe der Loyalen

Führung von Erfolgssuchern

Erfolgssucher-Mitarbeiter erwarten Belohnung für ihren Einsatz und ihre Arbeit. Die Tätigkeit sollte Flexibilität und die Möglichkeit der individuellen Initiative zulassen. Ebenso benötigt der Mitarbeiter ein großes Maß an Eigenverantwortung. Er ist bestrebt, Erfolg für das Unternehmen zu erwirtschaften. Dies soll sich für ihn aber auch lohnen. Der Führungsstil ist daher wettbewerbsorientiert und benötigt drei Elemente: Belohnungssysteme, Sanktionen und klare Verantwortlichkeiten, in denen sich der Mitarbeiter bewegen kann. Die Aufgaben, die einem Mitarbeiter übertragen werden, sind entsprechend größer und komplexer als auf den vorherigen Ebenen.

Missmanagement tritt in zwei Formen auf. Die erste Form ist, dass die Belohnungen nicht als reizvoll und attraktiv angesehen werden. Dies kann durch als ungerecht empfundene Prämiensysteme entstehen, durch unrealistische Vorgaben oder durch zu enge Grenzen, die den Handlungsspielraum einschränken.

Die zweite Form des Missmanagements ist das Nicht-Setzen von Spielregeln und Grenzen. Dem gleichzusetzen ist, dass Regeln zwar bestehen, diese aber nicht eingehalten werden und dass Fehlverhalten nicht sanktioniert wird.

Das Führen als situatives Modell wird auf der Ebene der Erfolgssucher zum ersten Mal greifbarer und reell umsetzbar: hier finden wir die Führungsstile Vorgaben machen, Qualifizieren, Motivieren und Delegieren. Das Coaching ist auf dieser Ebene noch nicht voll ausgeprägt. Ergänzend zur Ebene der Loyalen allerdings der Führungsstil „Delegieren" hinzu. Der Mitarbeiter zeigt einen großen Willen, Verantwortung – auch für größere Bereiche – zu übernehmen. Und auch die Führungskraft will und kann loslassen, also Verantwortung abgeben. Dadurch wird Delegation durchführbar und kann erfolgreich eingesetzt werden. Motivation erfolgt extrinsisch und intrinsisch: über Bonussysteme (Erfolgsbeteiligung) und über die Motivation, selbst erfolgreich zu ein und Teil eines erfolgreichen Unternehmens zu sein.

Wird auf dieser Ebene der Begriff Coaching verwendet, so wird dies meist irreführend genutzt. Denn ein Coaching, das es dem Mitarbeiter frei lässt, *wie* er seine Aufgaben erledigt und der Stärkung seiner eigenen Fähigkeiten dient, wird bei Erfolgssuchern (noch) nicht gelebt. Hier stehen Prozesse fest, es wird erwartet, dass der Mitarbeiter die Aufgaben auf dieselbe Art und Weise erledigt, wie es die Kollegen und die Führungskräfte tun.

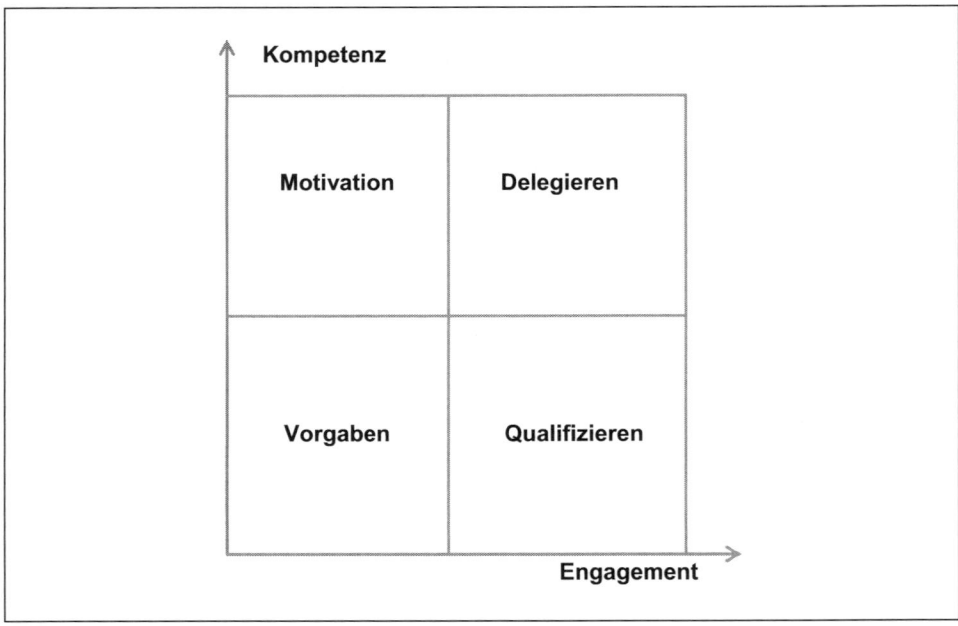

Quelle: Eigene Darstellung – nach Landsberg, 2003
Abbildung 18: *Das Situative Führen auf der Stufe der Erfolgssucher*

Führung von Teammenschen

Den Teammenschen ist das Miteinander wichtig. Viel wird gemeinsam entwickelt und entschieden. Dieses Miteinander strebt dabei durchaus nach Erfolg, es toleriert Schwächen nur in begrenztem Maße bzw. nur für eine bestimmte Zeit. Dann werden sie thematisiert und im Interesse aller gelöst. Kollegen, die eine zu geringe Leistung zeigen, werden eine Zeit lang durch das System getragen – aber anders als im Loyalen System ist dies begrenzt. Dann werden tragfähige Lösungen gesucht und auch umgesetzt.

Die Teammenschen haben erkannt, dass sie gemeinsam noch erfolgreicher werden können, wenn sie leistungsorientiert zusammenarbeiten. Dies ist der Grund, warum der Wechsel vom Erfolgssuchertum hin zum Teammenschen erfolgte. Im Vergleich zur Ebene der Erfolgssucher ergänzen Teammenschen das Gemeinsame im Zusammenwirken verschiedener Menschen. Die Mitarbeiter suchen ein gutes Arbeitsklima, das Produktivität zulässt und eine Balance zwischen Beruflichem und Privaten möglich macht. Akzeptanz von und durch andere Mitarbeiter, die sich auf der gleichen geistigen Wellenlänge befinden, ist den Teammenschen wichtig.

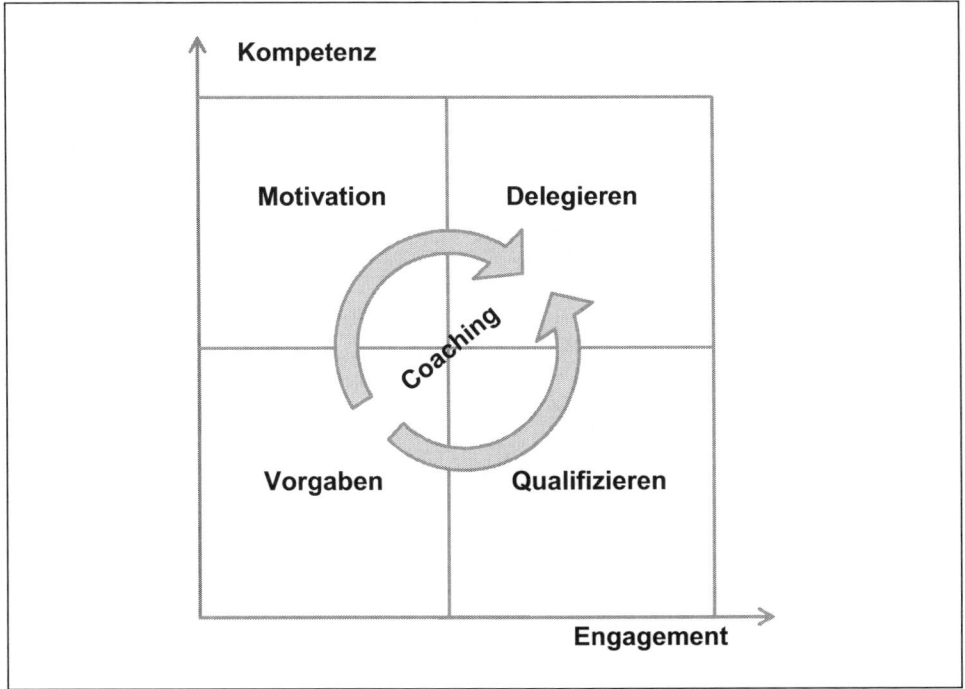

Quelle: Landsberg, 2003
Abbildung 19: Das Situative Führen auf der Stufe der Teammenschen

Die Anforderungen an eine Führungskraft sind in dieser Ebene sehr hoch. Es gilt den Spagat zu bewältigen, selbst Teil des Teams zu sein und dennoch eine Führungsposition innezuhaben. Als Teammitglied mit gleichen Rechten und Pflichten kann die Führungskraft Vorschläge in die Gruppe einbringen, muss aber auch akzeptieren, dass diese von der Gruppe kritisch diskutiert werden. Der Führungsstil sollte offen, also partizipativ, sein. Zugleich sind jedoch auch die Leitlinien und Ziele des Unternehmens durch die Führungskraft zu kommunizieren und umzusetzen. In der Führung ist es daher fehl am Platze, sich komplett mit der Gruppe gleichzustellen. Die Führungskraft führt optimal, wenn sie den Gruppenprozess aktiv steuert ohne direktiv zu sein. Zielorientierte Teamarbeit ist das Stichwort. Die Ziele sind ambitioniert und engagiert – aber der gemeinsame Arbeitsansatz wird betont.

Missmanagement äußert sich auf der Ebene der Teammenschen in zwei Formen. Die erste und am meisten verbreitete Form ist ein zu stark anweisender Führungsstil. Die Führungskraft nutzt Verhaltens- und Denkweisen aus den Ebenen Loyal oder Erfolgssucher, um sich im Team durchzusetzen – und stößt damit auf Ablehnung und Widerstand.

Die zweite Form des Missmanagements ist der zu „softe" Führungsstil – ein Laissez-faire. Hier wird de facto nicht geführt. Die Führungskraft integriert sich ganz und bedingungslos in das Team, ohne die Erfüllung von Zielen voranzutreiben. Das Team driftet folglich aus seiner Eigendynamik heraus in eine Richtung, die möglicherweise nicht zur Aufgabe und insbesondere nicht zum unternehmerischen Ziel passt.

Auf der Teamebene sind verschiedene Meinungen und Ansätze und Perspektiven legitim und werden auch erwartet. So kann auf dieser Ebene zum ersten Mal nachhaltig die Führungsmethode Coaching verwendet werden. Während bei der Erfolgssucher-Coaching-Variante eher lehrend geführt wurde, wird hier über Fragetechnik gemeinsam das Thema analysiert, um den Coachee zur eigenen Lösungsfindung zu begleiten (nicht zu leiten – dies wäre der Erfolgssucher-Ansatz).

Führung von Möglichkeitensuchern

Die Mitarbeiter der Ebene Möglichkeitensucher sind gerne bereit, Management-Richtlinien zu akzeptieren, die einen hohen Standard an Qualität und Quantität setzen. Diese Richtlinien sollten aber zielorientiert sein, nicht prozess- oder gar handlungsorientiert. Hier will der Möglichkeitensucher seinen Freiraum nutzen, seine Kreativität zur Erzielung neuer Höchstleistungen einsetzen. Hier passt ein Führungsstil, der den Mitarbeiter bei der Ausführung seiner Tätigkeit unterstützt. Möglichkeitensucher brauchen eine Führungskraft, der sie sagen können, was sie zur erfolgreichen Erfüllung der Aufgabe benötigen. Nimmt die Führungskraft diese Anregung auf, erfährt sie höchste Akzeptanz und wird zur Person, die es ermöglicht, dass sich die Mitarbeiter im Interesse des Unternehmens voll entfalten können.

Der Möglichkeitensucher hat den Anspruch, durch eine fachlich kompetente Führungskraft gelenkt zu werden. Die Beziehung zwischen Führungskraft und Mitarbeiter ist durch Offenheit geprägt. Ziele, Rollen, Maßnahmen und Vorgehensweisen zur Zielerreichung etc. werden gemeinsam diskutiert. Querdenken und Widerspruch ist gewünscht – auch hierarchisch nach oben. Die Mitarbeiter erwarten jedoch von der Führungskraft, dass sie die Verantwortung für die Zielerreichung übernimmt und kompetent unterstützt. Wird einer anderen Person durch die Mitarbeiter eine höhere Kompetenz unterstellt, so ist die Akzeptanz der aktuellen Führungskraft stark gefährdet.

Sind die Mitarbeiter mit der Führungskraft nicht zufrieden, sabotieren sie nicht das Unternehmen oder die Prozesse wie auf anderen Ebenen des Graves-Value-Systems, sondern suchen sich eine neue Herausforderung außerhalb des Einflussbereichs dieser Führungskraft. Möglichkeitensucher zu führen ist keine leichte Aufgabe, weil diese eigentlich nur die Rahmenbedingungen wünschen, die sie brauchen – und dann wünschen sie sich Freiraum, um ihre volle Entfaltung zu ermöglichen. Die Führungskraft wird gerne als Sparringspartner genutzt, um Ideen und Ansätze zu diskutieren.

Fazit

Für eine gute Führung ist es essenziell, dass die Führungskraft die existierenden Strukturen erkennt und die Affinität zu den Ebenen des Graves-Value-Systems versteht. Bei der Führung eines einzelnen Mitarbeiters mag dies noch einfach sein, komplex wird es bei mehreren Mitarbeitern, die eventuell auf unterschiedlichen Ebenen denken und handeln. Ist Letzteres der Fall, ist es Aufgabe der Führungskraft, individuell zu führen und die einzelnen Mitarbeiter auf dem jeweiligen Entwicklungsprozess zu begleiten. Gerade bei Veränderungen des Unternehmens auf eine höhere Ebene des Graves-Value-Systems ist es wichtig, jeden einzelnen Mitarbeiter nah zu führen. Genaue Beobachtung, viel Dialog und fortwährende Reflexion sind für Führungskräfte unersetzlich.

Zusammenfassung

Wir haben nun die Ausgestaltung der einzelnen Ebenen des Graves-Value-Systems im Unternehmenskontext beschrieben. Das Modell dient Ihnen zunächst einmal dazu, ein Unternehmen einzuordnen und zu verstehen. Es wird Ihnen klar werden, weshalb sich Mitarbeiter, Gruppen, Unternehmensbereiche oder auch die ganze Organisation in bestimmten Situationen genau so verhalten und nicht anders. Die in diesem Kapitel vorgestellten Grundprinzipien zur Ausgestaltung eines Unternehmens helfen Ihnen auch im Rahmen des Veränderungsprozesses, ein Unternehmen (neu) zu gestalten und Schritt für Schritt zu verändern. Im Folgenden werden wir Ihnen diesen Veränderungsprozess vorstellen.

Der Veränderungsrahmen

Nur die wenigsten Vorhaben, in denen der Ansatz des Graves-Value-Systems zum Einsatz kommt, sind „klassische" Transformationsprojekte, die Top-Down von einer neuen Strategie kommend in jeder Einheit eines Unternehmens und „der Reihenfolge nach" umgesetzt werden.

Häufig entsteht das Bewusstsein über die Tragweite der anstehenden Veränderung nicht „am Anfang" eines Vorhabens sondern „mitten im Prozess". Es lohnt sich also, einen Blick darauf zu werfen, wann und in welchen Kontexten eine Management-Absicht oder einer konkrete Unternehmens-Situation zu einem Veränderungsvorhaben führen. Aus der Motivationslage für Veränderungen leitet sich her, in welcher Form das Veränderungsvorhaben nach Graves erfolgt. Ganz prinzipiell lassen sich die folgenden Motivationen unterscheiden:

■ Aus unternehmerischer Sicht entsteht der klare Wille eines Entscheiders oder eines Management-Teams, vorausschauend und gezielt eine Unternehmensveränderung herbeizuführen.

■ Das Management muss eine Veränderung durchführen. Es ist durch wirtschaftliche Faktoren, Konzernvorgaben oder eine geänderte rechtliche Situation gezwungen, einschneidende Veränderungen vorzunehmen.

■ In der Umsetzung einer konkreten, inhaltlich angelegten Themenstellung wird deutlich, dass es sich um ein Vorhaben handelt, das eine umfassende Unternehmensveränderung bewirkt bzw. erfordert.

Natürlich ist es die Idealvorstellung, dass ein pro-aktiv unternehmerisch motivierter Strategieprozess mit den Top-Entscheidern zu einer gut durchdachten Organisationsveränderung führt. Demnach ließe sich ein strategisches Vorgehen entwickeln, Initiativen und Maßnahmen könnten abgeleitet und systematisch auf den Weg gebracht werden.

Häufiger ist es jedoch so, dass Veränderungen durchgeführt werden *müssen*, also Treiber von außen gegeben sind, denen ein Management zügig zu folgen hat. Dies können Veränderungen der Marktsituation oder legislative Veränderungen sein. Ebenso kann seitens einer Konzern-Muttergesellschaft ein Umbau-Programm oder auch eine Fusion angestoßen worden sein, die eine Konzerngesellschaft trifft. Diese externen Veränderungstreiber verlangen im Allgemeinen eine Mischung aus schnellen, sichtbaren Umsetzungsschritten und einem längerfristigen Veränderungsprogramm. Nicht selten finden wir hier eine Situation vor, in der Manager nicht mehr mit der Geschwindigkeit und der Komplexität umgehen können. Mangels einer Möglichkeit zum „Gedanken sortieren" oder eines Sparrings geraten sie in eine gewisse Isolation und können den Veränderungsprozess nicht mehr zielgerichtet steuern.

Genauso gibt es eine ganze Reihe von typischen Vorhaben, deren verändernder Charakter zu Beginn häufig unterschätzt wird. Das Outsourcing von Unternehmensteilen, der Aufbau von Shared Service Centern, die Einführung umfassender Planungs- und Steuerungsprozesse sind Beispiele dafür. Mitten im Umsetzungsprozess treten Probleme auf und es wird deutlich, dass die inhaltliche Aufgabe nur ein Teil der Themenstellung ist. Dann ist es angezeigt, ein zusätzliches Veränderungsprogramm zu kreieren, das über die „üblichen Maßnahmen" hinausgeht. Diesem Programm ist dann die führende Rolle zuzuweisen – bisherige Change-Management Maßnahmen sind in dieses Programm zu integrieren. Es bedarf in dieser Situation jedoch einer wesentlichen Aufstockung dieser Maßnahmen.

Die Stärke des Ansatzes aus dem Graves-Value-System besteht in der Flexibilität, die notwendigen Schritte zur richtigen Zeit umzusetzen, um sowohl die aktuelle Themenstellung zu lösen als auch sicherzustellen, dass die Lösung im Unternehmen funktioniert und nachhaltig verankert wird.

Um die Navigation durch unseren Beratungsansatz zu erleichtern, stellen wir in diesem Kapitel einen Rahmen zur Durchführung von Veränderungsprozessen vor. Wir schälen dazu die reinen Veränderungsaufgaben aus den damit verwobenen inhaltlichen Themen heraus und präsentieren das pure Vorgehensmodell der Veränderungsarbeit. Gleichzeitig zeigen wir, wie über dieses Vorgehen das inhaltliche Arbeiten gestaltet und für die Veränderung genutzt werden kann. Dies reduziert die Betrachtung auf das Wesentliche und macht gleichzeitig die Komplexität gut beherrschbar. Den grundsätzlichen Ansatz werden wir im nächsten Kapitel anhand vielfältiger Beispiele weiter mit Leben erfüllen und veranschaulichen.

In diesem Kapitel beschreiben wir, was konkret zu tun ist, um

- den Veränderungsprozess sauber zu planen und zu steuern,

- geeignete Werkzeuge am effektivsten zum Einsatz zu bringen,

- die richtige Veränderungsgeschwindigkeit zu halten und

- die Veränderungen dauerhaft zu sichern.

Ausgehend von der gegebenen Themenstellung werden eine kurze, prägnante Graves-Standort-Analyse durchgeführt und das Veränderungsziel definiert. Basis ist unser Verständnis von den organisatorischen Gestaltungselementen des Unternehmens, die ausgehen von Kern und Strategie und weiterführen über Struktur und Prozesse bis hin zu den Tools.

Die Veränderungsarbeit besteht im Wesentlichen darin, an geeigneten Stellen anzusetzen und wirkungsvolle Maßnahmen umzusetzen, um die Voraussetzungen für die Veränderung zu erfüllen. Letztendlich wird die Veränderung Schritt für Schritt im Unternehmen vorbereitet und umgesetzt. Das Vorgehen ist iterativ und dem jeweiligen Unternehmen angepasst.

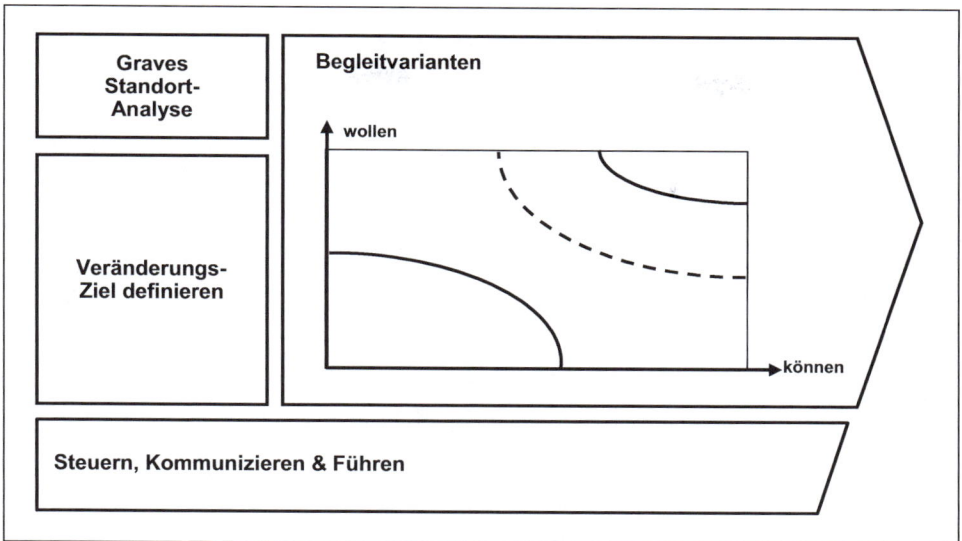

Quelle: Eigene Darstellung
Abbildung 20: *Der Veränderungsrahmen*

Parallel und zeitlich genau abgestimmt unterstützt eine gut geplante, zielgerichtete Kommunikation den Prozess. Essenziell für den Erfolg des Vorhabens ist zudem eine stringente Steuerung. Die Begleitung eines Veränderungsprozesses ist dafür häufig in einem Projekt organisiert, kann aber auch als eine Kombination aus Beratung und Coaching des Top-Managements und Managements durchgeführt werden. Erfolgskritisch ist in jedem Fall die aktive Begleitung der Top-Entscheider. Denn die Dringlichkeit des Tagesgeschäfts verdrängt in der Praxis häufig die Wichtigkeit der Veränderungsarbeit aus dem Bewusstsein.

1.   Die Graves-Standort-Analyse

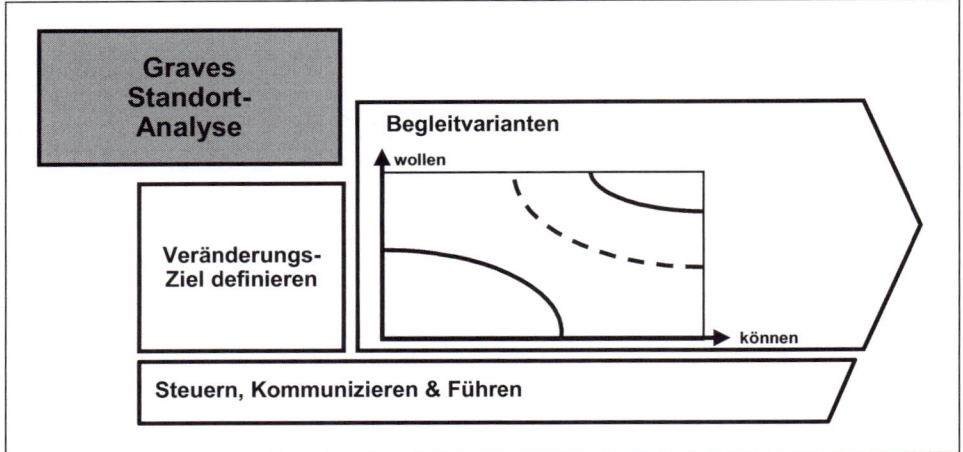

Quelle: Eigene Darstellung
Abbildung 21: *Graves-Standortanalyse*

Die **Standortanalyse** dient dazu, schnell und pragmatisch Klarheit über die aktuelle Situation im Unternehmen zu gewinnen. Dabei werden drei Dimensionen analysiert:

▣ Die Gestaltungselemente der Organisation

▣ Die Voraussetzungen für Veränderungen bezüglich Können und Wollen

▣ Der Veränderungskontext und das Management-Verständnis

Dazu sind die folgenden Fragen zu beantworten:

▣ Auf welcher Ebene befinden sich das Unternehmen, Unternehmensteile und wichtige Schlüsselpersonen?

▣ Was sind Anforderungen der externen Treiber: des Marktes, der Gesetzgebung, der Konzernmutter usw.?

▣ Gibt es Anforderungen aus einem neuen Geschäftsmodell oder einer neuen strategischen Ausrichtung? Gibt es einen neuen USP – ist dieser überhaupt umfassend und klar definiert? Sollen neue Kundensegmente erschlossen werden? Sollen neue Produkte/Services angeboten werden?

▣ Welche Werte stehen in der Organisation im Vordergrund? Wie lassen sich die Mitarbeiter motivieren? Was erwarten die Mitarbeiter von ihrem Unternehmen? Was erwartet das Management?

▓ Gibt es ein Verständnis des Top-Managements über die Tragweite der anstehenden Verän-
derungsaufgabe? Hat das Management ein einheitliches Verständnis über die anstehenden
Aufgaben?

▓ Wo steht das Unternehmen aktuell im Veränderungsprozess? Über welche Fähigkeiten
verfügt die Organisation? Was kann die Organisation aktuell leisten?

▓ Wo muss mit der Veränderungsarbeit angesetzt bzw. begonnen werden: beim Management, einer Teil-Organisation oder dem gesamten Unternehmen?

▓ Wie ist die Stimmung im Unternehmen? Herrschen Druck, Verunsicherung und Angst –
oder findet sich eine entspannte Atmosphäre?

▓ Welche Veränderungsaktivitäten hat es in der jüngeren Vergangenheit gegeben? Und welche Erfahrungen hat das Unternehmen damit gemacht?

1.1   Analyse des Veränderungskontextes

Tatsächlich ist es für eine Organisation von ganz zentraler Bedeutung zu verstehen, welche
Tragweite ein Veränderungsvorhaben hat. Auch eine Beteiligung der gesamten Organisation
am Veränderungsprozess ist unbedingt notwendig. Für die Veränderungsarbeit im Ganzen gilt
das Prinzip „von innen nach außen" oder „top down": Vom Unternehmer, dem Top-
Entscheider oder einem Management-Team über die zweite Führungsebene bis hin zu ausgewählten Teilen der Organisation und letztendlich der ganzen Organisation.

Negativ formuliert: Es wird kein wirksames Veränderungsprogramm geben, wenn der Unternehmer bzw. das Management nicht dahinter stehen, ein gemeinsames Bild haben, die Entscheidungen gemeinsamen tragen und einheitlich kommunizieren sowie das Drehbuch für
das Veränderungsprogramm teilen. In den wenigsten Fällen gelingt es, eine Organisation zu
entwickeln, wenn diese Bedingung nicht erfüllt ist. Genauso wenig wird sich ein Veränderungsprogramm im Unternehmen umsetzen lassen, wenn nicht ab einem gewissen Punkt
nachfolgende Führungsebenen und Unternehmensteile integriert werden.

Für das Verständnis des Kontextes einer Veränderungsinitiative heißt dies, zunächst zu klären,
wo die Entscheider im Veränderungsprozess stehen, ob sie das Veränderungsvorhaben befür-
worten und ob ihnen die bevorstehende Aufgabe bewusst ist. Je nachdem, wo die Entscheider
stehen, wird gegebenenfalls zunächst ein Veränderungsprozess mit dem Entscheider bzw.
dem Management aufzusetzen sein. Dieser kann durch Coaching, Team-Coaching oder auch
durch das Aufsetzen eines gemeinsamen Strategie-Prozesses getrieben werden. Erst wenn auf
Entscheider-Ebene eine hinreichende Homogenität vorhanden ist und gemeinsam getragene
Entscheidungen vorliegen, können Schritte zunächst bezogen auf Teile der Organisation und
dann die gesamte Unternehmung gestaltet werden.

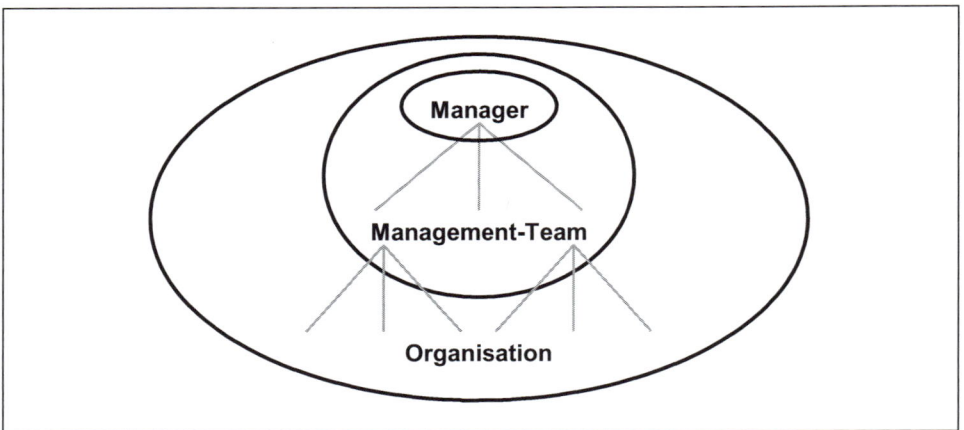

Quelle: Eigene Darstellung
Abbildung 22: *Kontexte der Veränderung – von innen nach außen*

Diese Integration in den Veränderungsprozess geschieht über die Beteiligung der nächsten Führungsebene oder die Auswahl eines spezifischen Unternehmensteils. Führungskräfte bekommen mit geeigneten Mitteln die Gelegenheit, den Meinungsbildungsprozess der Entscheider nach zu erleben bzw. innerhalb gewisser Leitplanken mit gestalten zu können. Sie verstehen die Konsequenzen für sich selbst und ihre Verantwortungsbereiche und beantworten die Frage, was der jeweils eigene Beitrag für die Veränderung sein wird. Analog lässt sich ein Unternehmensbereich auswählen, der pilothaft verändert werden soll. Dies kann beispielsweise eine regionale Einheit, die Vertriebsorganisation oder auch ein Stabsbereich sein.

Im Verlauf der Veränderungsmaßnahmen ist es nötig, immer wieder zu klären, ob alle Kontexte hinreichend bearbeitet werden. Manager aller Ebenen neigen dazu, Programme anzustoßen und sich dann anderem zuzuwenden. Ebenso ist es geboten, die Wirkung der Maßnahmen auf allen Ebenen zu verfolgen.

1.2   Vorhandenes Verständnis der Aufgabe

Aus der Sicht eines externen Beraters wird es bereits im ersten Kontakt mit einer Organisation deutlich, wie viel Verständnis der Situation und der Aufgabe bei Schlüsselpersonen bereits vorhanden ist. Dies gilt, gleich ob der Kontakt über ein Mitglied des Top-Managements, einen Verantwortlichen der Organisations- oder der Personalabteilung oder die Unternehmensentwicklung stattfindet. Aber auch für einen Top-Manager, der einen Veränderungsprozess in Umsetzung bringen möchte, ist es essentiell, sich bewusst zu machen, welches Verständnis über die Aufgabe in seiner Organisation vorherrscht.

Üblicherweise bewegt sich das Verständnis zwischen einer wie auch immer ausgeprägten Aufgaben- bzw. Problemsicht und konkreten Lösungsansätzen. Die Problemsicht könnte z. B. sein:

▓ Wir haben ein Kostenproblem

▓ Vertrieb und Innendienst arbeiten nicht zusammen

▓ Viele unserer Mitarbeiter denken nicht an den Kunden

▓ Die Planungen der Unternehmensbereiche sind von ganz unterschiedlicher Qualität und selten wirklich brauchbar

Differenzierter fällt häufig das Verständnis aus, welche Aufgabe ansteht und wie umfassend diese ist:

▓ Wir werden ein umfangreiches Einsparungsprogramm durchführen

▓ Wir werden einige verantwortliche Manager ablösen und „frischen Wind" in das Unternehmen bringen

▓ Wir werden einige Teile der Organisation zusammenführen und effizientere Prozesse etablieren

▓ Wir werden Teile der Organisation an einen externen Partner vergeben (Outsourcen)

▓ Wir werden ein Verfahren und Softwarelösungen für die allgemeine Planung und die Steuerung des täglichen Betriebs einführen

▓ Wir werden umfangreiche strukturelle Veränderungen durchführen

Letzteres wird häufig von aktionsorientierten Managern gewählt, die neu in eine Aufgabe gekommen sind. Zweifelsohne ist eine wirkliche Veränderung der Struktur eine wuchtige Intervention, die von der Organisation stark wahrgenommen wird. In den seltensten Fällen bringt sie allerdings als isolierte Maßnahme die gewünschten Ergebnisse. Häufig verkümmert die strukturelle Veränderung so zum „Kästchen schubsen": Abteilungen und Teams werden mit neuen Bezeichnungen und Kürzeln versehen, auch ändern sich marginal Berichtslinien, sonst gehen keine großen Veränderungen von statten.

Im Veränderungsprozess eignet sich eine eingehende Prüfung der Aufgaben- und Problemsicht hervorragend, um zu prüfen, welches Verständnis Manager von der anstehenden Aufgabe haben und welche Handlungsmöglichkeiten sie sehen. Top-Entscheider oder auch externe Berater können so das Management im Veränderungsprozess dort abholen, wo es steht.

Je nachdem welche Wahrnehmungsmuster und welchen Erfahrungshintergrund wir finden, so unterschiedlich ist das Herangehen für die weiteren Schritte. Es ist stets eine Verbindung des Veränderungsvorgehens nach dem Graves-Value-System und dem Einbinden der vorhandenen Lösungsideen und der bevorzugten Handlungsweisen. Es führen immer mehrere Wege zum Erfolg, das geeignete Design der Veränderung und die zielgerichtete Regie ist das Entscheidende. Eine zentrale Grundlage schafft dafür die Ist- und Möglichkeiten-Erhebung, die wir im Folgenden beschreiben.

1.3   Analyse der aktuellen Graves-Ebene

Die Analyse beantwortet die Kernfrage, auf welcher Graves-Ebene das Unternehmen im Ganzen einzuordnen ist und wie die Möglichkeiten für eine erfolgreiche Veränderung (Voraussetzungen für Veränderung) aktuell einzuschätzen sind. Unternehmensteile und Schlüsselpersonen werden mit einbezogen und bei Bedarf separat betrachtet.

Bei der Analyse der Graves-Ebene geht es um die wesentlichen Charakteristika des Unternehmens: seine Werte, seine Strategie, seine Struktur, die Reife seiner Prozesse und seine Tools.

Um die Möglichkeiten einer erfolgreichen Veränderung einschätzen zu können, werden aber auch die Fähigkeiten der Organisation hinterfragt, also im weitesten Sinne die *souveränen Lösungen* der aktuellen Graves-Ebene und das *Potenzial* für die nächste Graves-Ebene. Genauso wie wir im ersten Schritt bereits den Veränderungsdruck, der auf der Organisation liegt, einzuschätzen versuchen.

Es hat sich sehr bewährt, diese Analyse Schritt für Schritt zu differenzieren. Grundsätzlich ergibt sich der folgende „Fahrplan", ergänzend zu den in den Abschnitten 1.1 und 1.2 genannten Betrachtungen:

◼ Analyse, auf welcher Ebene des Graves-Value-Systems sich das Unternehmen bzw. der zu betrachtende Organisationsbereich aktuell befindet. Dies ist mit etwas Erfahrung und der nachfolgenden Themenliste vergleichsweise schnell möglich. Die Analyse der konkreten organisatorischen Gestaltungselemente (Kern, Strategie, Struktur, Prozesse und Tools) liefert letztlich eine Erkenntnis darüber, welche Werte in der Organisation vorherrschen und welche Fähigkeiten vorhanden sind. Daraus lässt sich die entsprechende Ebene des Graves-Value-Systems ableiten.

◼ Diskussion und Festlegung der erforderlichen Differenzierung. Häufig sind wesentliche Organisationsteile getrennt zu betrachten, beispielsweise ist der Vertrieb erfolgsorientiert und die Produktion loyal. Dann handelt es sich um getrennte Welten, die einzeln zu betrachten sind. Weiterhin ist zu prüfen, ob sich eine Entwicklung zur nächsten (oder auch zur vorherigen) Ebene des Graves-Value-Systems andeutet.

◼ Im dritten Schritt wird bereits ein erster Blick auf die Können-Perspektive der Organisation geworfen. So werden das Vorhandensein souveräner Lösungen sowie das Potenzial der Gesamt-Organisation bzw. der festgelegten Betrachtungsbereiche untersucht. Dies geschieht insbesondere vor dem Hintergrund der Differenzierung.

Letztlich wird das „Fieber" der Organisation gemessen. Wie viel Druck und Unruhe ist in der Organisation vorhanden? Wie hoch ist die Mitarbeiterzufriedenheit? Wie sehr ist man in der Organisation mit den anstehenden Herausforderungen beschäftigt?

Bitte bei der Analyse unbedingt beachten!

Achtung vor Irrwegen, die aus der eigenen Denkweise resultieren: Man muss sich bei der Analyse von Unternehmen immer bewusst sein, dass man die Welt mit den eigenen Augen sieht – andere können eine ganz andere Sicht auf die Dinge haben. Jeder tendiert dazu, andere anhand der eigenen Werte zu beurteilen und dementsprechend zu entscheiden, was „gut" und was „schlecht" ist.

„Warum?" statt „Wie?" fragen! Die Frage des „Wie?" ist relativ leicht beantwortet. Einen echten Aufschluss bietet jedoch nur die Beantwortung der Frage „Warum?". So kann zum Beispiel ein Großraumbüro („wie ist die Arbeit organisiert?") entweder aus der Motivation der Kommunikationsförderung entspringen (Teammensch) oder aber ein autoritärer Chef möchte alle seine Mitarbeiter im Blick haben (Einzelkämpfer).

Kein Schubladendenken! In fast allen Unternehmen sind gleichzeitig mehrere Ebenen vertreten, wobei meist eine Ebene dominant ist, ergänzt durch einzelne Teile der früheren Ebene und den Vorboten der künftigen. Die Verteilung der Ausprägungen und die Dominanz können in unterschiedlichen Situationen und Abteilungen variieren.

Zur Analyse der Gestaltungselemente des Unternehmens, seiner Teile und der Menschen in der Organisation kann die folgende Liste dienen. Um die Fragestellungen deutlicher werden zu lassen, haben wir die Fragen anhand eines abstrakten Versicherungsunternehmens beantwortet.

Beispiel zur Themenliste und Ergebnissen der Analyse

Fragestellung	Analyse-Ergebnisse	Einschätzung der Graves-Ebene
Gibt es eine klare Unternehmens-vision? Wie ist ihr Stellen-wert im Unternehmen?	Im Unternehmen wurde eine Vision formuliert. Die Mitarbeiter fühlen sich aber nicht davon betroffen. Wir haben es sehr oft erlebt, dass die Vision in den Augen der Mitarbeiter ausschließlich für das Top-Management oder das Marketing relevant ist. Zuweilen begegnen uns auch ablehnende Haltungen: „Über so etwas Abgehobenes brauchen wir nicht zu reden" oder „Bringen Sie zum Visions-Workshop doch ein paar Räucherstäbchen mit."	Im Kern Loyal

Fragestellung	Analyse-Ergebnisse	Einschät-zung der Graves-Ebene
Welche Werte stehen im Vordergrund? Wie lassen sich die Mitarbeiter motivieren? Was ist das Selbstverständnis des Managements und der Mitarbeiter?	Die Arbeitsplatzsicherheit ist zentraler Dreh- und Angelpunkt, daneben zeigen Mitarbeiter eine hohe Loyalität zum Unternehmen: „Ich arbeite für die XY-Gesellschaft" ist eine häufige, von Stolz geprägte Aussage. Für sie ist es wichtig, ein Teil des Unternehmens zu sein und den eigenen Beitrag zu leisten. Planbare Gehaltssteigerungen und Respekt vor Position und Seniorität genauso wie „Goodies" (z. B. Gesundheitsvorsorge, Parkplätze, eine subventionierte Kantine), die der Arbeitgeber für seine Mitarbeiter leistet, haben einen hohen Stellenwert. Führungskräfte haben das Selbstverständnis, für ihre Mitarbeiter zu sorgen. Erwartet wird regelkonformes Handeln und die Einräumung des Rechts, Entscheidungen zu treffen. Im Verhalten der Mitarbeiter aller Hierarchieebenen spiegelt sich die Angst vor Fehlern und vor Kompetenzüberschreitungen wider. So wird häufig lieber keine Entscheidung getroffen als eine falsche.	Im Kern Loyal
Welche ungeschriebenen Gesetze gibt es? Wie geht man miteinander um? Welche Machtverhältnisse herrschen vor?	Im Allgemeinen treffen wir auf ein sehr kollegiales Miteinander. Die Entscheidungen des Vorgesetzten werden von den Mitarbeitern akzeptiert, auch wenn sie persönlich anderer Meinung sind. Fehler, wenn sie einmal passieren, werden möglichst verborgen. Ist das nicht möglich, wird ein „Sündenbock" gesucht – einer ist für den Fehler zu bestrafen. Ein konstruktives Lernen aus Fehlern gibt es sehr selten. Machtverhältnisse findet man – wie in fast jedem Unternehmen – entlang der hierarchischen Strukturen. Daneben gibt es informelle Machtkonstellationen. Es spielt eine bedeutende Rolle, wer sich mit wem zum Mittagessen trifft. Dies wird von den Kollegen beobachtet. Entsprechende Schlussfolgerungen auf Macht und Einfluss werden gezogen.	Im Kern Loyal
Welcher Führungsstil herrscht vor? Wie sind Mitarbeiterführung und -entwicklung sowie Teamführung ausgestaltet?	Der Führungsstil ist zumeist autoritär. Das Delegieren von Aufgaben erfolgt – innerhalb gewisser Regeln – durch die Strukturierung von Arbeiten. Dabei definiert der Vorgesetzte die Vorgehensweise, die zur Erledigung der Aufgabe anzuwenden ist. Er gibt jedoch nicht die Verantwortung an einen Mitarbeiter weiter. Ergebnisse werden kontrolliert. Für die Mitarbeiterentwicklung gibt es standardisierte Programme und (eingeschränkt) Auswahlkriterien, wer daran teilnehmen darf – häufig ist jeder an der Reihe, der lange genug gewartet hat.	Im Kern Loyal

Fragestellung	Analyse-Ergebnisse	Einschätzung der Graves-Ebene
Wie ist der Kommunikationsstil? Welche Argumentationsweisen sind ausgeprägt?	Kommunikation erfolgt im geregelten Rahmen – top-down. Es gibt teils sehr gut gestaltete Medien, um die Mitarbeiter gezielt zu informieren. Die Argumentation orientiert sich an den definierten Regeln und dokumentierten Verfahren. Kommt eine Person damit nicht weiter, hilft es ihr häufig, sich auf eine hochrangige Person zu berufen „Ich handle auf Anweisung von Frau X." oder „Herr Y möchte das so haben."	Im Kern Loyal
Wie ist die Wertschöpfungstiefe des Unternehmens? Wie sind „Externe" an das Unternehmen angebunden? Wie stark ist die Integration?	In vielen Versicherungen sind einzelne Leistungen extern vergeben, z. B. die Druckerei. Auch sind große Teile der IT schon lange ausgegründet, wobei die IT teilweise noch im Unternehmensverbund verblieben ist, d.h. als IT-Tochter (Captive) etabliert ist. Teilweise ist die IT aber auch an externe Provider vergeben. Die Industrialisierung schreitet immer weiter voran, und in zahlreichen Versicherungen werden weitere Funktionen ausgelagert. Die Qualität der Anbindung von Firmen, an die Services ausgelagert wurden, ist unterschiedlich gut und häufig von Kontrolle geprägt. Oft finden wir unsaubere und komplexe Schnittstellen sowie unklare Verantwortlichkeiten. Abteilungen in der Versicherung möchten nicht die Prozessverantwortung abgeben, und schreiben dem Dienstleister exakt vor, was wie zu tun ist. Dadurch fällt es dem Dienstleister schwer, Optimierungen zu erzielen. Der Wunsch in der Versicherung zur Steuerung des „Lieferanten" oder der „Fremdfirma" ist sehr hoch. Makler werden stark umworben, es herrscht das Verständnis, dass man sie braucht. Allerdings sind sie für die Versicherung nicht – wie andere Dienstleister – steuerbar. Die Anbindung funktioniert mehr oder weniger gut, an vielen Ecken und Enden knirscht es. Die Güte der Integration ist zudem sehr stark vom jeweiligen Maklerbetreuer und der Serviceorientierung des Back Office abhängig.	Wo die Integration Dritter gut funktioniert finden sich Ansätze zur Erfolgsorientierung. Teile, die durch Kontrolle geprägt sind, sind eher Loyal
Wie ist die Organisationsstruktur? Nach welchen Prinzipien ist sie ausgestaltet?	Versicherungsunternehmen beginnen ihre Spartenstruktur aufzulösen und entwickeln sich langsam hin zu stärker prozessorientierten Strukturen. So werden beispielsweise zentrale First- und Second-Level-Service Einheiten geschaffen, genauso wie Shared Service Center. Große Teile der Versicherungen sind aber noch streng hierarchisch aufgebaut. Die Struktur orientiert sich größtenteils an den Funktionen, nicht an Prozessen.	Struktur entwickelt sich hin zur Erfolgsorientierung

Fragestellung	Analyse-Ergebnisse	Einschätzung der Graves-Ebene
Welche Prozesse liegen in welchem Reifegrad vor? Wie transparent sind die Unternehmenszahlen?	Versicherungsgesellschaften haben in der Regel sehr gut beschriebene Verfahren, beispielsweise für das Risikomanagement, das Schadensmanagement oder die Policierung. In der Prozessbeschreibung und Optimierung tun sich viele noch schwer. Ausnahme sind hier z. B. neu eingeführte Service-Prozesse (First- und Second-Level-Service). Kennzahlen liegen häufig sehr detailliert vor (ausgenommen die Prozesskennzahlen). Wir beobachten allerdings, dass oftmals eine Steuerung anhand von Kennzahlen nicht effektiv erfolgt. Dies liegt zum großen Teil daran, dass es a) zu viele b) nicht die richtigen sind und, dass sie c) nicht aggregiert und in den Zusammenhang gebracht werden können.	Die Prozesse und Kennzahlen sind meist noch loyal. Schritte in die Erfolgsorientierung zeigen sich, wo Prozesse und Kennzahlen gut greifbar und steuerbar sind.
Wie ist die monetäre Entlohnung ausgestaltet? Wie sind die Belohnungssysteme ausgestaltet?	In der breiten Schicht der operativen Mitarbeiter gibt es keine variablen Gehaltsanteile. Für Führungskräfte gibt es in der Regel einen kleinen variablen Gehaltsanteil. Abhängig vom Versicherungsunternehmen, und davon, wie weit es schon den Weg in Richtung Erfolgsorientierung gegangen ist, werden dem Top-Management hohe Boni bezahlt.	Die Tools sind grundsätzlich loyal. Je mehr Bonus-Modelle tatsächlich die Unternehmensentwicklung unterstützen, desto weiter ist die Erfolgsorientierung.
Wie ist die IT-Ausstattung des Unternehmens? Wie gut werden die einzelnen Prozesse mit IT unterstützt? Wie innovativ ist die IT des Unternehmens?	Die IT-Ausstattung in Versicherungsunternehmen beobachten wir als sehr vielseitig und leidlich integriert. Es existieren vielfach „alte" Systeme (Legacy), die seit Jahren nicht vollständig ersetzt sondern fortwährend ergänzt wurden. Aufgrund der „historischen Entstehung" gibt es auch häufig parallele Systeme mit ähnlichen oder sich überschneidenden Funktionalitäten. Die Systeme sind oft geschäftsobjekt- und nicht prozessbezogen gestaltet. Ausgeprägtes Spezialistenwissen über Systeme führt zu einer dezidierten Zuordnung von Mitarbeitern oder ganzen Teams zu Systemen für Weiterentwicklung und Betrieb. Häufig finden wir wenig übergreifendes Wissen über die gesamte IT-Landschaft, auch die Architekturkompetenz ist oft schwach ausgeprägt. Dies macht die Gestaltung oder Einbindung von Vertriebssystemen schwierig, die häufig als vollkommen autarke Systeme mit viel redundanter Funktionalität entstehen.	Die IT ist loyal aufgestellt.

Ziel ist es, konkrete Anhaltspunkte zu erhalten, wo sich die Organisation bezüglich ihrer Gestaltungselemente befindet. Eine vollständige Analyse der einzelnen Aspekte ist weder erforderlich noch Ziel führend.

Diese Analyse liefert, abgeleitet aus der Betrachtung der organisatorischen Gestaltungselemente, einen Eindruck bezüglich der Erfüllung der folgenden Veränderungs-Voraussetzungen: *souveräne Lösungen* und *Potenzial*. Belastbare Erkenntnisse zum *Umgang mit Hindernissen* und zur *Integration von Gelerntem* sind meist erst im Lauf der Zusammenarbeit mit einer Organisation zu gewinnen. Aus diesem Grund sollte die Abarbeitung der Themenliste von Zeit zu Zeit wiederholt werden.

1.4 Analyse der Veränderungsbereitschaft

Hier suchen wir beispielsweise in Interviews mit Schlüsselpersonen Antworten zum Status der Veränderungsbereitschaft im Unternehmen. Entsprechend der erforderlichen Voraussetzungen der Dimension *Wollen* werden gezielt die folgenden Punkte untersucht:

- *Offenheit* für die Notwendigkeit von Veränderungen und eines Veränderungsprozesses,

- *Dissonanz* und Unbehaglichkeit in der aktuellen Stufe des Graves-Value-Systems beziehungsweise in der gegebenen Situation,

- *Einsicht* in die Vorteile der Veränderung, den durch die Veränderung erreichbaren Nutzen und den bevorstehenden Veränderungsprozess.

Hierzu ist eine Einschätzung der aktuellen Stimmungslage im Unternehmen erforderlich. Es geht darum zu beurteilen, inwieweit der Veränderungsdruck schon erlebt wird und die kommenden Anstrengungen antizipiert werden. Hilfreich ist die Frage, welche Veränderungen Mitarbeiter in der letzten Zeit festgestellt haben, wie sie diese Veränderungen empfinden und wie sie darauf reagieren.

Natürlich gibt es eine ganze Reihe von Möglichkeiten, hier konkrete Messinstrumente anzusetzen. Beispielsweise lassen steigende Fehlzeiten, höhere Fehlerraten und eine sinkende Arbeitsproduktivität auf Dissonanz schließen. Das Nicht-Einhalten von Verpflichtungen gegenüber Kunden, also z. B. Liefertermine oder Service-Level-Agreements, lässt ähnliche Schlüsse zu.

Weniger gut nachvollziehbar sind *Offenheit* und *Einsicht*. Natürlich gibt es die Möglichkeit, hier systematische Befragungen einzusetzen. Die Bewertung der entsprechenden Fragen lässt definitiv valide Schlussfolgerungen zu – allerdings geht das nur im Abstand mehrerer Monate, um die Instrumente nicht abzunutzen und die Bereitschaft der Mitarbeiter zur Mitwirkung zu erhalten.

Gleich welchen Weg Sie wählen: In der Veränderungspraxis ist es wichtig, die aktuelle Situation möglichst gut zu verstehen. Welche „Krankheiten", Probleme, Sorgen oder Nöte gibt es? Dabei sind nicht nur rationale Aspekte zu berücksichtigen, sondern vor allem die emotionalen Faktoren, die oft nicht offen artikuliert werden. In Einzelgesprächen oder Gruppenworkshops lässt sich mit Interviewtechniken und Workshopmethoden an den emotionalen Beweggründen oder Hinderungsgründen arbeiten. Empathie und Flexibilität des Durchführenden sind hier Schlüsselqualifikationen, um Offenheit und Direktheit zu erzielen.

1.5   Messinstrumente

Die Betrachtung der vielfältigen Messinstrumente haben wir ganz bewusst an das Ende gelegt. Im Vordergrund steht das Verstehen und Bewerten der Situation, gemeinsam mit Unternehmensleitung und Mitarbeitern, nicht der möglichst präzise Einsatz von Werkzeugen. Diese sind natürlich hilfreich – sie sind jedoch nur Hilfsmittel, die im Kontext der Veränderungsarbeit richtig eingebunden sein müssen. Andernfalls entsteht die Illusion, mit technischen Mitteln und situativen Maßnahmen eine Veränderung bewirken zu können.

Hilfreich sind Messinstrumente in folgender Weise:

- „If you can't measure it, you can't manage it." Diese Aussage wird dem Management-Autor Peter F. Drucker zugeschrieben. Und viele Manager folgen diesem Ansatz – der Einsatz von Messinstrumenten hilft also in puncto Glaubwürdigkeit und Vermittelbarkeit.

- Vielfach schaffen die Ergebnisse Grundlagen für das bessere Verständnis über die Hintergründe. Die objektivierende Wirkung von Messungen ist unverkennbar, auch wenn viele Zusammenhänge und Wirkungen natürlich nicht mit Stichpunkt-bezogenen Messungen erkannt werden können.

- Messungen und insbesondere die Transparenz der Ergebnisse für sich können bereits eine verändernde Wirkung haben. Werden beispielsweise Service-Qualität oder Kundenzufriedenheit regelmäßig transparent, handeln die Menschen in einem anderen Bewusstsein.

Wir nutzen Instrumente, mit denen die Affinität einer Organisation zu den einzelnen Ebenen des Graves-Value-Systems bestimmt wird. Diese werden von einer Reihe von Mitarbeitern und Führungskräften ausgefüllt. Meistens liefert die Auswertung ein sehr homogenes Bild und gibt einen klaren Eindruck, zu welcher Ebene die Organisation gehört.

Weiterhin hilfreich sind Werkzeuge, die Messungen von kulturellen Indikatoren bzw. Verhalten zulassen. Beispielsweise werden beobachtete oder angestrebte *Verhaltensstile* in einer Gruppe abgefragt und dann klassifiziert. Die Klassifizierung erfolgt nach aggressiv-defensivem Verhaltensstil, passiv-defensivem oder auch konstruktivem Verhalten. Es lässt sich sagen, dass Arbeit an und mit den konstruktiven Stilen stark in der Vorbereitung der Transformation von loyaler zu erfolgsorientierter Welt anzuwenden ist. Die aggressivdefensiven Stile erscheinen überwiegend in der Einzelkämpfer-Welt, finden sich aber auch im Loyalen System. Passiv-defensive Stile sind Indikatoren für die Stammeswelt (Familienunternehmen), die Einzelkämpfer und auch die Loyalen.

Der Nutzen dieses Instruments liegt neben der Standortbestimmung in der Möglichkeit zur Identifikation konkreter Handlungsfelder, ausgehend von den beobachteten Verhaltensweisen. Allerdings liegt genau hier auch schon die Grenze der Möglichkeiten: Warum ein entsprechendes Verhalten gezeigt wird, ergibt sich aus der Ebene des Graves-Value-Systems und den darin enthaltenen Werten, die sich in den Denk- und Verhaltensweisen zeigen. Verhaltenstraining ändert daran wenig. Die durch solche Trainings geschaffene Transparenz über Verhalten und alternative Verhaltensstile leistet allerdings Beiträge für Dissonanz und Einsicht.

Attraktiv sind Werkzeuge, die den Stellenwert konkreter Werte in Bezug auf eine Organisation messen. Diese werden üblicherweise in der Veränderungsarbeit mit dem Management eingesetzt und ermöglichen eine Einordnung von persönlichen Werten im Verhältnis zu den aktuellen bzw. den gewünschten Werten einer Organisation. Auch hier ist eine Ableitung von Handlungsfeldern leicht möglich, die Messung unterstützt also die Vorbereitung der Veränderungsmaßnahmen. Eine regelmäßige Wiederholung schafft entsprechende Greifbarkeit für die im Veränderungsprozess Beteiligten.

Eine starke Wirkung in der individuellen Sphäre haben wertebasierte psychometrische Verfahren. Diese ermöglichen mit sehr wenig Aufwand, z. B. in einem knappen web-basierten Fragebogen, zu ermitteln, in wie weit ein einzelner Mitarbeiter die aus seiner Persönlichkeitsstruktur gegebenen Möglichkeiten nutzt und wie motiviert er zu Veränderungen ist. Dies lässt sich im individuellen Coaching einsetzen, ermöglicht aber auch einen Überblick über die Verfassung und Potenzialnutzung eines Teams oder eines Unternehmensteils.

Im Folgenden werden wir an einzelnen Stellen Querverweise auf den Einsatz von Messinstrumenten geben, dort wo es uns aus der Erfahrung heraus besonders hervorhebenswert zu sein scheint. Als nächstes wollen wir darauf eingehen, wie das Ziel für eine Veränderung bestimmt, also die für das Unternehmen angestrebte Innovation umrissen wird.

2. Innovation planen – das Veränderungsziel definieren

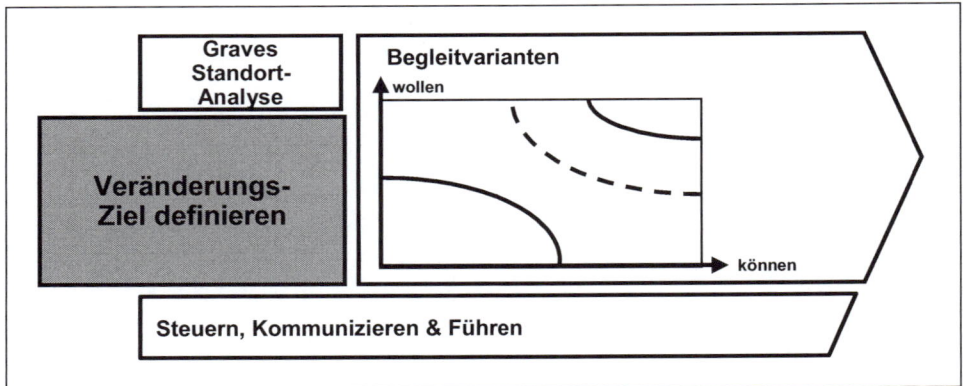

Quelle: Eigene Darstellung
Abbildung 23: *Veränderungsziel definieren*

Es ist eine anspruchsvolle Aufgabe, ein konkretes und realistisches Ziel für eine Veränderung zu entwickeln, bei den Entscheidern zu verankern und dann in die Umsetzung zu bringen. Dabei spielt eine Reihe von Faktoren zusammen, z. B.:

- Ergebnis der Analyse über die derzeitige Ebene der Organisation, Potenzial, souveräne Lösungen sowie Veränderungsbereitschaft

- Organisatorische Gestaltungselemente – ausgehend von Ist- und Ziel-Ebene sowie von inhaltlichen Gegebenheiten

- Geschäfts-Zweck und Alleinstellungsmerkmale des Unternehmens

- Markt und Umfeld

- Mögliche Ziel-Ebenen im Graves-Value-System

- Konkrete und gut erreichbare Teil- bzw. Zwischenziele

- Kontexte für die Veränderungsarbeit, also Management-Team, konkrete Organisationseinheiten etc.

- Die Beteiligung am Prozess – vom Management bis hin zu Meinungsbildnern in der Organisation

- Veränderungsvorhaben und Großprojekte, die laufen oder in jüngerer Zeit durchgeführt wurden

Für die Sicht auf das eigentliche Veränderungsziel bedeutet dies zunächst die folgenden Dimensionen zu betrachten:

■ Die Kontexte der Veränderung

■ Die zu Unternehmenszweck, Alleinstellungsmerkmalen, Markt und Umfeld passenden Ziel-Ebenen im Graves-Value-System

■ Organisatorische Gestaltungselemente, entsprechend der jeweiligen Ziel-Ebenen

■ Sinnvolle und gut beschreibbare Zwischenziele

Die gezielte und organisierte Bearbeitung dieser Bereiche stellt dabei häufig schon einen Teil des Beteiligungskonzeptes dar. Hier bewegt man sich notwendigerweise in den unterschiedlichen Kontexten der Veränderung – zu deren Betrachtung ist das Wesentliche in 1.1 bereits gesagt. Daher wenden wir uns hier jetzt der Auswahl der jeweils passenden Ziel-Ebene im Graves-Value-System zu.

2.1   Geschäftszweck, Markt und Umfeld

Die betrachtete Organisation hat stets einen Zweck, sie soll zum Beispiel Büro-Dienstleistungen in einem konkreten Markt erbringen. Ganz abstrakt gesehen, ist dies auf den verschiedensten Ebenen des Graves-Value-Systems möglich. Dies beginnt beim Familienunternehmen am Ort (z. B. einem kleinen Schreibbüro und Büroservice). Ebenso gibt es Einzelkämpfer-Organisationen, die sich auch gegenseitig heftig Konkurrenz machen. Möglich ist auch eine zumeist große, loyale Organisation (Verwaltungs-Apparat), es kann aber ebenso ein gut durchorganisierter Bürodienstleister oder ein Shared-Service-Center mit zahlreichen Standorten und standardisierten Produkten sein.

Es wird deutlich, dass Geschäftszweck und Umfeld auf eine passende Graves-Ebene hinweisen. Von großer Bedeutung ist auch der Markt – handelt es sich z. B. um einen reifen und sehr anspruchsvollen Markt, dann mag es wenig hilfreich sein, eine loyale oder eine Einzelkämpfer-Organisation anzustreben. Gleichzeitig setzt das Umfeld Maßstäbe: Eine bürokratische Konzern-Mutter wird sich schwer tun mit einem schlanken, prozessorientierten Tochterunternehmen. Der Weg zu mancher sinnvollen Veränderung mag dadurch erst einmal verstellt sein.

Häufig entsteht schnell eine Idee, welche Ziel-Ebene die passende ist. Die Unternehmenslenker haben zumeist auch eine Idee, was „gerade dran" ist. Dann konzipiert man im ersten Schritt grob die Prinzipien, nach denen eine Zielorganisation gestaltet sein müsste, um die mit der Themenstellung verbundenen Geschäftsziele zu erreichen. Diese Gestaltungsprinzipien basieren auf den erforderlichen Fähigkeiten und Denk- und Verhaltensweisen der Organisation und umfassen die passenden Werte, Organisationsstrukturen und Prozesse sowie Tools.

Mit der Festlegung der grundsätzlichen Gestaltungsprinzipien geht einher, auf welcher Ebene des Graves-Value-Systems sich das Unternehmen im Zielzustand befinden sollte – die Zielebene wird somit eindeutig festgelegt.

Beispiel: Festlegung der Zielebene für Outsourcing

Möchte ein Unternehmen ganze Geschäftsprozesse oder auch Teile davon an ein anderes Unternehmen auslagern (Outsourcing), sollte es über Prozesse und Strukturen verfügen, die zur Steuerung eines externen Partners notwendig sind. Die betroffenen und die daran direkt gekoppelten Prozesse müssen einen hohen Reifegrad aufweisen. Die Struktur sollte an den zentralen Prozessen ausgerichtet sein, um die Zahl der Schnittstellen zu minimieren. Auch die Werte und die Kultur der Organisation werden an die Zusammenarbeit mit einem anderen Unternehmen auf gleicher Augenhöhe angepasst.

Diesen Prinzipien zufolge müssen sich die betroffenen Teile des Unternehmens mindestens auf der Ebene Erfolgssucher befinden. Im loyalen Unternehmen ist die Reife der Prozesse noch nicht weit genug fortgeschritten, zudem passt die hierarchische und abgrenzende Denk- und Verhaltensweise des loyalen Systems nicht zu einer partnerschaftlichen Zusammenarbeit. Im loyalen Unternehmen würde der Outsourcer lediglich als Lieferant oder als Fremdfirma gesehen. Im Einzelkämpfer-Unternehmen ist die Situation noch drastischer: Hier lassen sich noch nicht einmal die Verantwortlichkeiten klar trennen. Zudem wäre hier der Outsourcer ein „Feind", den es zu bekämpfen gilt.

Natürlich ist es erforderlich, dass sich die betroffenen Mitarbeiter sowie insbesondere die Führungskräfte und Schlüsselpersonen mit einer solchen Initiative identifizieren können. Auch dies ist erst ab der Ebene Erfolgssucher der Fall. Mitarbeiter auf der loyalen Ebene haben ein sehr hohes Sicherheitsbedürfnis und sind zudem ihrem Unternehmen in einem hohen Maße verbunden. Die Auslagerung von Prozessen an ein anderes Unternehmen (mit Mitarbeiterübergang) wird von den Angestellten als schlimmer Verrat des Managements an den Mitarbeitern gesehen. Mitarbeiter mit loyaler Wertestruktur, die zum anderen Unternehmen wechseln sollen, kämpfen mit aller Kraft darum, in ihrem Unternehmen bleiben zu dürfen, und sehen nicht die Chancen, die ihnen ein neues Unternehmen bieten kann. Sie blockieren innerlich und tun alles Erdenkliche, um das Outsourcing zu boykottieren.

Zur Entwicklung des Ziels kann es hilfreich sein, mit Szenarien zu arbeiten. Variantenvielfalt schärft den Blick für unterschiedliche Zielzustände. Konkret kann zum Beispiel die Frage gestellt werden, ob die Auslagerung einzelner Teilfunktionen auch in einer loyalen Kultur gestaltet werden kann. Die Alternative eines Outsourcings ganzer Prozessketten kann dann ein zweiter Schritt sein, sobald die Organisation reif ist für die Erfolgsorientierung im Sinne des Graves-Value-Systems.

So können Vor- und Nachteile sowie Auswirkungen der jeweiligen, alternativen Zielzustände betrachtet, analysiert und bewertet werden. Grundsätzlich kann die Veränderungsarbeit in unterschiedliche Richtungen wirken:

- Veränderung innerhalb der bestehenden oder zurück in eine frühere Ebene

- Veränderung in die jeweils nächste Ebene

Die Veränderung innerhalb der bestehenden Ebene oder zurück in eine frühere Ebene

Auch wenn die aktuelle Ebene des Unternehmens zur Zielsetzung des Vorhabens bereits passt, ist zu beachten, dass sich durch jedes Projekt Veränderungen im Unternehmen ergeben. Es geht zum Beispiel darum, neue Produktionsverfahren einzuführen, neue Produkte oder Dienstleistungen anzubieten, Standorte zu eröffnen oder zu schließen, Einsparungen zu erzielen oder Durchlaufzeiten zu verkürzen.

Bei jeder größeren Veränderung ist mit Irritation, Unruhe und Widerstand zu rechnen. Es werden sich immer Teile der Organisation gegen Neuerungen wehren. Abhängig von Größe und Umfang der Veränderung, aber auch von der Historie des Unternehmens kann dies erheblich variieren. Es ist also in jedem Falle wichtig, die Veränderung gut zu planen.

Leitgedanken für die inhaltliche Planung können dabei sein:

- Für neue oder veränderte Aufgabenstellungen souveräne Lösungen schaffen bzw. wiederherstellen und das entsprechende Wissen schaffen

- Das Potenzial für die Aufgaben ins Unternehmen holen bzw. aus eigener Kraft aufbauen sowie Neues lernen und integrieren

- Die Organisation in die Lage versetzen, mit neuen Hindernissen und Problemen umzugehen und entsprechende Lösungen wiederholt einsetzen zu können

Es wird also vornehmlich entlang der *Können*-Betrachtungsweise geplant. Dies ist anschließend gegen die Veränderungsbereitschaft zu verproben – geeignete Maßnahmen für ein Veränderungsprogramm lassen sich dann daraus entwickeln.

Ist ein Unternehmen – aus welchem Grund auch immer – in eine Krise geraten, herrschen Chaos und Aktionismus. Hier gilt es zunächst, das Unternehmen zu stabilisieren. Eine Stabilisierung erfolgt optimalerweise auf der aktuellen Ebene des Systems. Unter Umständen kann es jedoch auch sinnvoll sein, das Unternehmen gezielt zurück in eine frühere Ebene des Graves-Value-Systems zu führen. Dies kann auch der Fall sein, wenn sich der Markt fundamental verändert hat, also z. B. in einem reifen Anbietermarkt Verknappungen einsetzen und die Geschwindigkeit der Transaktionen steigt. Dann könnte z. B. ein loyales Unternehmen gezielt in einzelkämpferische, lokal aufgestellte Einheiten zerlegt werden.

Veränderung in die jeweils nächste Ebene

Die Entwicklung eines Unternehmens in die nächste Ebene des Graves-Value-Systems ist sicherlich die größte Herausforderung der Veränderungsarbeit. Diese Art der Veränderung kann dann erfolgen, wenn das Unternehmen auf der aktuellen Ebene stabil und leistungsfähig ist. So erfolgt die „echte" Veränderungsarbeit häufig erst nach einer Entwicklungsphase innerhalb der aktuellen Ebene.

Grundbedingung für ein Vorhaben zur Veränderung in die nächste Ebene des Graves-Value-Systems ist zudem, dass die Organisation oder wenigstens Teile aufgrund des *unternehmerischen Ziels* oder *gravierend veränderter Marktbedingungen* grundlegend umzugestalten sind. Dies liefert einen vermittelbaren Kontext für das Vorhaben, aus dem sich Veränderungsmaßnahmen und eine Kommunikation entwickeln lassen.

Beispiele aus der Praxis für typische unternehmerische Absichten gibt es viele: Etablierung neuer Geschäftsmodelle, Erschließung neuer Märkte, Übernahme eines Konkurrenten, Wachstum durch Zukäufe oder auch Privatisierung staatlicher Einrichtungen.

Wir haben im Kapitel „Entwicklungsstufen in Unternehmen" eingehend beschrieben, nach welchen grundsätzlichen Gestaltungsprinzipien ein Unternehmen einer bestimmten Graves-Ebene organisiert ist. So sind für die Ebenen jeweils spezifische Strukturen, Prozesse und die weiteren Gestaltungselemente typisch. Entsprechend ist der Zielzustand zu skizzieren.

2.2   Gestaltungselemente festlegen

Es ist maßgebliche Aufgabe der Veränderungsarbeit, die Voraussetzungen für Veränderungen zu schaffen und parallel dazu die neu entstehende Organisation zu gestalten. Das heißt, dass die Erarbeitung eines konsistenten Szenarios an Gestaltungselementen wesentlicher und konkreter Teil der Begleitung ist.

Unternehmen können dabei – wie schon ausgeführt – nicht alle über einen Kamm geschoren und nach einem Patentrezept gestaltet werden. Ein Produktionsunternehmen auf der Ebene Erfolgssucher sieht natürlich anders aus als ein Dienstleistungsunternehmen auf derselben Ebene. Selbst Unternehmen mit ähnlichen Geschäftsmodellen auf der gleichen Ebene des Graves-Value-Systems unterscheiden sich deutlich voneinander. Essenziell ist, dass die grundsätzlichen Gestaltungsprinzipien der Zielebene den Rahmen für die individuelle Ausgestaltung vorgeben. Eine grundsätzliche, abstrakte Analogie ist durch das Graves-Value-System also vorhanden.

Die Gestaltungselemente geben vor, wie das Unternehmen nach der Veränderungsarbeit aussehen soll. Sie beschreiben die Werte und die Kultur, die Zielstrukturen, die Zielprozesse und Tools mit erforderlichem Reifegrad. Die sichtbaren Gestaltungselemente sind auf den ersten

Blick relativ einfach zu greifen. Sind sie in sich stimmig, auch mit den weniger sichtbaren Teilen, wirken sie wie ein Hologramm: Sie spiegeln sich in allen Teilen der Organisationsgestaltung wider.

Diese neuen Strukturen, Prozesse und Tools funktionieren jedoch nur dann, wenn die Organisation sie auch begreifen kann – und über die erforderlichen Fähigkeiten verfügt, um sie auch umzusetzen. Und was noch wesentlicher ist: Die Organisation muss die neuen Strukturen, Prozesse und Regeln auch leben wollen. Dafür muss das Unternehmen auch seine ungeschriebenen Regeln und seine Umgangsformen, also die Unternehmenskultur, an die Zielebene im Sinne des Graves-Value-Systems anpassen.

Es wird also neben der neuen Struktur, den neuen Prozessen und den neuen Tools auch festgelegt, welche Werte in der Organisation künftig im Vordergrund stehen sollen und welche Fähigkeiten benötigt werden. Die Gestaltungselemente geben damit ein konkretes Zielbild der Organisation für die Veränderungsarbeit vor. So zielt eine Vielzahl der Maßnahmen des Veränderungsprozesses daraufhin, diese in der Organisation zu erproben, zu validieren und zu etablieren. Die Organisation erlernt so zum einen die erforderlichen Fähigkeiten, zum anderen stellen sich durch die Maßnahmen nach und nach Veränderungen im Kern, den Werten, der Kultur ein. Die Validierung der Gestaltungselemente führt zudem zu einer ständigen Verfeinerung und gegebenenfalls auch zu einer Anpassung. Funktionieren bestimmte Dinge in einer konkreten Organisation nicht, dann müssen die Gestaltungselemente innerhalb der grundsätzlichen Gestaltungsprinzipien der jeweiligen Graves-Ebene angepasst werden.

Im Folgenden gehen wir darauf ein, wann und in welchem Umfang gewünschte Gestaltungselemente eingeführt werden können.

2.3   Erreichbare Ziele – Realismus in der Planung

Zunächst noch einmal der entscheidende Hinweis: Die Ebenen bauen hierarchisch aufeinander auf. Ebenen können nicht übersprungen werden. Wird beim Abgleich der Zielebene und der Standortanalyse klar, dass eine Veränderung über mehrere Ebenen passend wäre, ist zu akzeptieren, dass das gesteckte Ziel zunächst einmal zu ehrgeizig ist und in einem Schritt nicht erreicht werden kann. In diesem Fall gilt es, sinnvolle Zwischenlösungen zu finden und umzusetzen und neue Zeitrahmen zu planen.

In der Zielformulierung sollten zudem die Rahmenbedingungen und Prämissen festgehalten werden. Diese werden während der Veränderungsarbeit regelmäßig mit der aktuellen Situation abgeglichen. Veränderungen in Rahmenbedingungen und Prämissen führen selbstverständlich zu Anpassungen an den geplanten Maßnahmen, gegebenenfalls ist auch das Ziel an sich zu revidieren.

2.4   Arbeiten mit Entscheidern – der Entscheiderprozess

Wir haben bereits angesprochen, dass der Kontext der Veränderung eine zentrale Rolle spielt. Häufig stellt sich die Aufgabe, das Management bzw. das direkte Umfeld des Unternehmers als Gegenstand der Veränderungsarbeit zu verstehen und einen entsprechenden Prozess aufzusetzen. Wir nennen diesen den *Entscheiderprozess*. Er folgt dem bereits genannten Paradigma „von innen nach außen."

Wenn das Management die Veränderung einhellig trägt und vorantreibt, dann hat dies gewaltige Wirkungen auf das gesamte Unternehmen. Es gilt also, sehr kritisch zu prüfen, ob eine klare Positionierung des Managements schon gegeben ist oder erst erreicht werden muss. Unsere Erfahrung ist, dass das Management zwar häufig eine Vision der Veränderung hat, diese aber noch geschärft werden muss. Oder das Management hat unterschiedliche Vorstellungen von anstehenden Veränderungen. Häufig wird unterschätzt, welche Bedeutung der Entscheiderprozess hat und welchen Aufwand er benötigt.

Die Gestaltung des Entscheiderprozesses erfolgt zusammen mit dem Auftraggeber des Veränderungsvorhabens – zumeist ist dies der Top-Manager oder Unternehmer selbst. Üblicherweise gibt man diesem die Möglichkeit, zunächst die gesamte Sequenz von Analyse über Zieldefinition bis zur groben Ausgestaltung selbst zu durchlaufen. Der Entscheider wird dann ein entsprechendes Bild und eine eigene Zielvorstellung haben. Ebenso werden sich Schwerpunkte und potenzielle Hindernisse bereits abzeichnen.

Im Anschluss daran wird ein Arbeitsprozess mit dem Management definiert. Dieser besteht aus:

▦ Interviews bzw. Briefings, individuell für alle Beteiligten. Das „Abholen" und Integrieren aller in den gemeinsamen Prozess steht dabei im Vordergrund.

▦ Gemeinsame Workshops unter Mitwirkung aller Beteiligten. Dies ist zentral für Akzeptanz und Wirksamkeit.

▦ Arbeit an Analyse, Zieldefinition und Fragen der Ausgestaltung, dabei vielfach Bildung von Szenarien. Diese Arbeit erfolgt mit den Beteiligten, das genaue Modell variiert je nach Unternehmen und Aufgabenstellung.

▦ Vertiefungen in Bezug auf Strategie, Marktpositionierung, zentrale inhaltliche Fragen. Dies führt Veränderungsvorhaben, Unternehmenszweck und unternehmerische Absicht zusammen.

▦ Individuelle Ziel- und Auftragsklärungen. Dies kann neben dem professionellen Bereich und einer gegebenenfalls vollständig veränderten Rolle auch den persönlichen Bereich betreffen. Hier finden sich bedeutende Coaching-Elemente.

■ Weitere Workshops, für Zwischenergebnisse und Zusammenführung zu einem Gesamtergebnis. Auch hier stehen wieder Akzeptanz und Wirksamkeit im Vordergrund.

Danach schließt sich die Arbeit in den weiteren Kontexten der Veränderung in der Organisation an. Das nachfolgend zu den Begleitvarianten Beschriebene findet sich in allen Kontexten wieder. Es gilt also sowohl für die Arbeit im Management als auch für die Veränderung der Gesamtorganisation. Wir sprechen dabei von der Begleitung der Veränderung, gliedern dies in grundsätzliche Varianten des Vorgehens und beschreiben dann die Gestaltung von Veränderungs-Initiativen und deren Umsetzungsvorbereitung.

3. Begleitvarianten

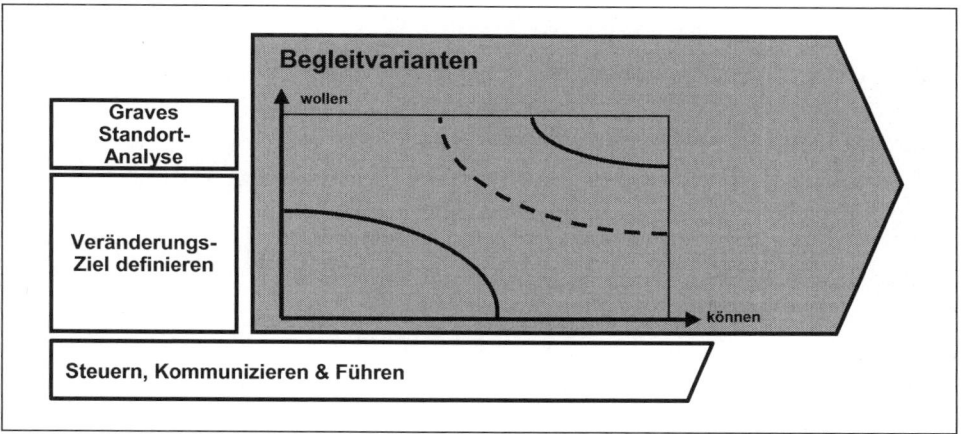

Quelle: Eigene Darstellung
Abbildung 24: Begleitvarianten

Die konkrete Veränderungsarbeit besteht in der Definition und Umsetzung von Maßnahmen, um einerseits die Voraussetzungen von *Können* und *Wollen* zu schaffen und andererseits die in der Zieldefinition grob konzipierten *Gestaltungselemente* zu schärfen, zu proben und letztlich zu implementieren. Die erforderlichen Initiativen und Maßnahmen werden natürlich in Abhängigkeit vom Erfüllungsgrad der Voraussetzungen sowie dem Veränderungsziel gestaltet bzw. ausgewählt. Die Begleitung im Veränderungsprozess lässt sich in vier wesentliche Begleitvarianten gliedern, die aufeinander aufbauen. Sie können iterativ oder auch isoliert voneinander umgesetzt werden – immer unter der Prämisse, dass die Voraussetzungen für Veränderungen im erforderlichen Umfang gegeben sind.

■ Optimieren und Stabilisieren

Herrschen in einem Unternehmen Angst und Chaos und beherrscht es seinen Geschäftszweck nur noch mehr schlecht als recht, dann hat es keine Lösungen für viele Aufgabenstellungen auf der aktuellen Ebene im Graves-Value-System. In solchem Zusammenhang
wird die Begleitvariante „Optimieren und Stabilisieren" angewandt. Dies ist unabhängig
davon, ob die Veränderung später auf der aktuellen Ebene oder in die jeweils nächste Ebene stattfinden soll. Die Stabilisierung findet auf der aktuellen Ebene, in Einzelfällen sogar
auf einer niedrigeren Ebene statt.

Das *Optimieren und Stabilisieren* hilft dem Unternehmen, wieder in sich stimmig zu werden, so dass Fähigkeiten, Werte und Gestaltungsprinzipien zusammenpassen. Somit kann
ein gutes Stück Druck aus dem Unternehmen genommen werden. Parallel sind Maßnahmen geboten, um generelle Offenheit für Veränderungen zu erzeugen. Als Ergebnis wird
ein gesundes Maß an Ruhe und Stabilität erzielt. Das Unternehmen hat wieder Lösungen
für die Probleme auf der aktuellen Ebene.

■ Stretch-Up

Soll die Veränderung in die jeweils nächste Ebene stattfinden und sind zumindest die Voraussetzungen „Lösungen auf der aktuellen Ebene" und „Offenheit für Veränderungen" erfüllt, ist das Unternehmen stabil- und erfüllt seinen Geschäftszweck angemessen gut,
kommt die Begleitvariante *Stretch-Up* zur Anwendung. Initiativen mit einer Menge geziel-
ter und zusammenhängender Maßnahmen helfen dem Unternehmen einerseits, Potenzial
aufzubauen, mit Hindernissen umzugehen und das Gelernte auch zu integrieren. Andererseits wird Einsicht erzeugt und die Dissonanz auf das richtige Maß gesteigert.

Im Stretch-Up werden die zuvor definierten Gestaltungselemente erprobt. Dabei werden
sie auch validiert, überarbeitet und verfeinert. Sind alle Voraussetzungen für die Veränderung erfüllt, werden die Gestaltungselemente schrittweise implementiert. So entsteht nach
und nach die Organisation mit ihrem neuen Gesicht.

■ Ausbruch inszenieren

Die Motivation für einen *Ausbruch* können Zeitrestriktionen und Einflüsse von außen sein.
Es kann sein, dass der Veränderungsprozess mittels *Stretch-Up* alleine nicht die gewünschten Ergebnisse bringt und das Unternehmen mitten in der Veränderung „steckenbleibt".
Dann entwickelt sich eine krisenhafte Situation. Das Unternehmen schafft es nicht, die
Veränderung vollständig zu durchlaufen, der Rückweg ist aber auch abgeschnitten, da
schon zu viel verändert wurde und entsprechender Druck innerhalb der Organisation oder
von außen herrscht. Die Organisation ist dann buchstäblich in der Krise gefangen. Die Gefahr eines Auseinanderbrechens des Unternehmens ist mitunter zum Greifen nah.

Um das Unternehmen aus der Krise zu führen, kann ein *Ausbruch* inszeniert werden. Hierbei müssen vom Management ganz gezielte und – abhängig von der aktuellen Ebene des
Graves-Value-Systems – sehr wuchtige Maßnahmen ergriffen werden. Man könnte sagen,
der Organisation wird mit viel Kraft und Geschmeidigkeit Schub verliehen. Gelingt dies,
sind die Gestaltungselemente in erhöhter Geschwindigkeit zu implementieren – ähnlich
einem Schalter, der „umgelegt wird". Das Unternehmen kommt aus der Blockade heraus

und schafft die Veränderung. Dies ist oft der Weg der Wahl, um das Veränderungsziel im Verlauf der Begleitung tatsächlich zu erreichen.

▨ Veränderung stabilisieren

Zum Abschluss der Veränderungsarbeit – insbesondere nach einem gelungenen *Ausbruch* – muss das Unternehmen in seiner neuen Form stabilisiert werden. Die Maßnahmen dieser Stabilisierung sind denen der ersten Begleitvariante *Optimieren und Stabilisieren* sehr ähnlich. Am wichtigsten ist hier, die Dissonanz aus der Organisation herauszunehmen. Die Mitarbeiter sollen sich in der neuen Organisation wohl fühlen, damit auch verbliebene Zweifler überzeugt werden können. Die neue Gestaltung der Organisation ist sicher an vielen Stellen noch nachzuschärfen. Auch gibt es für die Mitarbeiter noch vieles zu lernen. Neue Prozesse und Verfahren müssen sich noch etablieren und manche Rückschläge sind schnell aufzufangen.

Abbildung 25 gibt einen Überblick über die zum Einsatz kommenden Begleitvarianten in der Veränderungsarbeit. Wie oben bereits beschrieben, ist die Nutzbarkeit der Begleitvarianten stark abhängig von den bereits erfüllten Voraussetzungen. Diesem Umstand trägt die Darstellung Rechnung.

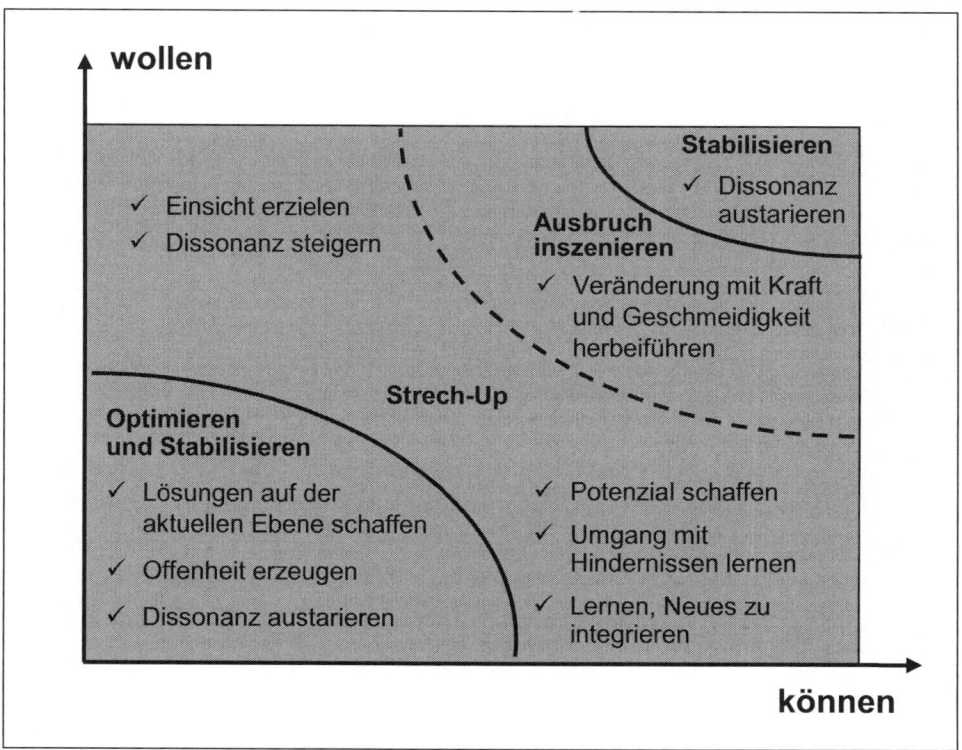

Quelle: Eigene Darstellung

Abbildung 25: *Begleitvarianten in Abhängigkeit zu den Voraussetzungen*

Verhaltensweisen bei Veränderungen

Bevor wir nun die Begleitvarianten im Einzelnen beschreiben, möchten wir die folgende Darstellung erläutern.

Sie beschäftigt sich mit der Offenheit für Veränderungen und daraus resultierenden Verhaltensweisen beziehungsweise Reaktionsmustern von Visionären bis hin zu aktiven Blockern. Zudem zeigt die Graphik, dass Offenheit für Veränderungen in Unternehmen nahezu einer statistischen Normalverteilung entspricht.

Es ist sinnvoll zu identifizieren, welche Schlüsselpersonen der betroffenen Organisation welcher Gruppe zuzuordnen sind. Dies gilt sowohl für die Arbeit im Kontext des Managements als auch für die Veränderung der Gesamtorganisation. So können im Veränderungsprozess die Maßnahmen geeignet gestaltet werden.

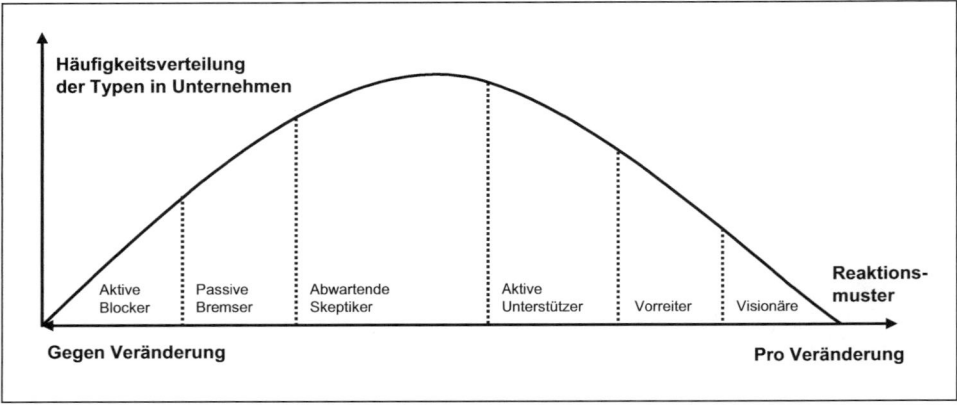

Quelle: In Anlehnung an Seminarunterlagen Stöger & Partner
Abbildung 26: *Verhalten bei Veränderung*

Die Reaktionsmuster

- Visionäre sind meist eine schwer greifbare Gruppe, die Veränderungen initiiert. Diese Gruppe ist jedoch recht unkritisch, da sie meist die gedanklichen Väter des Changes sind.

- Vorreiter sind leicht zu überzeugen und treiben Veränderungsvorhaben aktiv an. Der Begriff Vorreiter stammt ursprünglich aus den Zeiten der berittenen Armee. Die Vorreiter waren mutig und couragiert – doch auch erhöhter Gefahr ausgesetzt. In Veränderungsvorhaben sind sie oft die Treiber und gut für frühe Informationsverbreitung und Informationsveranstaltungen.

- Auch aktive Unterstützer lassen sich recht schnell von Veränderungsvorhaben überzeugen. Im Veränderungsprozess ist es hilfreich, die aktiven Unterstützer frühzeitig zu identifizieren und in den Prozess einzubinden. Diese Gruppe ist häufig recht groß und durch Engagement und Elan geprägt.

- Die wirklich kritische Masse ist die Gruppe der abwartenden Skeptiker. Diese Gruppe ist heterogen und von einer gesunden Art Skepsis gekennzeichnet. Abwartende Skeptiker trauen einem Veränderungsvorhaben zunächst nicht. Sie wägen mögliche Nachteile der Veränderung ab und sehen bisher lieb Gewonnenes und Gewohntes in Gefahr. In die Veränderungsarbeit mit dieser Gruppe ist besonders viel Energie zu stecken, um eine Motivation für die Veränderung zu erzeugen. Sind im Zuge des Veränderungsprozesses erst einmal die abwartenden Skeptiker überzeugt, ist die Schlacht schon halb gewonnen. Nun ist die große Masse der Mitarbeiter aktiv involviert.

- Oft unterschätzte Gruppen sind die passiven Bremser und aktiven Blocker. Diese Mitarbeiter besitzen nicht selten große Macht und haben zentrale Rollen inne. Andererseits ist ein häufig begangener Fehler in der Veränderungsarbeit, diesen Gruppen zu viel Aufmerksamkeit zu widmen und damit die abwartenden Skeptiker aus den Augen zu verlieren. Denn ist die Gruppe der Bremser und Blocker nicht zu groß und gelingt es, die Skeptiker zu gewinnen, wird der Veränderungsprozess gelingen. Das System wird nach geglückter und stabilisierter Veränderung die Gruppe der Bremser und Blocker entweder ausstoßen oder mit ihr leben können. Jedoch darf diese Gruppe nicht komplett ignoriert werden. Auch sie ist kontinuierlich in den Prozess einzubeziehen und insbesondere gut zu informieren. Es dürfen hier keine Grundlagenfehler begangen werden.

Nach diesem Blick auf die veränderungsrelevanten Verhaltensweisen von Mitarbeitern im Unternehmen werden wir im Folgenden die Begleitvarianten und zugehörige typische Maßnahmen beschreiben.

3.1   Begleitvariante Optimieren und Stabilisieren

Diese Begleitvariante kommt zur Anwendung, wenn das Unternehmen instabil ist und der Geschäftszweck nicht mehr zufrieden stellend erfüllt werden kann. Lösungen auf der aktuellen Ebene des Graves-Value-Systems sind verloren gegangen, die Masse der Mitarbeiter stehen jeder potenziellen Veränderung skeptisch bis blockierend gegenüber.

Die Analyse eines instabilen Unternehmens zeigt bezüglich der Voraussetzungen für Veränderungen zumeist das folgende Bild:

Voraussetzung	Status
Souveräne Lösungen auf der aktuellen Ebene	Nicht (mehr) vollständig erfüllt
Potenzial für Veränderungen	Nicht oder nur teilweise erfüllt (kann sehr unterschiedlich sein)
Umgang mit Hindernissen	Nicht oder nur teilweise erfüllt
Integration des Gelernten	Nicht oder nur teilweise erfüllt
Offenheit für die Notwendigkeit von Veränderungen	Nicht erfüllt. Die Mehrzahl der Mitarbeiter steht einer Veränderung skeptisch gegenüber. Viele Mitarbeiter sperren sich aktiv oder passiv
Dissonanz	Unzufriedenheit mit der aktuellen Situation besteht. Häufig jedoch zu viel Druck
Einsicht in Notwendigkeit der Veränderung	Häufig bei Visionären und Vorreitern vorhanden, jedoch nicht in der breiten Masse.

Abbildung 27: *Status der Voraussetzungen bei Begleitvariante „Optimieren und Stabilisieren"*

In einer solchen Situation ist es angebracht, zunächst zu stabilisieren und erst dann ehrgeizigere Veränderungsziele anzugehen.

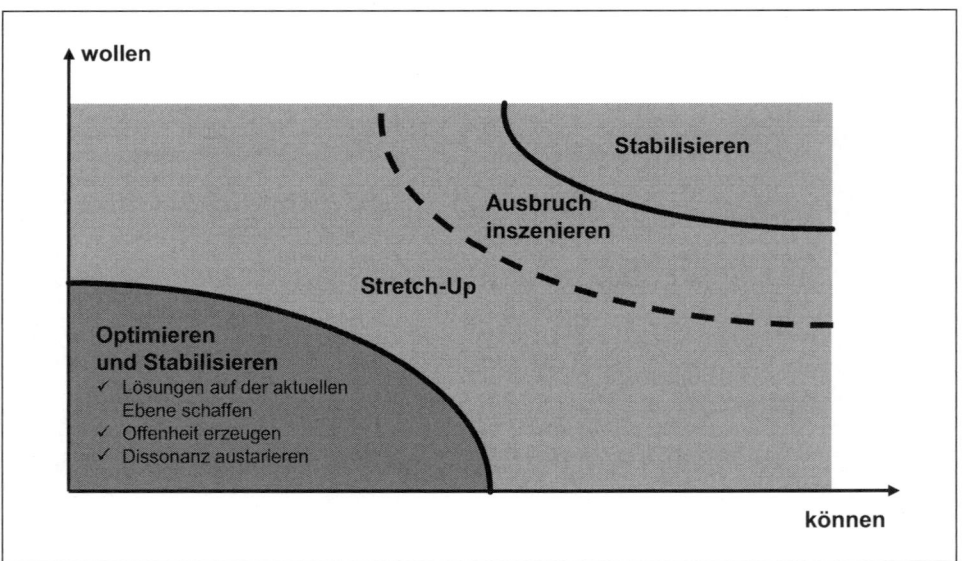

Quelle: Eigene Darstellung
Abbildung 28: *Begleitvariante „Optimieren und Stabilisieren"*

In der Regel ist die Instabilität und damit auch die Blockade gegen Veränderungen dadurch entstanden, dass das Unternehmen auf veränderte Rahmenbedingungen nicht adäquat reagiert. Es hat sich als Reaktion auf interne oder externe Veränderungen ein Stück weit zurück entwickelt, vieles schon Etablierte funktioniert nicht mehr.

Beispiel: Fusion

Zwei Unternehmen auf der loyalen Ebene werden fusioniert. Es wird sich in der Regel nicht sofort ein neues loyales Unternehmen herausbilden. Vielmehr werden sich die beiden loyalen Organisationen zunächst gegenseitig bekämpfen. Das neue verschmolzene Unternehmen befindet sich nun als Ganzes auf der Ebene Einzelkämpfer. Das drückt sich unter anderem darin aus, dass Parallelstrukturen aufgebaut werden, Regeln nicht mehr eingehalten werden (und sich widersprechen) sowie Verantwortlichkeiten nicht mehr klar geregelt sind. Unternehmensteile respektieren sich gegenseitig nicht und möchten sich anderen gegenüber durchsetzen. Auch unter Führungskräften herrscht ein Kampf um Positionen und Machterhalt.

Hier gilt es nun, das Unternehmen als Ganzes auf der loyalen Ebene nachhaltig zu stabilisieren. Erst später kann das Unternehmen, falls erforderlich, in die Ebene Erfolgssucher weiterentwickelt werden.

Die beobachtbare Destabilisierung kann auch noch weiter gehen. Reagiert ein Unternehmen auf sich verändernde Rahmenbedingungen damit, dass es keine neuen Lösungen entwickelt, sondern nur bisher erfolgreiche „Rezepte" verstärkt und mit immer mehr Nachdruck einsetzt, kann das System in einer Krise umkippen. Wir meinen damit, dass es ganz zerfällt oder beinahe schlagartig auf eine der vorigen Ebenen „abrutscht".

Beispiel: Überreglementierung

Ein loyales Unternehmen funktioniert in einem reglementierten sicheren Absatzmarkt. Verändern sich nun die Rahmenbedingungen und der Markt wird dereguliert, spürt es plötzlich einen viel stärkeren Marktdruck. Die starken Hierarchien, die Regelungen und vielen Prozess-Schnittstellen lassen das Unternehmen nicht schnell und flexibel genug auf die Marktanforderungen reagieren. Es gerät zunehmend unter Druck.

Nun hat das Unternehmen in der Vergangenheit – nämlich beim Übergang vom Einzelkämpfer zum Loyalen – gelernt, auf Druck und Chaos mit der Einführung neuer Regeln zu reagieren. Kann und will sich das Unternehmen nicht nach vorne entwickeln, wird es diesen Lösungsansatz auch jetzt wieder verfolgen. Das heißt, es werden viele neue Regeln eingeführt, Verantwortlichkeiten werden weiter aufgesplittert, es entstehen noch mehr Hierarchiestufen und Schnittstellen zwischen Prozessen.

Wird nun wahrgenommen, dass die zahlreichen Regeln, die Hierarchien, die vielen Schnittstellen schuld an der misslichen Lage sind, dann kippt das System. Regeln erodieren, Verantwortlichkeiten werden ignoriert, Prozesse werden nicht mehr eingehalten. Das Unternehmen beginnt, sich zurück in Richtung Einzelkämpfer zu entwickeln.

Initiativen und Maßnahmen der Begleitvariante Optimieren und Stabilisieren

Um das Unternehmen zu optimieren und zu stabilisieren, gilt es drei Dinge zu tun:

- Souveräne Lösungen auf der aktuellen Ebene schaffen,

- Offenheit für Veränderung erzeugen und

- Dissonanz austarieren.

Dazu kommt jeweils eine Vielzahl von einzelnen Maßnahmen in Frage. Wir haben die Erfahrung gemacht, dass sich mit *Initiativen* mögliche Maßnahmen hervorragend strukturieren und planen lassen. Eine Initiative eignet sich insbesondere auch bestens für Sinnstiftung, Kommunikation und Mobilisierung – unter einer Qualitätsinitiative kann sich jeder Mitarbeiter deutlich mehr vorstellen, als unter der Summe von Einzelmaßnahmen wie z. B. „Senkung der Ausschussteile", „Beschleunigung der Auftragsbearbeitung" und „Auswertung der Reklamationen". Natürlich müssen solche Maßnahmen dann in einer Initiative enthalten sein und tatsächlich umgesetzt werden. Sonst ist eine Initiative nur eine leere Hülle ohne Wirkung und ein Frustrationspotenzial für die Organisation.

Für die Zusammenstellung von Initiativen gibt es fünf grundsätzliche Quellen:

- Inhaltliche Themenstellungen und das alltägliche Geschäft.
  In der Regel gibt es im Unternehmen eine Reihe von Vorstellungen, „was eigentlich getan werden müsste". Viele Themen liegen auf der Hand, gerade wenn es darum geht, wieder souveräne Lösungen für das alltägliche Geschäft zu haben.

- Der Ist-Zustand der organisatorischen Gestaltungselemente.
  Dieser birgt in den meisten Fällen naheliegendes Verbesserungspotenzial. Wenn es darum geht, eine Organisation zu stabilisieren und zu optimieren, werden sich rasch Punkte finden, insbesondere in den Tools und den Prozessen. Eingriffe in die Struktur, die Strategie und den Kern sollten nur nach guter Überlegung vorgenommen werden.

- Der Soll-Zustand der Gestaltungselemente.
  Im konkreten Fall des Stabilisierens und Optimierens gibt es meistens noch keine wirklich umfassende Vorstellung von diesem Soll-Bild. Umso wichtiger ist es, sich eine grundsätzliche Vorstellung davon zu machen und die gewählten Maßnahmen auf Widerspruchsfreiheit zu verproben. Es wäre ungeschickt, Verbesserungsmaßnahmen später revidieren zu

müssen, weil sie in ein Soll-Bild nicht mehr passen. In Einzelfällen ist dies freilich hinzunehmen, schließlich soll schnell Handlungsfähigkeit erreicht werden.

▪ Die Voraussetzungen der Betrachtungsdimension *Können*.
Diese dienen zum einen als Kriterien, um die entwickelten Maßnahmen zu verproben. Die Frage ist, wie das Erreichen der souveränen Lösungen mit den gewählten Maßnahmen bewirkt oder wenigstens unterstützt wird. Werden die Voraussetzungen nicht ausreichend unterstützt, müssen die Maßnahmen erweitert, konkretisiert oder ergänzt werden.

▪ Für die Voraussetzungen der Dimension *Wollen* gilt natürlich ähnliches. Die entwickelten Maßnahmen sind vor diesem Hintergrund kritisch zu betrachten. Es gibt ein weitergehendes Bündel von Möglichkeiten bezogen auf Kommunikation und Führung, die einen starken Einfluss auf das *Wollen* der Menschen in einer Organisation haben können. Dies gezielt einzusetzen und zu inszenieren ist ein ganz eigenes Handlungsfeld. Und es hängt wiederum mit den anderen Bereichen zusammen. Zum Beispiel ist eine der zentralen Aufgaben, zügig Erfolge zu erreichen und diese in der Unternehmensöffentlichkeit im gewünschten Zusammenhang sichtbar zu machen.

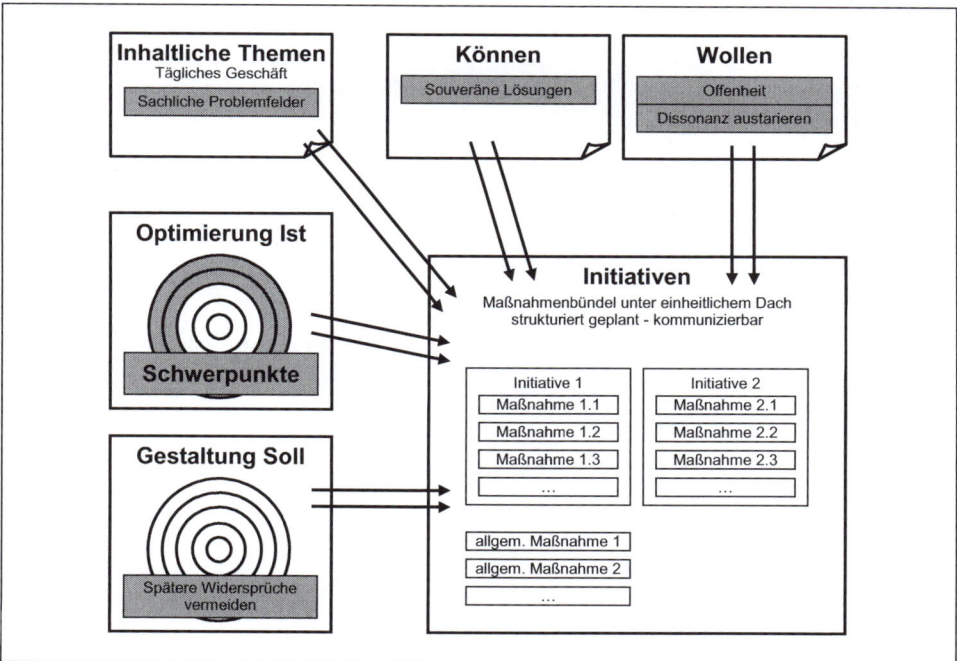

Quelle: Eigene Darstellung

Abbildung 29: *Initiativen und Maßnahmen für die Begleitvariante „Optimieren und Stabilisieren"*

Die Kunst ist nun, ein entsprechendes Portfolio von Initiativen und ergänzenden Maßnahmen zusammenzustellen. Es würde ein leichtes sein, einen übervollen Katalog zu erstellen, was alles passieren sollte und sicher auch hilfreich wäre. Dafür gibt es allerdings weder die Zeit noch die Ressourcen, zu komplex wäre es allemal. Auch könnte das Unternehmen unter dem Einfluss zu vieler Interventionen, die gleichzeitig durchgeführt werden, kippen. Es gilt also, *wenige* Initiativen und die nötigen Zusatzmaßnahmen zu identifizieren, die im Ganzen eine hohe Wirkung erreichen.

Eine zentrale Rolle kommt dabei der Kommunikation zu. Gute Kommunikation kann die Dissonanz senken, indem sie den Mitarbeitern die Initiativen erklärt und Einsicht schafft. Mitarbeitern können Ängste genommen werden und sie können an das Neue herangeführt werden. Es ist grundsätzlich in der Kommunikation zu beachten, dass eine Geschichte erst dann erzählt werden kann, wenn sie dafür reif ist; dann sollten allerdings auch Ross und Reiter genannt werden.

Es ist insbesondere zu beachten, dass das Unternehmen als soziales System auf eine Intervention nicht unbedingt so reagiert, wie man es erwartet. Ähnlich wie bei einem Mobile kann das Bewegen eines Teils ganz andere Teile im Unternehmen bewegen. So sind Interventionen in homöopathischer Dosis auszuwählen und die Wirkung ist abzuwarten. Erst nachdem die Wirkung sichtbar geworden ist, kann die nächste Intervention gewählt werden. Dies erst ermöglicht Konzentration, klare und verständliche Aufträge in die Organisation, zielgerichtete Kommunikation und ein zügiges Vorankommen mit greifbaren Ergebnissen.

Was dies im Einzelnen im Kontext von Optimieren und Stabilisieren sein kann, haben wir in der nachfolgenden Tabelle zusammengestellt.

Initiativen	Maßnahmen (beispielhaft)	Erwartete Wirkungen
Qualitätsoffensive	o Ausschuss reduzieren o Bestellprozess straffen o Fehler systematisch auswerten	o Tatsächliche und nachhaltige Einzel-Lösungen, Schritt für Schritt o Druck sinkt, bessere Motivation
Leistungsoffensive	o Bestehende Prozesse optimieren, ggf. leicht modifizieren o Incentives schaffen – im Rahmen der bestehenden Personalinstrumente	o Konzentration auf die Arbeitsergebnisse o Motivation der Leistungsträger o Mehr Offenheit o Leichte Reduktion der Dissonanz
Kostensenkungs-Initiative	o Transparenz schaffen über Kostenentstehung o Optimieren wesentlicher Prozessschritte o Nachverhandlungen mit Lieferanten/Wechsel der Lieferanten o Abbau von Überkapazitäten	o Verbesserung der Kostensituation, mittelbare damit bessere Lösungen im Tagesgeschäft o Dissonanz steigt oder fällt, je nach den begleitenden Maßnahmen aus Kommunikation und Führung
Unternehmensweite Zusammenarbeit	o Lerngruppen/Peer-Groups für den Erfahrungsaustausch o Teambuilding-Maßnahmen o Gegenseitige Unterstützung in schwierigen Projekten	o Bessere, souveränere Lösungen – allerdings erst allmählich o Mehr Offenheit o Der akute Druck kann an vielen Stellen aus der Organisation genommen werden, der grundsätzliche Veränderungsdruck steigt.
Führungskräfte-Förderung	o Coaching für die direkte Führung und Kommunikation o Transparenz über Zahlen, Ziele und Zusammenhänge o Versprechen geben und halten o Gezielte Beteiligungs-Maßnahmen	o Das Vertrauen in Unternehmen und Führungskräfte wächst mittelbar o Der Druck weicht aus der Organisation, bessere Handlungsfähigkeit „Top-Down" o Die Offenheit steigt, zuerst bei den Führungskräften, dann bei allen Mitarbeitern.

Veränderung in die vorhergehende Graves-Ebene

Diese Vorgehensweise wird gewählt, wenn das Unternehmen nicht mehr auf der aktuellen Ebene stabilisiert werden kann. Es ist zu viel an Lösungen auf der aktuellen Ebene abhandengekommen oder die Umweltbedingungen haben sich so verändert, dass die vorhergehende Ebene die passende ist – z. B. in einer Wirtschaftskrise, wenn von Wachstum schnell auf Stabilisierung der Umsätze und Kosteneffizienz umgeschaltet werden muss. Mitunter sind die Anforderungen aus der Komplexität des Geschäfts und dem Marktdruck nicht mehr erfüllbar bzw. nur noch mit unverhältnismäßigem Aufwand. Teile des Unternehmens werden dann unwirtschaftlich oder weitgehend handlungsunfähig.

Mit dem gezielten Führen des Unternehmens auf die vorangehende Ebene im Graves-Value-System wird in starkem Maße Stress aus dem Unternehmen herausgenommen, da der Organisation alles notwendige Wissen und Können der vorherigen Ebene zur Verfügung steht. So kehrt schnell Stabilität ein – ob das Unternehmen seinen Geschäftszweck dann wieder einigermaßen gut erfüllen kann und wie lange ggf. ein „Wiederaufbau" dauert, ist eine andere Frage.

Die Wirkung auf die Mitarbeiter ist ebenso zwiespältig: Visionäre und Vorreiter sind irritiert und verlassen häufig das Unternehmen, aktive Unterstützer folgen dem Vorgehen allein aus Loyalität. Die abwartenden Skeptiker fühlen sich bestätigt. Aus dem Lager der Bremser und Blockierer kommt möglicherweise ungewollte Eigendynamik, da sie sich in ihrer Ablehnung bestärkt sehen und ihre Positionen „mit Macht" vertreten und durchzusetzen versuchen.

Diese Variante sollte wirklich nur nach gründlicher Abwägung der Risiken eingesetzt werden. Ist das Unternehmen in sich (oder auch der Markt) wieder stabil, sollte sofort mit der Veränderungsarbeit für die Entwicklung um eine Ebene nach oben – Einsatz der Begleitvariante *Stretch-Up* – begonnen werden.

Ergebnis der Begleitvariante Optimieren und Stabilisieren

Das Unternehmen ist stabilisiert, es kann seinen Geschäftszweck wieder angemessen erfüllen. Dies ist im Großen und Ganzen darauf zurückzuführen, dass das Unternehmen wieder souveräne Lösungen für die aktuelle Graves-Ebene parat hat und diese auch entsprechend umsetzen kann. Außerdem wurde viel Stress aus dem Unternehmen herausgenommen.

Sind die Maßnahmen gut angelegt, wirken sie zudem positiv auf das Potenzial, den Umgang mit Hindernissen und auch die Fähigkeit, mit neu Gelerntem konstruktiv und nutzbringend umzugehen.

Während der Veränderungsarbeit kann zudem schon ein großes Stück Offenheit für weitere Veränderungen erzeugt werden. Durch das positive Erleben einer gezielten und bewusst gemachten Veränderungsarbeit wachsen Energie und Motivation für weitere Schritte, die dann *konsistent* fortgeführt werden können.

Besteht das eigentliche Ziel der Veränderung darin, das Unternehmen um eine Ebene nach oben zu entwickeln, kann nun mit dem *Stretch-Up* begonnen werden. Als Indikator, dass dies an der Zeit ist, dient die zunehmende Wahrnehmung, dass die verändernden Maßnahmen auch mit mehr Energie und Nachdruck geführt werden könnten. Dabei ist zu beachten, dass ein Unternehmen nur ein gewisses Maß an Veränderung auf einmal verkraften kann. Ein gut geplantes, behutsames und breit angelegtes Vorgehen ist also weiterhin angebracht.

3.2   Begleitvariante Stretch-Up

Soll ein Unternehmen in die nächste Ebene des Graves-Value-Systems geführt werden, kommt diese Begleitvariante zum Einsatz. Sie wird auch verwendet, wenn ein Unternehmen auf der gleichen Ebene des Graves-Value-Systems in seiner Reife und seiner Leistungsfähigkeit deutlich weiterentwickelt werden soll.

Voraussetzung ist, dass das Unternehmen in sich stabil ist – das heißt jedoch nicht, dass keine Dissonanz beziehungsweise Unzufriedenheit oder Unruhe im Unternehmen herrschen dürften. Diese haben zu Beginn eines Stretch-Up vielfältige Gründe. Zum einen werfen die notwendigen Veränderungen ihren Schatten voraus und beunruhigen die Skeptiker, zum anderen führen Marktentwicklungen oft zu Unruhe. Es kann allerdings auch sein, dass vor dem Beginn der Maßnahmen zu einem Stretch-Up nur bei der Unternehmensleitung Unruhe herrscht, da diese den Handlungsbedarf erkannt hat. In der Organisation selbst mag dann noch „alles zum Besten stehen" – im Sinne einer Komfortzone, in der man sich eingerichtet hat.

Die zweite essenzielle Voraussetzung für den Beginn des Stretch-Up ist, dass das Unternehmen beziehungsweise die zu verändernden Unternehmensteile über souveräne Lösungen für die aktuelle Graves-Ebene verfügen und diese auch voll nutzen können. Zudem muss die Mehrzahl der Mitarbeiter grundsätzlich offen für Veränderungen sein. Dies gilt auch, wenn zu Beginn des Stretch-Up nur ein kleiner Teil der Mitarbeiter über Einsicht in die nun anstehenden Veränderungen verfügt. Für Visionäre und Vorreiter mag dies zumeist gelten, bei den aktiven Unterstützern stellt sich die Einsicht häufig erst im Laufe des Veränderungsprozesses ein. Die prinzipielle Offenheit dieser Gruppe genügt jedoch, um mit Stretch-Up-Maßnahmen zu beginnen.

Für die Auswahl dieser Begleitvariante ist es zunächst nicht relevant, ob das Unternehmen schon über das Potenzial für die nächste Graves-Ebene verfügt, ob es mit Hindernissen umgehen kann und ob es Gelerntes gut integrieren kann. Es gilt auch hier, dass die geeigneten Initiativen und ergänzenden Maßnahmen kreiert werden müssen, um diese Voraussetzungen zu schaffen und eine erfolgreiche Entwicklung in Gang zu bringen.

Hier ein Überblick über den notwendigen Status der Voraussetzungen für Veränderungen, um mit der Begleitvariante Stretch-Up beginnen zu können:

Voraussetzung	Status
Souveräne Lösungen auf der aktuellen Ebene	Erfüllt
Potenzial für Veränderungen	Nicht erfüllt, teilweise erfüllt oder erfüllt
Umgang mit Hindernissen	Nicht erfüllt, teilweise erfüllt oder erfüllt

Voraussetzung	Status
Integration des Gelernten	Nicht erfüllt, teilweise erfüllt oder erfüllt
Offenheit für Veränderungen	Erfüllt
Dissonanz	Es herrscht eine gewisse Dissonanz. Das Unternehmen muss aber in sich stabil sein
Einsicht in Notwendigkeit der Veränderung	Zumeist bei Visionären und Vorreitern vorhanden, evtl. auch schon in Teilen bei aktiven Unterstützern

Abbildung 30: *Status der Voraussetzungen bei Begleitvariante „Stretch-Up"*

Die Aktivitäten und Maßnahmen dieser Begleitvariante zielen auf die Erfüllung der bisher noch nicht vorhandenen Voraussetzungen – das kann eine längere Abfolge von Stretch-Up-Maßnahmen verlangen. Hand in Hand damit gehen die Erprobung, Validierung und Detaillierung der in der Zieldefinition entwickelten Gestaltungselemente.

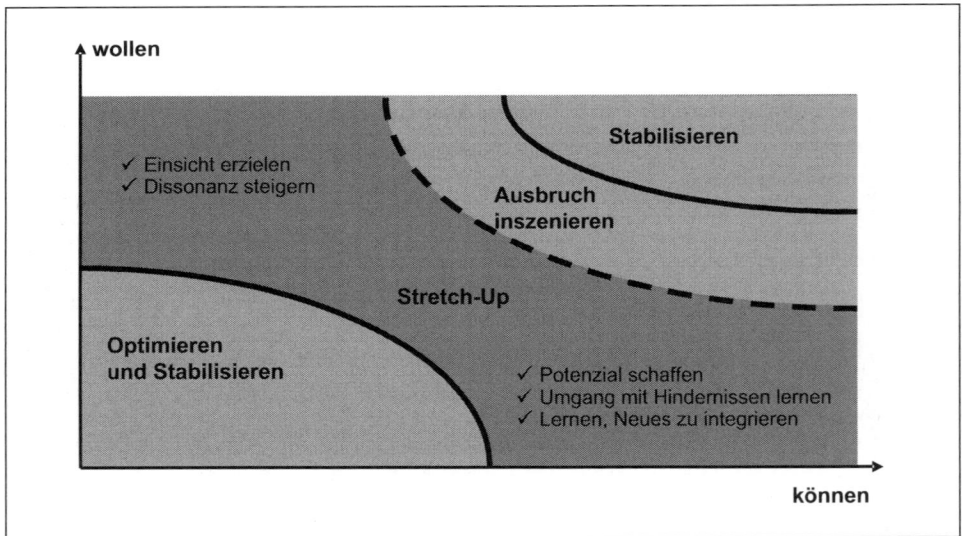

Quelle: Eigene Darstellung
Abbildung 31: *Begleitvariante „Stretch-Up"*

In Abhängigkeit von den erfüllten Voraussetzungen werden gezielt Initiativen und Maßnahmen entwickelt, um die noch fehlenden Voraussetzungen zu erfüllen.

Initiativen und Maßnahmen der Begleitvariante Stretch-Up

Im Folgenden stellen wir eine Auswahl an sehr effektiven Ansätzen dar, die im Stretch-Up eingesetzt werden können. Diese können gut miteinander kombiniert werden. Initiativen und Maßnahmen sollten umfassend sein und den gesamten zu verändernden Kontext betreffen. Die Auswahl und die Kombination sind von der spezifischen Situation in einem Unternehmen abhängig, deshalb werden wir im nächsten Kapitel eine Vielzahl von Fallbeispielen anführen, in denen wir den Einsatz und die Wirkung der unterschiedlichen Maßnahmen der Begleitvariante Stretch-Up darstellen.

Die Maßnahmen zielen zum einen darauf ab, Lernerfahrungen und positives Erleben bezüglich der anstehenden Veränderung zu erzeugen, vorhandenes Potenzial zu aktivieren und neues Potenzial zu schaffen oder zu akquirieren.

Auf der anderen Seite ist aber auch die Dissonanz zu steigern – denn die Erfahrungen mit einer veränderten Situation können noch so positiv sein, wenn in der aktuellen Situation nicht wirklich der Schuh drückt, werden sich Führungskräfte und Mitarbeiter nicht bewegen.

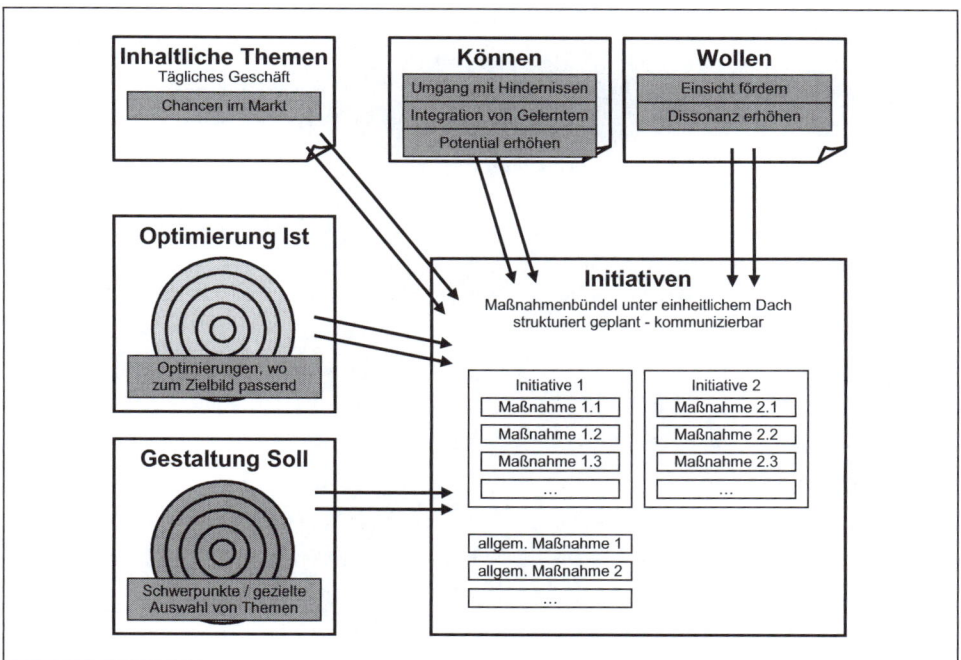

Quelle: Eigene Darstellung

Abbildung 32: *Initiativen und Maßnahmen für die Begleitvariante „Stretch-Up"*

Auch für die Begleitvariante „Stretch-Up" gibt es die fünf Bereiche, um Initiativen zu gestalten:

- ▨ Inhaltliche Themenstellungen und das alltägliche Geschäft.
  Hier steht im Vordergrund, Chancen wahrzunehmen, die sich aus dem Markt ergeben. Dies hilft z. B. einer Organisation, sich stärker an Kunden und grundsätzlichen Geschäftszielen auszurichten.

- ▨ Der Ist-Zustand der organisatorischen Gestaltungselemente.
  Viele Optimierungen des Ist-Zustandes drängen sich auf. Die Kunst besteht darin, die auszuwählen, die sich in einen direkten Zusammenhang mit dem Soll-Zustand bringen lassen. Diese lassen sich stringent weiterentwickeln und werden gut verstanden – ein anderes Herangehen birgt das Risiko von Fehlausrichtung, späterem Korrekturbedarf und Irritation.

- ▨ Der Soll-Zustand der Gestaltungselemente.
  Hier liegt im Kontext von „Stretch-Up" der Schwerpunkt. Aus dem Zielbild lassen sich Schwerpunktthemen auswählen, die mit entsprechendem Nachdruck bearbeitet werden.

- ▨ Die Voraussetzungen der Betrachtungsdimension *Können*.
  Die Schwerpunktthemen, die aus dem Soll-Zustand abgeleitet wurden, sind dann von besonderem Interesse, wenn sie helfen, das Können der Organisation zu verbessern. Hier stehen die Erhöhung des Potenzials, der Umgang mit Hindernissen und die Integration von Gelerntem im Vordergrund. Die Entwicklung des Könnens wird also stark forciert.

- ▨ Die Voraussetzungen der Dimension *Wollen*.
  Viel Übersicht und Fingerspitzengefühl ist bezüglich der Wollen-Dimension gefragt. Erreicht werden soll insbesondere mehr Einsicht in die Möglichkeiten der Veränderung und in die Tatsache, dass ein umfassender Veränderungsprozess abläuft. Dies ist ein Lernen auf einer ganzen anderen, eher reflektierten Ebene. Ebenso geht es darum, den Druck, das Unbehagen in der Organisation zu erhöhen.

Begleitend zur Umsetzung der ausgewählten Maßnahmen ist ausreichend Transparenz über die Hintergründe der Initiativen und der damit einhergehenden Veränderung zu schaffen. Eine klare und stringente Kommunikation mit allen Bereichen und Personen ist im Stretch-Up unerlässlich.

Für die Begleitvariante Stretch-Up haben wir in der nachfolgenden Tabelle grundlegende inhaltliche Ansätze für Initiativen und Maßnahmen zusammengestellt. Im Nachfolgenden gehen wir auf einige davon detaillierter ein.

Initiativen	Maßnahmen (beispielhaft)	Wirkungen
Kunden-ausrichtungs-Initiative	o Modifizierte Produkte und Leistungen o Messung der Kundenzufriedenheit o Anreize für Kundenzufriedenheit und langfristige Bindung o Aufbau Business Development als Unternehmens-Einheit	o Umgehung von Hindernissen o Integrieren von Gelerntem o Einsicht in die Möglichkeiten eines veränderten Vorgehens o Erhöhung des Potenzials
Balanced-Scorecard (BSC)-Entwicklung	o Entwicklung der BSC-Strategy Map, breite Beteiligung o Operative und strategische Steuerung über BSC-Parameter	o Verständnis von Zusammenhängen, Einsicht o Erhöhung des Potenzials o Zusätzliche Dissonanz
Wertstrom-Design-Initiative	o Auswahl Handlungsfelder (breite Beteiligung) o Gezielte Optimierung einzelner Wertströme o Optimierungen an den einzelnen Arbeitsplätzen	o Fokussierte Verbesserungen o Auflösung von Verschwendungen o Einsicht in Möglichkeiten o Offenheit
SixSigma-Programm/Aufbau Steuerung-Prozesse	o Ausbildung in SixSigma-Kompetenzen o Pilotprojekte zur Prozess-Optimierung o Aufbau von Governance-Strukturen o Business-IT-Alignment o Portfoliomanagement für alle Projekt-Vorhaben o Budgetierung	o Fokussierte Verbesserungen, Umgehung von Hindernissen o Integration von Gelerntem o Einsicht o Dissonanz
Ausbildungs-Initiative	o Projekt-Management-Ausbildung o Fachliche Schulungen o Referenzbesuche o Reflexion über die Erfolge vergleichbarer Organisationen o Individuelles Coaching	o Erhöhung des Potenzials o Einsicht in die Möglichkeit von erfolgreichen Veränderungen o Integration von Gelerntem
Kultur-Entwicklungs-Programm	o Verhaltenstrainings o Fortbildung in Mitarbeiterführung o Training zum Konfliktmanagement o Kommunikationstraining o Change Agents einsetzen o Gezielte Kommunikation in der Veränderung	o Zusätzliche Einsicht in Handlungsmöglichkeiten und -erfordernisse o Offenheit wächst o Potenzial steigt

Initiativen	Maßnahmen (beispielhaft)	Wirkungen
Personelle Veränderungen	o Gezielte Einstellungen o Besetzung von Schlüssel- positionen o Ersetzen von exponierten Positionen	o Potenzial steigt o Dissonanz steigt erheblich

Die aufgeführten Möglichkeiten für Initiativen und Maßnahmen lassen sich bezogen auf die konkrete Unternehmenssituation kombinieren und ergänzen. Wichtig ist auch hier, eine überschaubare Zahl von Maßnahmen zu haben, um Verständlichkeit und Wirksamkeit des Vorgehens zu unterstützen (vergleiche dazu die Ausführungen bei der Begleitvariante „Optimieren und Stabilisieren.")

Im Folgenden stellen wir noch einige der Vorgehensmöglichkeiten vertieft dar, um den Überblick der Möglichkeiten abzurunden.

■ Inhaltliche Projekte als Vehikel
Als Quellen für die Entwicklung von Initiativen und Maßnahmen haben wir schon auf die Bedeutung von inhaltlichen Themen hingewiesen. Dies lässt sich ganz systematisch für den Stretch-Up einsetzen – das Vorgehen ist dabei im Prinzip einfach. Aus den zahlreichen für die Implementierung der organisatorischen Gestaltungselemente anstehenden inhaltlichen Arbeiten werden einzelne ausgesucht und als Projekt beschrieben. Häufig betrifft dies Prozesse oder Tools. Die Aufgaben werden an Verantwortliche klar adressiert. Diese werden an den Aufgaben wachsen – und die Ergebnisse sind wertvoll für die Veränderung. Dieses Vorgehen ist zudem in der Organisation schnell akzeptiert, da die Bearbeitung konkreter Aufgaben von allen Beteiligten leicht verstanden wird.
Dies schafft Potenzial sowie Einsicht in die Veränderungsmöglichkeiten. Und die Dissonanz steigt, weil die Themen und Zusammenhänge für die Unternehmung sehr greifbar werden. Positive Auswirkungen kann die inhaltliche Arbeit auch bei der Fähigkeit zum Umgang mit Hindernissen und zur Integration von Gelerntem haben.
So entstehen im Unternehmen kleine „Inseln", die über eine größere Reife verfügen und wesentlich effektiver und effizienter arbeiten als es im übrigen Teil des Unternehmens noch der Fall ist. Diese Inseln dienen als Vorbild und Vorreiter. Je mehr solcher Inseln im Unternehmen entstehen, umso einfacher wird es sein, es im Ganzen weiterzuentwickeln.
Auch kann die Arbeit im Projekt in einer anderen „Kultur" gestaltet werden. Das heißt, in einem z. B. loyalen Unternehmen wird das Projekt erfolgsorientiert aufgestellt, der Projektmanager leitet seine Mitarbeiter nach erfolgsorientierten Grundsätzen, es wird erfolgsorientiert kommuniziert, auch werden erfolgsorientierte Tools eingesetzt. Die Mitarbeiter erlernen somit außerhalb der Linienorganisation eine andere, neue Verhaltensweise, die zum Veränderungsziel passt. Damit können die einzelnen Mitarbeiter im weiteren Prozess als Botschafter und Multiplikatoren wirken.

■ Workshops und interdisziplinäre Klausuren/Best-Practice-Veranstaltung
In Workshops und Klausuren können neue, angestrebte Verhaltensweisen mit Hilfe einer gezielten Moderation erlernt und erlebt werden.
In einem Einzelkämpferunternehmen können z. B. Workshops mit ganz klar vorgegebenen Regeln und einer sehr stringenten Moderation den Mitarbeitern und Führungskräften helfen, das Einhalten von Regeln zu erlernen – und vor allem die Wirkung zu erleben.
Zum Erlernen der Erfolgsorientierung in einem loyalen Unternehmen können Mitarbeiter aus verschiedenen Bereichen, die sonst nicht selbstverständlich miteinander kommunizieren, zusammengebracht werden, um gemeinsam eine Lösung für ein reales Projekt zu entwickeln.

Beispiel: Interdisziplinäre Klausuren

Ein loyales Produktionsunternehmen veranstaltet regelmäßig Klausurtagungen mit dem Ziel, die Herstellungskosten seiner Produkte zu optimieren.

Dazu werden mehrere interdisziplinäre Kleingruppen aus Mitarbeitern des Einkaufs, der F&E-Abteilung, der Produktion, des Vertriebs und des Controlling zusammengebracht. Diese Kleingruppen entwickeln gemeinsam Lösungsansätze, wie ein bestimmtes Produkt ohne Qualitätseinbußen günstiger produziert werden kann. Die Ergebnisse werden dann jeweils den anderen Kleingruppen präsentiert. Hierdurch kann das Unternehmen zumeist erhebliche Einsparungen erzielen.

Ein positiver „Nebeneffekt" ist, dass die Mitarbeiter die erfolgsorientierte Arbeitsweise positiv erleben. Sie schätzen es, das Experten-Know-how ihrer Kollegen gemeinsam mit ihrem eigenen zu einer optimalen Lösung zusammenzubringen. Genauso lernen sie die Sichtweise und Restriktionen der anderen kennen und verstehen den vollständigen Wertschöpfungsprozess ihres Unternehmens besser.

■ Stellenbesetzungen
Eine Veränderung des Unternehmens im Ganzen kann nur dann sinnvoll stattfinden, wenn die Schlüsselpositionen mit den passenden Personen besetzt sind. Insbesondere die Führungsmannschaft eines Unternehmens muss hinter den geplanten Veränderungen stehen. Sie muss begriffen haben, was diese Veränderungen bewirken, und die neue Kultur verkörpern. Hier ist es manchmal unerlässlich, Stellenbesetzungen zu verändern und Führungskräfte/Mitarbeiter, welche die anstehende Veränderung nicht mittragen, zu ersetzen. Voraussetzung ist natürlich, dass Rollenmodell und Zielstruktur hinreichend klar sind, um Besetzungsentscheidungen durchführen zu können, die zu Ziel-Ebene und gewünschtem Zustand passen.
Parallel zum positiven Effekt, eine Position mit der passenden Person besetzt zu haben, wird durch eine solche Maßnahme auch sehr großer Druck in der Organisation aufgebaut. Dies gilt insbesondere dann, wenn eine Besetzung von außen erfolgt, obwohl es auch interne Aspiranten gab.

▧ Botschafter (Change Agents) einsetzen
In Veränderungsprozessen kann es sinnvoll sein, bestimmte Mitarbeiter – Visionäre, Vorreiter, aktive Unterstützer – als *Change Agents* einzusetzen. Change Agents sollten aus allen Hierarchieebenen des Unternehmens stammen und über die Fähigkeit verfügen, andere zu inspirieren und ihnen als echtes Vorbild zu dienen.
Diese Mitarbeiter werden speziell informiert und geschult. Sie dienen im Veränderungsprozess als Multiplikatoren. Sinnvoll ist es auch, Change Agents nicht „undercover" zu benennen, sondern ihre Rolle offen zu kommunizieren.

▧ Führung I: Individuelle Motivation und Nutzenargumentation auf der jeweiligen Graves-Ebene
In Einzelgesprächen können Mitarbeiter am besten von der anstehenden Veränderung überzeugt werden, wenn die verwendete Argumentation auf ihre aktuellen Bedürfnisse und die bestehende Ausrichtung des Unternehmens passt. Beispielsweise kann einem loyalen Mitarbeiter die Erfolgsorientierung schmackhaft gemacht werden, wenn er überzeugt wird, dass Sicherheit für ihn und das Unternehmen nur dann gegeben ist, wenn das Unternehmen die anstehende Veränderung vollzieht. Der Mitarbeiter benötigt die Antwort auf seine unbewusste Frage: „Was habe ich davon?".

▧ Führung II: Bewusstseinsbildung bezüglich der individuellen Fähigkeiten
Viele Mitarbeiter haben bereits ein sehr hohes Potenzial für die nächste Ebene des Graves-Value-Systems, nur setzen sie dies noch nicht im Unternehmensumfeld ein, sondern z. B. im privaten Umfeld. Hier gilt es, in Seminaren, Workshops oder auch in Mitarbeitergesprächen das Bewusstsein dafür zu schaffen, dass bestimmte Fähigkeiten und Wertevorstellungen auch im beruflichen Umfeld angewendet werden können und ihren Platz haben.

▧ Führung III: Dissonanzerzeugung durch Kommunikation
Kommunikation kann nicht nur dazu eingesetzt werden, die Mitarbeiter zu informieren – sie kann auch gezielt Druck und Unbehagen erzeugen. Es kann beispielsweise gewollt sein, dass die Mitarbeiter von einer anstehenden Veränderung aus der Zeitung erfahren. Der größte Druck entsteht durch solche Maßnahmen. Dies kann situativ sinnvoll sein, auch wenn es vielleicht auf den ersten Blick absurd klingt.

▧ Stretch-Down
Um der Organisation Einsicht in die Notwendigkeit von Veränderungen zu vermitteln und den Druck weiter zu erhöhen, ist es in manchen Fällen sinnvoll, Verhalten aus der vorherigen Ebene des Graves-Value-Systems zu nutzen. Zum Beispiel werden in einem loyalen Bereich gezielt Regeln umgangen und damit Fakten geschaffen – dies ist dann besonders wirksam, wenn es in tatsächlichen Problembereichen geschieht. Im Einzelfall entsteht eine sehr sichtbare Problemlösung, die gleichzeitig nicht in die Organisation passt und damit Missbefinden erzeugt.
Da eine Organisation immer über das Gelernte der vorigen Ebenen des Graves-Value-Systems verfügt, kann man davon ausgehen, dass die Mitarbeiter das gezeigte Verhalten deutlich wahrnehmen. Mit einer solchen Intervention kann die Organisation jedoch lernen, mit Problemen anders umzugehen und die Situation besser verstehen. Die Mitarbeiter

werden irritiert, mobilisiert und zu eigenem Problemlösungsverhalten angeregt. Es entsteht im günstigsten Fall der gewünschte Eindruck, die Probleme auf eine noch ganz andere Weise lösen zu wollen – weil die bisherigen Lösungsvarianten alle nicht mehr ausreichen und das Verhalten einer früheren Ebene des Graves-Value-Systems erst Recht nicht gewünscht ist.

Zudem hilft dieses Vorgehen, früher Gekonntes wiederzuentdecken und in veränderter Form zu integrieren. Die Offenheit und die Fähigkeit zum Umgang mit Hindernissen werden durch das Stretch-Down also auch gesteigert.

Beim Stretch-Down müssen besonders die Visionäre und Vorreiter weiterhin emotional und fachlich motiviert werden. Es kann sein, dass diese die Welt nicht mehr verstehen und aufgeben – frustriert über den mangelnden Fortschritt bzw. den Rückschritt des Unternehmens und der Führungskräfte. Es ist daher wichtig, diesen Personenkreis gezielt einzubinden und die Sinnhaftigkeit der Maßnahme zu erklären.

Einführung von Dissonanz in die kongruente Führung

Führungsaspekte haben wir wiederholt angesprochen. Besonders wichtig ist es, einen kongruenten Führungsstil beizubehalten – und dabei auch die Dissonanz gezielt zu steuern. Dies ist für viele Führungskräfte eine große Herausforderung, weswegen wir der Aufgabe hier einen eigenen Abschnitt widmen.

Eine der effektivsten Maßnahmen ist die Einführung von Dissonanz durch spezielle Führungstechniken. Analog zur kongruenten Führung, die wir im Kapitel „Entwicklungsstufen in Unternehmen" beschrieben haben, kann eine Führungskraft genau passend zur Ebene des Graves-Value-Systems auch Unbehagen und Druck bei ihren Mitarbeitern herbeiführen.

Im Folgenden beschreiben wir, wie das gezielt geschehen kann. Wir weisen aber auch darauf hin, welche negativen Auswirkungen durch diese Art der Führung auftreten können. Führungskräfte sollten die Auswirkungen intensiv und wachsam beobachten, um gegebenenfalls gegensteuern zu können und ein Übermaß an Dissonanz zu verhindern.

Mitarbeiterführung ist ein sehr persönliches und individuelles Thema. Den Mitarbeitern muss immer Wertschätzung auf der persönlichen Ebene entgegengebracht werden. Dies klingt zwar selbstverständlich – ist in der Tagespraxis aber häufig nicht der Fall – daher betonen wir dies hier explizit. Die Eigenverantwortung und Eigeninitiative der Mitarbeiter gilt es dabei stets zu fördern. Bitte beachten Sie beim Lesen der nachfolgenden Führungsdissonanzen, dass diese immer in der Perspektive der jeweiligen Ebene und der daran Beteiligten zu verstehen ist. Versuchen Sie, Ihre eigenen „Brille" dabei abzulegen.

■ Führungsdissonanz bei Stammesmenschen
Führung zeichnet sich auf dieser Ebene durch einen freundlichen, patriarchalischen Führungsstil aus. Die Führungskraft arbeitet mit den Mitarbeitern und sorgt für eine gute Arbeitsatmosphäre. Wettbewerb innerhalb des Unternehmens ist nicht gewünscht.
Die Führungskraft kann dementsprechend bei ihren Mitarbeitern Dissonanz erzeugen, in-

dem sie unfreundlich wird, mit „Liebesentzug" droht und ihren Mitarbeitern klarmacht, dass sie von ihnen persönlich sehr enttäuscht ist. Oder die Führungskraft kündigt Rückzug an, was den Mitarbeitern signalisieren soll, dass sie künftig auf sich selbst gestellt sein werden und die Führungskraft nicht mehr für sie sorgen wird. Ziel ist ja, die Haltung des Einzelkämpfers in die Organisation zu tragen – jeder wird künftig auf sich gestellt sein.

Die Führungskraft wird beginnen, den Wettbewerb der Mitarbeiter untereinander zu schüren. Es gibt keine gleichmäßige Belohung mehr für alle, sondern es werden Ziele definiert, anhand derer Belohung oder Bestrafung stattfinden.

Negative Reaktionen können Erstarrung und Lethargie der Mitarbeiter sein – es besteht aber auch die Möglichkeit, dass sich einzelne Mitarbeiter aus persönlicher Verletztheit heraus höchst aggressiv gegenüber der Führungskraft verhalten.

▣ Führungsdissonanz bei Einzelkämpfern

Mitarbeiter auf der Ebene der Einzelkämpfer brauchen ein gewisses Maß an Freiheit und die Möglichkeit, stolz auf ihre Arbeit zu sein.

Um nun Dissonanz auf der Ebene der Einzelkämpfer zu erzeugen, kann die Führungskraft ihren Mitarbeitern im wahrsten Sinne des Wortes das Einhalten von Regeln vorschreiben. Individuelle Lösungen, die gegen die Regeln verstoßen, werden sanktioniert. Genauso wird aber auch eine sofortige Belohung eingesetzt für die Bereitschaft, Regularien und Strukturen zu akzeptieren.

Auch Machtkämpfe werden von der Führungskraft unterbunden. Den Mitarbeitern wird vorgeschrieben, anderen Personengruppen gegenüber loyal zu sein und mit ihnen zusammenzuarbeiten. Selbst muss sie das natürlich auch tun – dies alleine irritiert schon, wenn es weithin sichtbar ist.

Eine mögliche negative Reaktion der Einzelkämpfer kann ein gesteigert aggressives Verhalten sein. Auch der Missbrauch der Belohungen zum weiteren Machtausbau sowie der Versuch, Belohungen auf Kosten anderer zu erzielen, sind Reaktionen, die von der Führungskraft genauestens beobachtet und unterbunden werden sollten. Es braucht einen klaren Blick, wo Regeln wirklich befolgt worden sind.

▣ Führungsdissonanz bei Loyalen

Loyale Mitarbeiter sehen die Rolle der Führungskraft unter anderem darin, die Aufgaben zu strukturieren und den Lösungsweg vorzugeben.

Um Dissonanz zu erzeugen, macht die Führungskraft ihren Mitarbeitern klar, dass von nun an zunehmende Flexibilität und Selbstverantwortung gefordert sind. Mitarbeitern wird die Erfüllung einer Aufgabe allein überlassen, ihnen wird nicht vorgegeben, wie sie sie zu lösen haben. Zudem zielt die Führungskraft darauf ab, dass ihre Mitarbeiter die Verantwortung für das Ergebnis ihrer Arbeit übernehmen. Dabei ist stets das Ganze im Blick, die Abgrenzung zur Einzelkämpfer-Ebene wird sehr deutlich gemacht; Regeln sind weiterhin einzuhalten.

Die Führungskraft wird von ihren Mitarbeitern eine stärkere Lösungsorientierung fordern. Wer ausschließlich von Problemen berichtet, wird aufgefordert, einen Lösungsansatz zu finden.

Um Dissonanz bei loyalen Führungskräften zu erzeugen, werden ihnen ihre prächtigen Büros genommen, sie werden mitten unter ihren Mitarbeitern platziert. Abteilungen und Gruppen werden umstrukturiert. Der loyalen Führungskraft werden Mitarbeiter – ihr größtes Statussymbol – weggenommen.

Als Abwehrreaktion werden loyale Führungskräfte und Mitarbeiter häufig versuchen, sich in ein Dienst-nach-Vorschrift-Verhalten zu retten. Es tritt Inflexibilität ein, um sich an den noch vorhandenen Regeln und Strukturen festzuhalten.

▨ Führungsdissonanz bei Erfolgssuchern

Erfolgssucher sind es gewohnt, Entscheidungen in ihrem Verantwortungsbereich zu treffen und für ihre persönliche Leistung belohnt zu werden. Sie möchten frei und flexibel arbeiten, sich zwar abstimmen und über den Tellerrand sehen, aber in ihrer Entscheidungsfreiheit nicht eingeschränkt werden.

Um Dissonanz bei Erfolgssuchern zu erzielen, können Regeln eingeführt werden, die nunmehr Gruppenentscheidungen erfordern und Belohnungen im großen Maße von einer gemeinsamen Leistung abhängig machen. Auch eine Belohnung nach den Ergebnissen eines 360-Grad-Feedbacks wird bei Erfolgssuchern eine große Dissonanz erzeugen.

Um Dissonanz bei Erfolgssuchern zu erzielen, ist auch ein Stretch-Down durchaus wirksam. Der Führungsstil wird autoritärer. Mitarbeiter werden in Berichtsstrukturen und Regeln gezwungen. Dies stärkt den Blick für die gemeinsamen Bedürfnisse.

Eine typische Reaktion auf solche Veränderungen ist das bewusste Umgehen der geforderten Kooperation. Der Erfolgssucher unternimmt mitunter große Anstrengungen, um das geforderte System zu unterwandern beziehungsweise auszuhebeln.

▨ Führungsdissonanz bei Teammenschen

In eine Team-Konstellation kann Dissonanz eingesteuert werden, indem das Team von der Führungskraft ständig mit Gedanken, Vorschlägen und Positionen außerhalb der Teamwelt konfrontiert wird.

Die Mitglieder des Teams werden gezwungen, entsprechend anderer Graves-Ebenen miteinander zu arbeiten. So gilt es in einem Kontext, strenge Regeln und Hierarchien einzuhalten, in einem anderen, Belohnungen nur noch für die eigene Leistung zu erzielen sowie eigene Entscheidungen zu treffen.

Diese Maßnahmen erzeugen zum einen sehr starke Dissonanzen bei den Teammenschen, zum anderen bereiten sie sie auf die Ebene der Möglichkeitsucher vor. Denn der Möglichkeitsucher ist in der Lage, je nach Situation die entsprechende Arbeitsweise des Graves-Value-Systems einzusetzen und alle Ebenen so zu kombinieren, wie es am besten zur aktuellen Situation passt.

Nebenwirkung bei dieser Intervention ist häufig das „Aussperren" von externen Perspektiven, man will ein in sich geschlossener, vertrauter Zirkel sein. Die externe Realität wird negiert, man fokussiert sich mehr auf das Interne.

Aufschwung: Roll-Out der Gestaltungselemente

Sind alle Voraussetzungen für Veränderungen aus Können und Wollen in hohem Maße erfüllt, wurden die Gestaltungselemente ausgiebig erprobt und ist insbesondere das Unternehmen offen genug, um schnell tiefgreifende Veränderungen zuzulassen, dann können die Gestaltungselemente in der ganzen Organisation implementiert werden.

Neue Organisationsstrukturen werden umgesetzt und neue Prozesse und Verfahren stufenweise eingeführt, veränderte Regeln werden in Kraft gesetzt, neu geschaffene Kulturelemente werden in den Vordergrund gestellt. Das wird an vielen Stellen zunächst nicht funktionieren, es wird „rumpeln und krachen", das Unternehmen wird einem extremen Stress ausgesetzt sein.

In der Zeitspanne des Aufschwungs ist eine stringente und kongruente Führung wichtiger denn je. Die Führungskräfte sind gefordert, mit fliegenden Fahnen vorauszugehen und ihre Mitarbeiter mitzuziehen. Entsprechend müssen Führung und Kommunikation vorbereitet sein und zur Ziel-Ebene im Graves-Value-System passen.

Kommunikations- und Führungsaspekte im Aufschwung

Aus einer stammesmensch-orientierten Welt kommend: klare Anweisungen geben.
Aus einer bisherigen Einzelkämpfer-Kultur kommend: klare Strukturen geben, Regeln etablieren.
Aus einer bisher loyalen Welt kommend: Einzelanreizsysteme und Regeln koppeln, hierarchisch führen und Chancen für die Einzelnen zeigen.
Aus einem primär von Erfolgsorientierung geprägten System kommend: Herausstellen der persönlichen Wachstumschancen durch die Teamorientierung – „Gemeinsam kann noch mehr erreicht werden!"
Aus der bisherigen Team-Welt kommend: Chancen der Flexibilität und Individualität aufzeigen.

Die besondere Bedeutung von Keimzellen im Stretch-Up

Fast immer läuft die Veränderungsarbeit darauf hinaus, Teile der Gestaltungselemente in kleinen Teilgruppen des Unternehmens – so genannten Keimzellen – auszuprobieren, zu validieren und zu verfeinern.

Keimzellen können bereits existierende, sehr reife Teile des Unternehmens sein, etwa eine bestimmte Abteilung, ein Projektteam oder eine Führungsnachwuchsgruppe. Keimzellen können aber auch im Veränderungsprozess gezielt aufgebaut werden. Hierzu nutzt man gegebenenfalls das Projektteam, das die Veränderungsarbeit an sich zur Aufgabe hat. Auch andere Gruppen können für eine inhaltliche Aufgabe zusammengestellt werden bzw. existierende Gruppen können mit speziellen Aufgaben betraut werden. Wir haben im oberen Teil dieses Kapitels bereits die Maßnahme *Inhaltliche Projekte als Vehikel* beschrieben. Die hierdurch entstehenden „Inseln" sind nichts anderes als Keimzellen, die den Veränderungsprozess des Unternehmens voranbringen.

Wichtig ist in allen Ansätzen, dass die Keimzelle klar nach den Prinzipien der künftigen Gestaltungselemente arbeitet.

Beispiel: Keimzelle für Fehlerkultur

In den organisatorischen Gestaltungselementen auf dem Weg zu einem Team-Unternehmen wurde festgelegt, dass eine offene Fehlerkultur herrschen sollte.

Das Erkennen und Beseitigen von Fehlern soll als positiver Aspekt zur weiteren Effizienzsteigerung und Verbesserung gesehen werden. Wer einen Fehler macht und zugibt, wird in der Folge nicht mit Strafe und Verachtung zu rechnen haben, sondern mit der Anerkennung für den Mut, einen Fehler zuzugeben, und mit der positiven Erwartung aller, den Fehler dauerhaft zu beseitigen. Tritt ein Fehler auf, soll sich das Team nicht auf den Verursacher des Fehlers (den Schuldigen) konzentrieren, sondern auf die Ursache des Fehlers. Letztere liegt häufig im Prozess, den es dann gemeinsam zu verbessern gilt.

Um diesen Aspekt der organisatorischen Gestaltungselemente zu erproben, wird eine Abteilung aus dem Unternehmen ausgewählt, welche schon sehr nah an diesem beschriebenen Ziel ist und für die effiziente Prozesse essenziell sind. Gezielte Maßnahmen (von Ausbildung im Labor über Teambuilding-Events bis hin zu Coaching im täglichen Arbeitsleben) machen diese Abteilung zu einem echten Team mit dem gewünschten Verhalten. Sie kann im weiteren Veränderungsprozess als Kern und Keimzelle für eine Ausweitung der Fähigkeiten und Möglichkeiten dienen, indem andere Mitarbeiter in diese Abteilung hineingebracht werden oder indem diese Abteilung gegenüber anderen Abteilungen eine gewollte Vorbildfunktion einnimmt. Es darf auch ein Artikel über diese Abteilung und ihre Fehlerkultur in der Firmenzeitung erscheinen. Weiterhin können Mitarbeiter aus dieser Abteilung herausgenommen werden und ihr Verhalten dann in andere Abteilungen einbringen. Diese Liste ist natürlich fortsetzbar.

Projektmitarbeiter im Stretch-Up

Zum Aufbau der Projektorganisation für die Durchführung von Stretch-Up-Maßnahmen werden gezielt die Ergebnisse der Standortanalyse genutzt. Dabei wird insbesondere mit den Schlüsselpersonen der Organisation intensiv gearbeitet. Sinnvoll ist es, die Projektorganisation in Abhängigkeit von den Fähigkeiten und der Veränderungsbereitschaft einzelner Mitarbeiter aufzubauen.

Denn es ist eines der wichtigsten Erfolgskriterien, im Veränderungsprozess mit Mitarbeitern zu arbeiten, die über Offenheit verfügen und über souveräne Lösungen zumindest auf der aktuellen Ebene. Hilfreich sind auch Mitarbeiter mit einem hohen Potenzial und entsprechend viel Einsicht.

Zudem sollten im Projekt auch Visionäre und Vorreiter integriert sein. Die systematische Einbindung von aktiven Unterstützern und Skeptikern ist jedoch der eigentliche Schlüssel zum Erfolg. Denn diesen Gruppen sind im Projektverlauf die richtige Erdung und die Umsetzbarkeit von Konzepten zu verdanken.

Unterstützende Wirkungen der Voraussetzungen

Man muss sich der Tatsache bewusst werden, dass alle Aspekte der Voraussetzungen für Veränderungen zusammenhängen. Erfreulicherweise muss man nicht an der Verbesserung aller Voraussetzungen gleichzeitig mit gleich großer Energie arbeiten. Es gibt unterstützende Effekte, die je nach vorhandener Kultur und konkreter Situation unterschiedlich stark ausgeprägt sind.

- *Potenzial* fördert die Einsicht in die Notwendigkeit der Veränderung.

- Die *Integration des Gelernten* kann sowohl das Potenzial im Ganzen als auch die Fähigkeit, mit Hindernissen umzugehen, positiv beeinflussen.

- *Dissonanz* kann helfen, die Menschen offener für Veränderungen zu machen.

- *Offenheit* fördert wiederum das Erlernen von neuen Fähigkeiten, das Potenzial und der Umgang mit Hindernissen werden dementsprechend positiv beeinflusst.

Vereinzelt treten aber auch dämpfende Effekte ein:

- So verringert zum Beispiel die Einsicht in die Zusammenhänge die Dissonanz, da ja verstanden wird, warum alles so schwierig erscheint – damit sinkt der Handlungsdruck.

- Durch zu viel Druck werden andererseits auch die Offenheit und die Einsicht in Veränderungen negativ beeinflusst.

Wesentlich für die Veränderungsarbeit ist eine genaue Betrachtung, welche unterstützenden oder dämpfenden Wirkungen in der jeweiligen Organisation tatsächlich auftreten. Dies kann in Abhängigkeit von der konkreten Situation stark voneinander abweichen, so dass es das „Patentrezept" für die Verbesserung der Veränderungsvoraussetzungen nicht gibt.

Ergebnis der Begleitvariante Stretch-Up

Das Unternehmen befindet sich auf der nächst höheren Ebene des Graves-Value-Systems (nach einem Aufschwung) oder auf der gleichen Ebene bei deutlich verbesserter Leistungsfähigkeit. Es besitzt veränderte Organisationsstrukturen, neue Prozesse, neue Tools und auch die Kultur hat sich deutlich verändert.

Unter den Mitarbeitern und in Teilen der Organisation herrscht nach einem Aufschwung eine Mischung aus Euphorie und Angst. Die Irritationen der Veränderung sind noch nicht ganz überwunden, und es läuft noch nicht an allen Stellen rund. Es sind noch nicht alle Skeptiker überzeugt, hin und wieder wird auch den Blockierern noch reichlich Aufmerksamkeit gewidmet. Das Unternehmen ist noch weit davon entfernt, wieder in sich stabil zu sein. Von daher gilt es nun, das Unternehmen wieder zu stabilisieren.

Wurden hingegen „nur" zahlreiche Stretch-Up-Maßnahmen zur Verbesserung der Organisation innerhalb derselben Ebene des Graves-Value-Systems durchgeführt, befindet sie sich meistens in einem stabilen Zustand. Einzelne Optimierungen werden sicher noch nötig sein, um die Nachhaltigkeit zu sichern.

3.3   Begleitvariante „Ausbruch inszenieren"

Diese Begleitvariante kommt zum Einsatz, wenn der Stretch-Up nicht sauber umsetzbar ist und der Aufschwung durch systematisches Implementieren der Gestaltungsmerkmale nicht realisiert werden kann. Dies ist insbesondere dann von Bedeutung, wenn nicht die Zeit oder Möglichkeit bestanden, die Voraussetzungen für Veränderungen vollständig zu schaffen.

So eine Situation kann entstehen, wenn der Veränderungsprozess voranschreitet und die Unruhe sich verstärkt. Die Organisation hat zwar viel Substanz, steckt aber in der veränderungsbedingten Krise fest. An sehr vielen Stellen im Unternehmen geht die Veränderung nicht in der gewünschten Geschwindigkeit voran, es kommt zu krisenhaften Situationen, das ganze Vorhaben bleibt stecken. Dieser Zustand ist durchaus dramatisch: Es droht das Scheitern des Veränderungsprozesses, in großen Krisen droht sogar das Zurückfallen auf eine frühere Ebene des Graves-Value-Systems oder schlimmstenfalls der Zerfall der Organisation.

Man sitzt also förmlich in der „Falle". Die Selbstwahrnehmung in dieser Lage ist, als bräche die Hölle los, vieles funktioniert nicht mehr, das Tagesgeschäft bereitet auf einmal unerwartete Schwierigkeiten. Es erfolgt eine große Mobilisierung von Kräften in alle Richtungen.

Es ist wie bei dem im Kapitel „Das Graves-Value-System in der Praxis – ein Modell der Welt" beschriebenen Umzug auf die nächst höhere Etage des Hauses: Es wurde begonnen, Kisten zu packen und nach oben zu bringen, Möbel werden geschleppt, alle treffen sich im Treppenhaus irgendwo und irgendwie. Und wenn die Ordnung in diesem Prozess abnimmt, dann stecken alle auf der Treppe fest. Ein paar tragen einen schweren Schrank hinauf, andere wollen mit leeren Kartons wieder nach unten – es geht nicht mehr vor und nicht mehr zurück.

Das in solchen Phasen beobachtbare Verhalten hat etwas Grenzwertiges: Wer „zu weich" ist und nicht mittun will, ist schlimmer als der äußere „Feind". Alles oder nichts gilt als Prinzip – verändern oder zerstören. Es werden keine Kompromisse mehr gemacht: Ein alter Schrank, der sich nicht ordentlich zerlegen lässt, wird kurzerhand zu Kleinholz verarbeitet und auf die Straße geworfen. Oft werden vom Management fundamentale Änderungen verlangt, um endlich voranzukommen. An dieser Stelle ist ein ausführlicher und kritischer Blick auf die Erfüllung der Voraussetzungen angezeigt.

Ein Ausbruch kann nur dann funktionieren, wenn wirklich alle Voraussetzungen aus *Können* und *Wollen* erfüllt sind. Ist dies nicht oder – wie in der folgenden Abbildung dargestellt – nur teilweise der Fall, ist ein Ausbruch möglich aber riskant. Es ist alles dafür zu tun, um das Unternehmen zu stabilisieren. Es sind noch einzelne Maßnahmen aus dem Stretch-Up zu ergreifen, um die Voraussetzungen vollständig zu erfüllen. Ad-hoc-Maßnahmen können hier ebenso sinnvoll sein wie die punktuelle Unterstützung durch Externe – in jedem Fall muss es schnell gehen.

Voraussetzung	Status
Souveräne Lösungen auf der aktuellen Ebene	Erfüllt
Potenzial für Veränderungen	Erfüllt
Umgang mit Hindernissen	Teilweise erfüllt
Integration des Gelernten	Teilweise erfüllt
Offenheit für Veränderungen	Erfüllt
Dissonanz	Das Unternehmen steckt in der Krise
Einsicht in Notwendigkeit der Veränderung	Teilweise erfüllt

Abbildung 33: Status der Voraussetzungen bei Begleitvariante „Ausbruch inszenieren"

Sind alle Voraussetzungen erfüllt und steckt das Unternehmen dennoch in der Krise fest, sollte ein Ausbruch gestaltet werden, um die Organisation in die nächst höhere Ebene des Graves-Value-Systems zu bringen.

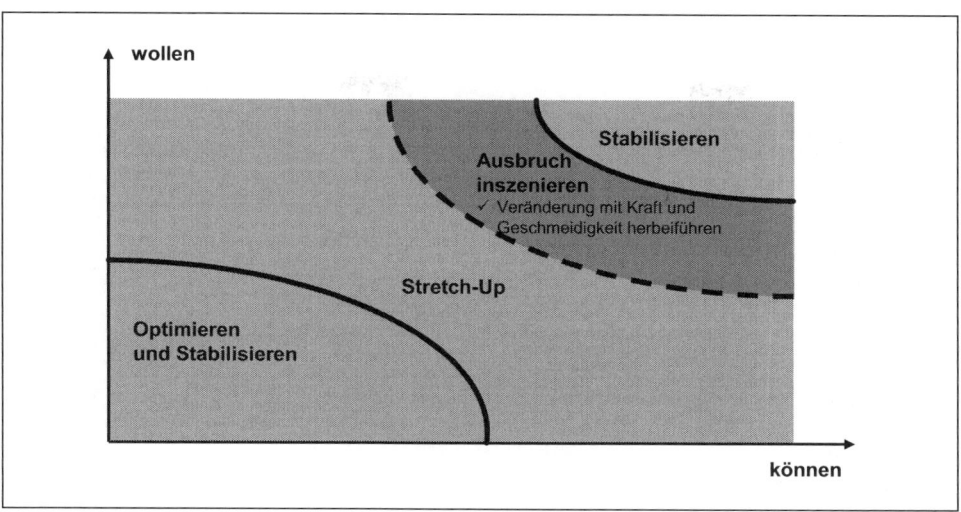

Quelle: Eigene Darstellung
Abbildung 34: *Begleitvariante „Ausbruch inszenieren"*

Die Inszenierung eines Ausbruchs bedeutet eine äußerste Kraftanstrengung und gleichzeitig viel Fingerspitzengefühl. Wie auf ein „Hauruck"-Kommando schreitet der Veränderungsprozess voran.

Initiativen und Maßnahmen der Begleitvariante „Ausbruch inszenieren"

Um den Ausbruch zu gestalten, braucht es auf den unteren Ebenen des Graves-Value-Systems und in einem bisher eher homogenen Umfeld Maßnahmen, die auf harte, konkrete und unmittelbare Änderungen zielen. Klares Voranschreiten seitens des Managements und konkrete Handlungsanleitungen sind gefordert.

Bei den höheren Ebenen des Graves-Value-Systems und in einem homogenen Umfeld sind Maßnahmen und Kommunikation bezüglich abstrakterer, größerer und weiter entfernter Ziele angemessen. Die einzelnen Lösungen bringt die Organisation dann aus sich heraus zustande. Bei inhomogenen Gruppen/Organisationen muss beides geleistet werden, um die jeweiligen Bedürfnisse nach Orientierung zu bedienen. Die Quelle für entsprechende Maßnahmen sind überwiegend die täglichen Aufgaben und der Soll-Zustand der Gestaltungselemente.

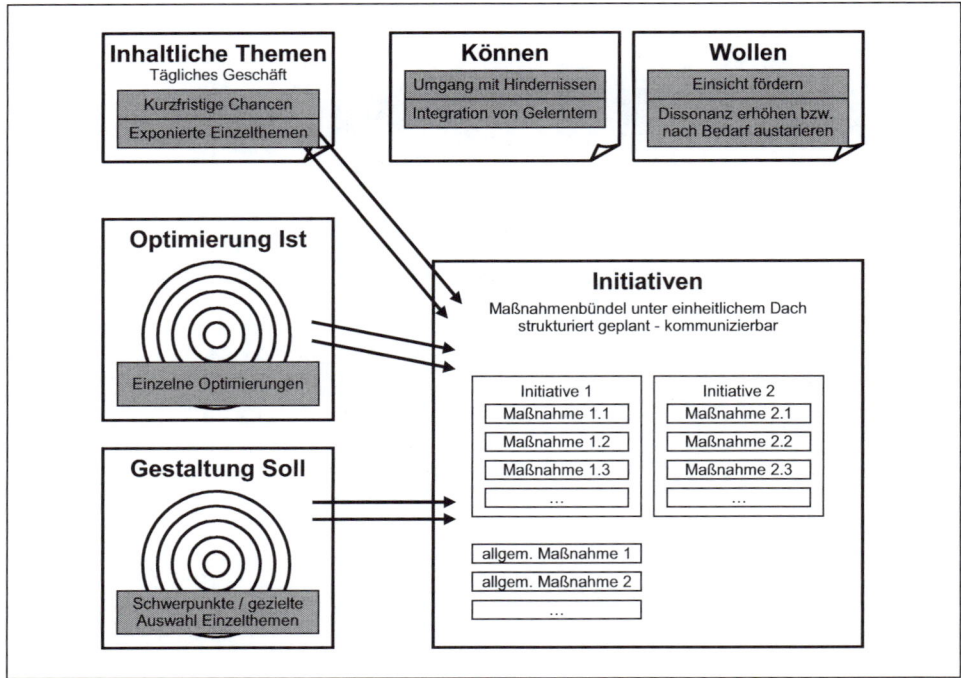

Quelle: Eigene Darstellung

Abbildung 35: *Initiativen und Maßnahmen für die Begleitvariante „Ausbruch inszenieren"*

In allen Fällen muss das Management trotz der turbulenten Situation handlungsfähig bleiben. Wer selbst im Veränderungs-Chaos steckt, kann weder Orientierung bekommen noch Orientierung geben. Hier liegt eine der zentralen Aufgaben der Führungskräfte, auch der externen Begleiter. Bei der Auswahl der Maßnahmen liegt die Kunst darin, den Nerv der Organisation zu treffen und gleichzeitig im Führungsstil kongruent und glaubwürdig zu bleiben. Eine Auswahl von möglichen Maßnahmen haben wir hier zusammengestellt.

Initiativen	Maßnahmen (beispielhaft)	Wirkungen
Taskforce-Ansatz	o Bahnbrechende Lösung weithin sichtbarer inhaltlicher Einzelthemen („Schneise schlagen") o Ruckartige Implementierung einzelner Gestaltungselemente	o Große Mobilisierung o Umgang mit Hindernissen wird verbessert o Integration des Gelernten (wenn auf Nachhaltigkeit geachtet wird)
Kommunikations-Initiative	o Zugespitzte Kommunikations-Events, um die Möglichkeiten des Neuen herauszustellen o Erfolge feiern	o Große Mobilisierung o Einsicht in die Möglichkeiten steigt deutlich

Der Ausbruch erfasst in seiner Wirkung die ganze Organisation. Die Vorreiter und die aktiven Unterstützer werden am meisten Energie daraus ziehen, die Skeptiker bewegen sich mit, die Visionäre sind allerdings gedanklich schon im neuen Zustand und bekommen das Geschehen gar nicht mehr richtig mit. Die Wirkung bezüglich der Voraussetzungen entfaltet sich sehr stark beim Umgang mit Hindernissen und bei der Fähigkeit, Gelerntes zu integrieren, auch die Einsicht in die neuen Möglichkeiten wächst beinahe schlagartig.

Führungsaspekte im Ausbruch

In einer bisher Stammesmensch-orientierten Welt: Vertrauen geben, Vorbildfunktion nutzen.
In einer bisherigen Einzelkämpfer-Kultur: klare und Respekt gebende Führung.
In der noch loyalen Welt: klare, doktrinäre Autorität zur Führung durch die Veränderung.
In dem noch primär von Erfolgsorientierung geprägten System: Herausstellen der persönlichen Wachstumschancen.
In der bisherigen Team-Welt: Konsensbildung und gemeinsame Schlussfolgerungen.

Ergebnis der Begleitvariante „Ausbruch inszenieren"

Nach einem gelungenen Ausbruch befindet sich das Unternehmen auf der nächst höheren Ebene des Graves-Value-Systems. Es verfügt über neue Organisationsstrukturen, neue Prozesse, neue Tools und auch über neue Kultur-Elemente im Kern der Organisation.

Das Schwanken zwischen Euphorie und Schrecken ist nach einem Ausbruch noch wesentlich stärker ausgeprägt als nach einem Aufschwung. Die Organisation ist in sich weiterhin sehr fragil. Die Stabilisierung muss konsequent und nachhaltig betrieben werden.

3.4   Begleitvariante Veränderung stabilisieren

Nachdem die Veränderung in die nächste Ebene des Graves-Value-Systems geschafft ist, ist das Schiff noch lange nicht im sicheren Hafen. Die erreichte Situation muss nun zügig und nachhaltig mit mehr und mehr Leben gefüllt werden. Die neuen Strukturen, Prozesse, Tools und „Verhaltensregeln" (z. B. neues Führungs- und Kommunikationsverhalten) müssen sich in der Praxis weiter ausprägen, es wird noch vieles zu optimieren geben, und das Neue muss bei den Mitarbeitern zur Gewohnheit werden.

Erst durch das wirkliche Anwenden und Leben der neuen Gegebenheiten kann sich die neue Kultur etablieren. Konsequenz in der Umsetzung ist gefragt. Denn Mitarbeiter und Führungskräfte möchten manchmal nur zu gern – der menschlichen Natur entsprechend – in die vorherigen Verhaltensweisen und Denkmuster zurückfallen.

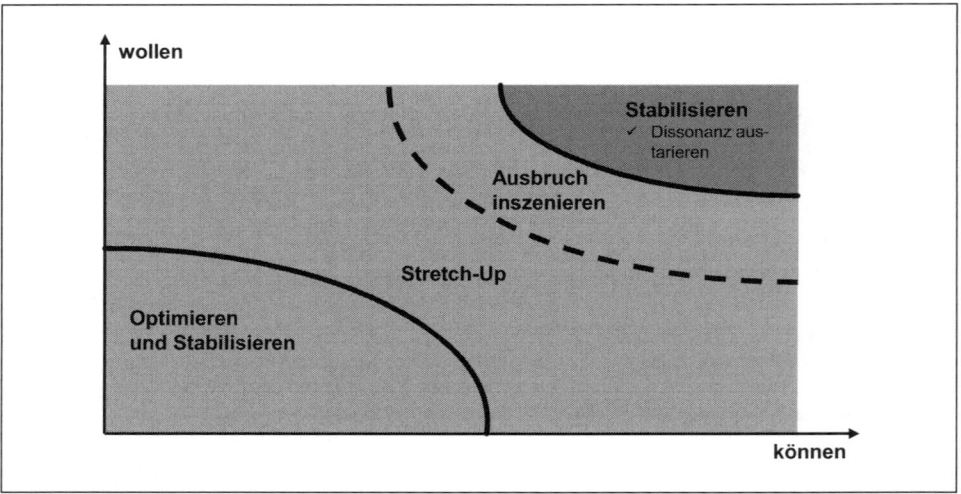

Quelle: Eigene Darstellung
Abbildung 36: Begleitvariante „Veränderung stabilisieren"

Vor allem aber gilt es die Situation zu stabilisieren und wieder Ruhe in das Unternehmen zu bringen. Druck ist nur insofern aufrechtzuerhalten, um ein Zurückfallen der Organisation in frühere Verhaltensweisen zu vermeiden und dabei punktuell, und dann wuchtig, entgegenzusteuern.

Initiativen und Maßnahmen der Begleitvariante Veränderung stabilisieren

Zunächst einmal sind die Führungskräfte gefordert, bei ihren Mitarbeitern weiterhin Vertrauen zu erzeugen. Ängste und Sorgen, Probleme, mit der neuen Situation umzugehen, sollten von den Führungskräften in allen Fällen sehr ernst genommen werden. Vor dem Veränderungsprozess gemachte Versprechen sind grundsätzlich einzuhalten. Darüber hinaus muss gemäß der nun aktuellen Ebene kongruent geführt werden. Denn hat das Unternehmen beispielsweise den Reifegrad Erfolgssucher erreicht, muss die Führungskraft auch loslassen und ihren Mitarbeitern den Freiraum geben, selbst Lösungen zu finden und Entscheidungen zu treffen.

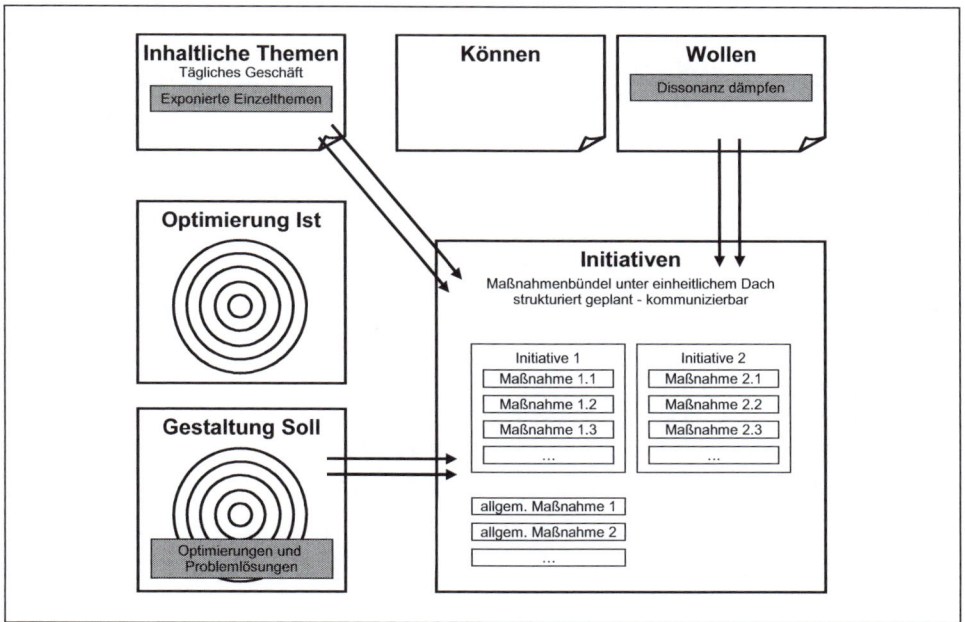

Quelle: Eigene Darstellung
Abbildung 37: Initiativen und Maßnahmen für die Begleitvariante „Stabilisieren"

Initiativen	Maßnahmen (beispielhaft)	Wirkungen
Qualitätsoffensive	o Fehler systematisch auswerten	o Tatsächliche und nachhaltige Einzel-Lösungen, Schritt für Schritt in verbliebenen Problembereichen o Druck sinkt, bessere Motivation
Führungsinitiative	o Coaching für die direkte Führung und Kommunikation o Versprechen halten o Gezielte Beteiligungs-Maßnahmen im Sinne der Gestaltungselemente	o Das Vertrauen in Unternehmen und Führungskräfte wächst mittelbar o Der Druck weicht aus der Organisation

Über die Aspekte der Führung hinaus ist es wichtig, die Erfolge der Umsetzung transparent zu machen. Erfolge können intern wie extern kommuniziert werden, dies fördert die Beteiligung der Mitarbeiter und hält die Motivation aufrecht.

Ergebnisse der Begleitvariante Stabilisieren

Der Veränderungsprozess in die nächste Ebene des Graves-Value-Systems ist nachhaltig geworden, die Organisation ist in sich stabil. Die Dissonanz ist gesunken, man fühlt sich wieder wohl. Verbliebene Problembereiche konnten gelöst werden oder sind für alle sichtbar in Arbeit.

Selbstverständlich werden im Lauf der Zeit weitere Veränderungen anstehen. Es ist jedoch zu beachten, dass man Unternehmen nicht beliebig oft und schnell verändern kann. Eine Organisation kann auf die Zeit gesehen nur ein bestimmtes Maß an Veränderung verkraften.

4.   Steuern, Kommunizieren und Führen

Nur wenn der gesamte Veränderungsprozess klar und sauber geplant ist und das Voranschreiten der Umsetzung stringent kontrolliert und gegebenenfalls nachgesteuert wird, hat das Vorhaben eine Erfolgschance. Während des gesamten Prozesses gilt es, die Initiativen und Maßnahmen zielgerichtet zu definieren, die erhoffte Wirkung zu messen und nächste Schritte zu planen. Einige von ihnen, wie beispielsweise der Zukauf von Unternehmensteilen, sind zudem von langer Hand zu planen.

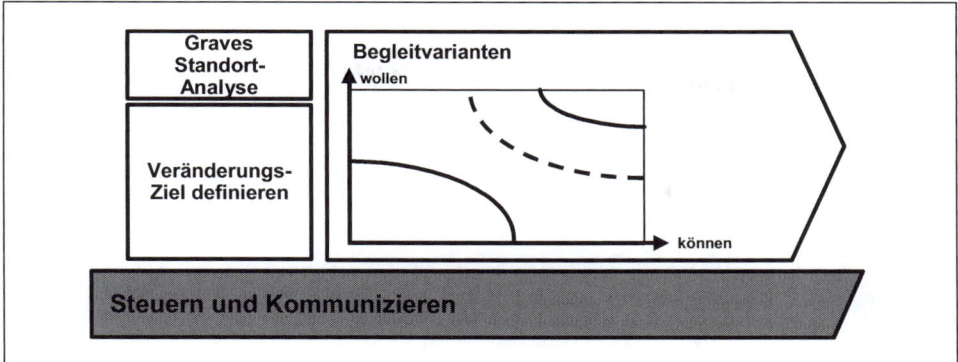

Quelle: Eigene Darstellung
Abbildung 38: *Steuern, Kommunizieren und Führen*

Auch die Kommunikation und die Führung spielen eine entscheidende Rolle im Veränderungsprozess. Wir haben dies bereits im Kapitel „Entwicklungsstufen in Unternehmen" ausführlich erläutert, so dass wir uns an dieser Stelle auf die Steuerung konzentrieren wollen.

Die Veränderung steuern

Die Steuerung einer Veränderung läuft in unterschiedlichen Phasen ab. Wir unterscheiden dabei grundsätzlich zwischen der vertraulichen Phase und der Umsetzungsphase. In der vertraulichen Phase wird eine Veränderung zusammen mit dem Unternehmer oder Entscheider vorbereitet und dann bis zur Umsetzungsreife geführt. Dem folgt die Umsetzungsphase, die in der Unternehmensöffentlichkeit erfolgt und eine breite Beteiligung in der Organisation verlangt. So unterschiedlich diese beiden Phasen sind, so vielfältig sind auch die Rollen und Kompetenzen, die benötigt werden.

Klardenken und Entscheiderprozess – Umsetzungsreife erreichen

Unternehmer und Entscheider sind in Veränderungen in ihrer Entscheidungsfindung häufig sehr einsam. Über erforderliche Initiativen und Maßnahmen können sie sich kaum mit anderen in der Organisation oder auch nur im nächsten Management austauschen. Befindlichkeiten und Betroffenheiten machen eine unvoreingenommene Betrachtung schwierig bis unmöglich.

Je politischer das aktuelle Umfeld ist, je höher Führungskräfte in der Hierarchie angesiedelt sind, desto weniger Möglichkeit haben diese, sich offen und unverkrampft auszutauschen. Sparringspartner und Coaches führen mit gezielten systemischen Fragetechniken zu tiefgründigen Reflexionen und helfen beim Strukturieren der Gedanken und der möglichen Szenarien. Future-Stepping und Future-Szenariotechniken sind wichtige Tools für die Abwägung der nächsten Schritte.

Das Klardenken für den Entscheider steht nach unserer Erfahrung daher am Anfang eines jeden größeren Veränderungsvorhabens. Der Entscheider braucht Raum, zumeist mit wenigen Vertrauten, das ganze Feld zu beschreiten und zu verstehen. Er muss „sich klar denken" können und ein Grundverständnis bekommen, was erreicht werden soll und wie dies grundsätzlich zu erreichen ist. Nicht minder wichtig ist, Klarheit über die Möglichkeiten zur Entscheidungsfindung und über die Wege zur Mobilisierung des Managements zu bekommen. Veränderungsprozesse funktionieren nur dann, wenn das gesamte Management dahintersteht.

Es wird also der schon beschriebene Entscheiderprozess benötigt, um weiter voranzukommen. Die Arbeitsweise ist stark geprägt durch Klausuren, Interviews und Gruppen- sowie Einzelcoachings. Inhaltlich werden vielfach Szenarien gebildet – dabei wirken Spezialisten aus der eigenen Organisation oder Externe mit. Es entsteht im Management eine gemeinsame Klarheit über Ziele und Vorgehen. Sobald dieser Prozess über die nötigen Entscheidungspunkte geführt ist, kann ein Gesamt-Drehbuch für das Vorhaben erarbeitet werden. Dies ist der Punkt, an dem typischerweise weitere Fach- und Führungskräfte einbezogen werden und schließlich der Weg in die Unternehmensöffentlichkeit genommen werden kann.

Steuerung der Umsetzung

Mit dem Einbeziehen der zweiten Führungsebene geht ein Konkretisieren von Initiativen und Maßnahmen einher. Was bisher zumeist Top-Down und aus Top-Management-Perspektive entstanden ist, wird gehärtet und mit der Erdung versehen, die insbesondere aktive Unterstützer und Skeptiker geben können. Die Machbarkeit der Maßnahmen wird sichergestellt – vieles konkretisiert sich noch zu diesem Zeitpunkt. Mit dem kritischen Blick aus der Gesamtperspektive ist es möglich, das Maßnahmenportfolio auf die wirksamsten Maßnahmen hin zu fokussieren. Konzentration hilft allen Beteiligten, wenn mit der Umsetzung von Maßnahmen – häufig aus der Begleitungsvariante Stretch-Up – begonnen werden soll. Die Arbeitsweise ist zunächst geprägt durch Planungsklausuren, Kick Off-Workshops und ähnliches, „klassische" Projekt- und Programm-Management-Arbeit schließt sich an.

Die Umgestaltung der Organisation wird in einem Organisationsmodell durchgeführt, welches oberste Priorität und höchstes Involvement der Geschäftsleitung sicherstellt. Die operative Steuerung bedarf erfahrener Projektmanager, die ihr Handwerk verstehen und insbesondere in der Lage sind, eine saubere Planung und Konzeption des Veränderungsprozesses durchzuführen.

Hierbei muss die notwendige Autorisierung und Ermächtigung gegeben sein, um keine „zahnlosen" Projektmanager zu generieren.

Die Weiterentwicklung der organisatorischen Gestaltungselemente ist ein iterativer Prozess, das heißt, Planung und Umsetzung erfolgen in mehreren Schleifen. Es findet ein konsequentes Monitoring statt, und die nächsten Schritte, die bereits geplant sind, werden auf ihre Gültigkeit geprüft und gegebenenfalls angepasst.

Eine Roadmap sorgt als Planungsinstrument für Klarheit auch im visuellen Sinne. Meilensteine und ein Masterplan helfen den Beteiligten, die Veränderung besser zu verstehen, das Ziel transparenter vor Augen zu haben und damit das Vorgehen noch besser unterstützen zu können.

Ein Veränderungsprozess bedarf auch klarer und messbarer Zielgrößen beziehungsweise Kennzahlen. Nur so kann nachhaltig und konsequent gesteuert werden. Diese Kennzahlen müssen zu Beginn identifiziert und festgelegt werden. Der Aufbau einer Veränderungs-Scorecard kann hier hilfreich sein.

Von großer Bedeutung ist die regelmäßige Reflektion, ob die Veränderung wirklich vorankommt und die gewünschten Ergebnisse bringt. Nach unseren Erfahrungen erfolgt dies am besten zusammen mit den Umsetzungsverantwortlichen und den Unternehmern bzw. Entscheidern. Dies liefert eine klare Einschätzung zum Stand, gibt den operativ Verantwortlichen Klarheit sowie Rückendeckung und schafft eine gute Basis für eventuelle Veränderungen im Vorgehen. Ein zweiter Schritt der Rückkoppelung zur Entscheider-Ebene ist das Arbeiten exklusiv mit dem Top-Management, um dessen Rolle zu schärfen und grundlegende Korrekturen zu entwickeln.

Rollen und Kompetenzen für die Veränderungsarbeit

Es gibt in der Veränderungsarbeit verschiedene Rollen, die in unterschiedlichen Bereichen wirken und gut zusammenarbeiten müssen:

- Entscheider

- Berater nah am Unternehmer/Entscheider oder „Change Manager" aus der Organisation. Diese wirken auf der Steuerungsebene.

- Programm-Management für die Umsetzung, zusammen mit den direkt zugehörigen Unterstützungsrollen.

- Einzelkapazitäten verschiedener Disziplinen, die in Einzelfragen und den verschiedensten Bereichen unterstützen.

Die Berater bzw. Change Manager verbinden üblicherweise in einem kleinen Team verschiedene Kompetenzen und einen breiten Erfahrungsschatz. Zu den Kompetenzen zählen:

- die Strategie-Beratung bzw. die Navigation zu strategischen Themen

- die Beratung zu Organisation und Governance-Strukturen

- die Gestaltungskompetenz für das komplette Veränderungsvorhaben – von der Durchdringung in der nötigen Tiefe bis zur Herstellung der Umsetzungsreife

- Führungskräfte-Entwickler und Coaches für die Top-Ebene

■ die Kommunikationskompetenz, die nach innen und nach außen wirkt (politische Positionierung)

Neben den gut greifbaren Programm- und Projektmanagement-Kompetenzen und den direkten Unterstützungsrollen gibt es noch weitere Kompetenzfelder. Diese werden punktuell in die Entscheiderberatung integriert und haben viele Aufgaben in der Unterstützung bzw. Durchführung der Umsetzung. Dies sind zum Beispiel:

■ Organisationsentwickler

■ Prozess-Optimierer

■ Personalentwickler bzw. Spezialisten für die diversen breiter angelegten Personalthemen

■ Trainer und Coaches

■ Fachkompetenzen

■ Juristen – sowohl Gesellschafts- als auch Arbeitsrechtler sind nötig

Es dürfte deutlich werden, wie wichtig es ist, dies von der Steuerungsebene aus zu organisieren. Einer der häufigsten Fehler in Veränderungsprozessen ist nämlich die ausschließliche Fokussierung auf einen Teilaspekt. Es wird häufig nur ein Aspekt in Angriff genommen, und man nimmt sich vor, sich dann der weiteren anzunehmen, falls diese überhaupt gesehen werden. Beispielsweise wird eine neue Organisationsstruktur nach allen Regeln der Kunst geschaffen, Mitarbeiter werden von einer Qualifizierung in die nächste geschickt – „um das Change Management können wir uns später noch kümmern". Ein solches Vorgehen ist zum Scheitern verurteilt.

Die Ganzheitlichkeit des Prozesses ist also essenziell. Alle Initiativen und Maßnahmen müssen sauber geplant und aufeinander abgestimmt werden. Das Unternehmen ist mit allen Schlüsselstellen zur richtigen Zeit einzubeziehen. Insbesondere muss das Management während des gesamten Prozesses präsent sein und sich hinter den Veränderungsprozess stellen.

Fallbeispiele

1.   Herangehensweise

Anhand einer Reihe von Beispielen und Fällen aus der Praxis werden wir zeigen, in welcher Bandbreite und in welchem Umfang das Graves-Value-System zur Anwendung kommen kann. Wir haben dabei bewusst ein breites Spektrum von Themen ausgewählt, um Ihnen möglichst viele Anknüpfungspunkte zu geben.

Wir bringen dabei unseren Erfahrungshintergrund ein, der aus Rollen in Beratung, Führungskräfteentwicklung, Training und Linienmanagement herrührt. Bezüge zum Graves-Value-System fanden wir bei den unterschiedlichsten inhaltlichen Themen, in großen und kleineren Projekten, mit und ohne konkreten Veränderungsauftrag, im Coaching und im Training. Das Graves-Value-System ließ sich oft mit der Anwendung anderer, gut bekannter Methoden kombinieren. Die Analogien aus den Fallbeispielen lassen sich daher also auf unterschiedliche Branchen und Kontexte anwenden.

Im Weiteren zeigen wir, wie das praktische Arbeiten mit dem Graves-Value-System erfolgt. In der Veränderungsarbeit geht es immer zunächst darum zu verstehen, wo ein Unternehmen oder bestimmte Unternehmensteile im Graves-Value-System stehen und welche Veränderungsprozesse bereits abgelaufen sind.

Nach dem Verstehen kommt die Phase des Gestaltens. Es geht darum, ein Ziel festzulegen und entlang eines geplanten Pfades die geeigneten Maßnahmen zu definieren und weiter zu konkretisieren. Diese Veränderungsmaßnahmen werden systematisch Schritt für Schritt bearbeitet – und mit geeigneten Mitteln wird verfolgt, wie die Veränderungen im Unternehmen tatsächlich vorankommen. Der klare Bezug zum Titel dieses Buches: Verstehen, Gestalten, Verändern.

Von großer Bedeutung für die praktische Anwendung des Graves-Value-Systems ist, dass in die Arbeit andere Beratungsansätze integriert werden. Abhängig vom Zustand des Unternehmens und vom Veränderungsziel lassen sich viele unterschiedliche Werkzeuge und Vorgehensweisen einsetzen. Diese Methoden und Werkzeuge können allerdings in verschiedenen Situationen der Veränderungsarbeit auch unpassend sein. Das heißt, die Auswahl der geeigneten Hilfsmittel und deren Kombination stehen im Vordergrund. Als Fundus für diese Werkzeuge eignen sich Beratungsansätze von der klassischen Managementberatung über die Organisationsentwicklung hin zur Führungskräfte- und Personalentwicklung. Das Graves-Value-System schafft eine *Gesamt-Architektur* für die Veränderungsarbeit, in die sich viele bewährte Ansätze integrieren lassen.

Über die Beispiele

Thematisch haben wir ein breites Spektrum an Beispielen zusammengestellt, das von Marktausrichtung und Neugestaltung einer Organisation über Post-Merger-Integration bis hin zum Outsourcing reicht. Ein weiterer Schwerpunkt ist der Bereich der Führungskräfteentwicklung und des Trainings.

Die Bandbreite an Projekten, in denen das Graves-Value-System eingesetzt werden kann, reicht natürlich viel weiter – von Strategieprojekten für Top-Entscheider über die Unternehmenssteuerung mit Hilfe der Balanced Scorecard bis hin zu einer Vielzahl von Projekt- und Linien-Themen. Die Veränderungsrelevanz lässt sich aus den Perspektiven von Projektleitern, Linienverantwortlichen oder auch Architekten für Veränderung beschreiben.

Die Fallbeispiele entstammen unserer langjährigen Arbeit als Managementberater, Linienverantwortliche sowie als Trainer und Coach. Wir haben sie jedoch so weit anonymisiert und verändert, dass keine Rückschlüsse auf reale Unternehmen gezogen werden können.

2.   Mobilisierung eines konzernangehörigen Dienstleistungsunternehmens

Rahmenbedingungen	
Ausgangssituation	Konzerneigener Dienstleister, loyale Graves-Ebene
Aufgabenstellung	Vorbereiten des Unternehmens auf verschärften Wettbewerb
Können	**Status**
Souveräne Lösungen auf der aktuellen Ebene	Der Unternehmensauftrag wird bestenfalls „ordentlich erfüllt"
Potenzial für Veränderungen	Gute Fachkenntnisse, ausbaufähig und ausbaubedürftig
Umgang mit Hindernissen	Hohe Problemlösungskompetenz für bekannte Szenarien, Schwierigkeiten bei Unbekanntem
Integration des Gelernten	Hohe Lernfähigkeit (bekannte Kontexte), Schwierigkeiten mit Unbekanntem

Wollen	Status
Offenheit für Veränderungen	Ausreichend gegeben
Dissonanz	Praktisch nicht vorhanden
Einsicht in Notwendigkeit der Veränderung	Nur bei Einzelnen gegeben, in der Regel nicht vorhanden
Begleitung/Besonderheiten	
Einschätzung der Führungskräfte	Überwiegend loyal, einige Einzelkämpfer, bei wenigen Führungskräften Elemente der Erfolgsorientierung sichtbar
Begleitvariante	Stabilisieren und Optimieren des gesamten Unternehmens. Stretch-Up in ausgewählten Bereichen zum Aufbau von Keimzellen für den später anstehenden Veränderungsprozess in die Ebene „Erfolgssucher"
Besonderheiten	Strategie-„Roadmap" als inhaltliches Vehikel, um die Beteiligung aller Führungskräfte zu erreichen

Die Aufgabenstellung für die Geschäftsführung des konzerneigenen (captive) Dienstleistungsunternehmens bestand darin, dieses innerhalb der gegebenen Konzern-Rahmenbedingungen deutlich leistungsfähiger zu machen. Dies bedeutete, sowohl die bisherigen Leistungen kostengünstiger zu erbringen als auch neue Aufgabenstellungen schneller zu bewältigen.

Ausgangssituation

Die Konzernmutter war zwar historisch gesehen ein loyales Unternehmen, befand sich aber auf dem Weg zu einer deutlich stärkeren Ausrichtung an Erfolgsmaßstäben. Der Hintergrund: Im Konzern war ein neuer Vorstandsvorsitzender an Bord gekommen. Dieser hatte sehr konkrete Vorstellungen, wie er mehr Kundenorientierung und deutlich bessere Ergebnisse erreichen wollte. Dafür trimmte er den ganzen Konzern auf die Erbringung neuer Leistungen sowie eine effizientere und effektivere Arbeitsweise.

Das Dienstleistungsunternehmen war im Sinne des Graves-Value-Systems als loyales Unternehmen einzustufen. Dies passte ursprünglich auch gut zum Unternehmenszweck, der darin bestand, übertragene Aufträge in hoher Qualität und mit sehr großer Zuverlässigkeit zu erfüllen. Außerdem korrespondierte die loyale Grundeinstellung gut mit der historischen Ausrichtung der Konzernmutter.

Im Zuge der Neuausrichtung des Gesamtkonzerns wurde deutlich, dass die Dienstleistungstochter – wie viele andere Konzerngesellschaften auch – zu kostenintensiv arbeitete und für die übertragenen Aufgaben zu viele Kapazitäten benötigte. Gleichzeitig konnten jedoch nicht alle zusätzlichen vom Konzern gewünschten Aufgaben übernommen oder wenigstens in ausreichender Geschwindigkeit bearbeitet werden. Das Unternehmen war für die veränderte Umweltsituation also nicht mehr hinreichend leistungsfähig und musste sich verändern.

Ziel/Aufgabenstellung

Die Aufgabe für das Management des Dienstleisters bestand folglich darin, das Unternehmen so fit zu machen, dass es unter Beibehaltung aller bestehenden Leistungsstandards handlungsfähiger und „schlanker" wurde.

In diesem Sinne suchte die Geschäftsführung wiederholt Rat bei externen Beratern und setzte im Lauf der Zeit eine Reihe von Programmen auf, die der Entwicklung des Unternehmens und der Unternehmenskultur dienen sollten.

Die Berater schlugen unter anderem vor, einen Strategieentwicklungsprozess angelehnt an die Strategieentwicklung nach Norton/Kaplan (Balanced Scorecard) durchzuführen. So sollten alle Führungskräfte daran beteiligt werden, die Bedeutung der Unternehmensentwicklung entsprechend herauszustellen und die erforderlichen Veränderungen in die gesamte Organisation zu tragen.

Analyse der Voraussetzungen nach dem Graves-Value-System

Zu Beginn der Projektarbeiten wurde analysiert, welche Voraussetzungen für Veränderungen wie gut erfüllt waren. Da es in der jüngeren Vergangenheit mehrere größere Pannen und Qualitätsmängel gegeben hatte, wurde kritisch geprüft, ob das Unternehmen überhaupt *souveräne Lösungen* für die laufenden Aufgaben *auf der aktuellen loyalen Ebene* hatte. In der Tat war nach Auftreten der Probleme sehr zügig ein Programm zur Qualitätsverbesserung gestartet und eine verstärkte Überwachung der Leistungen eingeführt worden. Im Verständnis eines „schnellen Reparierens und dann besser Aufpassens" gab es also brauchbare Lösungen. Dennoch wurde deutlich, dass das Unternehmen nicht über die vollen Fähigkeiten verfügte oder diese nicht nutzte, die ihm auf der loyalen Ebene zur Verfügung stehen sollten.

Eine eingehende Betrachtung zeigte auch, dass es im Unternehmen gute Fachkenntnisse gab. Den Beratern wurde dabei allerdings schnell deutlich, dass steuernde und planende Aufgaben nur in geringer Qualität durchgeführt wurden. Die Analyse, wie die Planungs- und Steuerungsprozesse sowie die dazugehörigen Entscheidungsprozesse typischerweise abliefen, belegte dies nachdrücklich. Die Planung war zudem stark vom vorhandenen Budget abhängig und dementsprechend überwiegend vom Konzern vorgegeben.

Die jährliche, kleinteilige und stark inhaltlich geprägte Planung des Projektportfolios wurde als typisches Beispiel näher betrachtet. Die Vorgehensweise entsprach in etwa dem Verständnis, dass der Konzern Aufgabenstellungen „über den Zaun warf" und die Dienstleistungstochter sie dann bearbeitete. Das Budget wurde – jährlich in etwa immer in gleicher Höhe – festgelegt und bereitgestellt. Die tatsächliche Bearbeitung der Projekte im Lauf eines Jahres erfolgte dann eher nach der kurzfristigen Bedarfssituation.

Dies führte unter anderem zu der Bewertung, dass *wenig Potenzial für Veränderungen* vorhanden war und erst geschaffen werden musste. Der niedrige Reifegrad der steuernden und planenden Prozesse passt zur Ebene der Loyalen. In der Ebene der Erfolgssucher hat ein Unternehmen jedoch gerade hier einen hohen Reifegrad erreicht. Folglich kann man den Reifegrad der planenden und steuernden Prozesse als Indikator dafür verwenden, inwieweit ein loyales Unternehmen bereits über Potenzial für die nächsthöhere Ebene des Graves-Value-Systems, die Ebene der Erfolgssucher, verfügt.

Die Folgerungen aus der Analyse der planenden und steuernden Prozesse deckten sich mit der Beobachtung, dass die Dienstleistungstochter bei den innovativen und zukunftsgerichteten Themen der Konzernmutter wenig Mitwirkungsmöglichkeit hatte. Die Konzernplanungsstäbe nahmen ihre Dienstleistungstochter wenig wahr und billigten ihr keine Leistungsfähigkeit zu, die sich auf komplexe Planungen bezog. Deshalb war es der Dienstleistungstochter nicht möglich, zusammen mit der Konzernmutter eine Priorisierung der anstehenden Aufgabenstellungen durchzuführen. Ebenso wenig wurde im Dienstleistungsunternehmen verstanden, wie die Gesamtausrichtung des Konzerns an die veränderten Anforderungen des Marktes erfolgen sollte. Es gab also wenig *Einsicht* in den Zustand, in den eine Veränderung führen könnte.

Das Beobachtete führte zudem zu der Schlussfolgerung, dass auch die *Fähigkeiten zum Umgang mit Hindernissen* sich sehr stark auf bekannte Problemszenarien beschränkten. Einzelne Führungskräfte stimmten dieser Einschätzung schon in den ersten Interviews zu, und auch im Verlauf des Projekts bestätigte es sich. Ähnliches galt für die *Fähigkeit, Gelerntes zu integrieren*.

Alles in allem war jedoch eine deutliche *Offenheit für Neues* und damit auch für Veränderungen zu beobachten. Eine ganze Reihe von neuen Projekten war in der jüngeren Vergangenheit durchgeführt worden, die gut angenommen wurden. So hatte man sich zum Beispiel auf der zweiten und dritten Führungsebene intensiv mit Fragen der Unternehmenskultur beschäftigt.

Schlüsselpersonen und Unternehmensteile

Das Bild, das sich aus der Analyse der Voraussetzungen ergab, wurde durch die Betrachtung wesentlicher Teile des Unternehmens und der erkennbaren Schlüsselfiguren konkretisiert. Die dafür durchgeführten Einzel-Interviews mit der Geschäftsführung, den Abteilungsleitern und zentralen Stabsfunktionen lieferten ein sehr heterogenes Bild. Das Führungssystem des Dienstleisters bildete keine stabile und belastbare loyale Organisation im Sinne des Graves-Value-Systems. Vielmehr gab es sehr unterschiedliche Interessensphären.

Wie erwartet, befand sich die Mehrzahl der Führungskräfte, der Unternehmensbereiche und der Abteilungen auf der Ebene der Loyalen. Es gab aber auch eine Vielzahl von Einzelkämpfern, die sich und ihre Interessen – der Methode der Einzelkämpfer entsprechend – gut abgeschottet hatten. Sie sorgten so für Intransparenz und zementierten damit ihre Positionen.

Gleichzeitig gab es überraschende Analyseergebnisse im Hinblick auf die Erfolgsorientierung: Ein Unternehmensbereich hatte sich – regelrecht im Verborgenen – sehr effizient aufgestellt und viele Abläufe optimiert, Teile der Leistung waren sogar an einen externen Dienstleister gegeben worden. Der verantwortliche Manager hatte bei seinen Kollegen wenig Rückhalt, wohl aber bei der Geschäftsleitung und auch im Konzern. Ähnliches galt für eine Stabsstelle, die mit übergreifenden planerischen Aufgaben betraut und erst vor einiger Zeit geschaffen worden war. Sie hatte einen guten Überblick über anstehende Themen und Prioritäten, konnte dies innerhalb des Unternehmens aber kaum artikulieren.

Veränderungsziel nach dem Graves-Value-System

Entsprechend der Rahmenbedingungen stand also ein *Fit-Machen* innerhalb der loyalen Graves-Ebene an – bevor es dann in einem späteren Entwicklungsschritt möglich wäre, dem Pfad der Erfolgsorientierung zu folgen.

Die Aufgabenstellung für die Veränderungsbegleitung erweiterte sich also – in Ergänzung zur ursprünglichen Erwartung, das Unternehmen sofort erfolgsorientiert aufzustellen – dahingehend, zunächst im Zusammenspiel der Führungskräfte einen loyalen Gesamtzustand wieder herzustellen. Dann würde man mit einer stärkeren Erfolgsorientierung beginnen können. Dafür sollten schon vorab die vorhandenen „Keimzellen" weiter gestärkt werden. Die organisatorischen Gestaltungselemente entsprachen also einem loyalen Unternehmen, das seine erfolgsorientierten Keimzellen konsequent fördert.

Die Begleitung – ein strategischer Planungsprozess als Mobilisierungs-Vehikel

Am Anfang musste also ein „Entstauben" und Mobilisieren der Organisation stehen sowie das gezielte Erzeugen von Dissonanz. Man entschied sich für einen Strategieprozess unter Einbeziehung der gesamten Führungsmannschaft, um eine entsprechende Mobilisierung in die Organisation zu bringen. Gleichzeitig versprach sich die Geschäftsführung davon mehr Transparenz für sich selbst über die brennenden Themen im Unternehmen.

Die Arbeitsweise in der Strategieentwicklung war sehr stark auf die Beteiligung der Führungskräfte ausgerichtet. Die externe Unterstützung erfolgte durch ein kleines Beratungsprojekt mit drei Beratern, die fokussiert für Workshops, Interviews und die inhaltliche Aufarbeitung zum Einsatz kamen.

Über die Geschäftsführung wurde sichergestellt, dass sich alle Führungskräfte der zweiten Ebene und der zentralen Stabsfunktionen am Strategieprozess beteiligten. Inhaltliches Vehikel war eine so genannte Roadmap, zu deren Entwicklung Workshops mit Führungskräften durchgeführt wurden. Zum Teil gab es auch Einzelinterviews beziehungsweise Vertiefungsgespräche mit Führungskräften und Spezialisten, um das Bild inhaltlich zu vervollständigen. Der Schwerpunkt lag jedoch darauf, alle Führungskräfte eng am Arbeitsprozess zu beteiligen.

Voraussetzung dafür war wiederum, in einer vorausgehenden Analyse zu ermitteln, wer im Prozess wie intensiv zu beteiligen war. Denn es hatten keineswegs alle Führungskräfte in gleicher Weise Anteil an der Unternehmenssteuerung und -entwicklung. Die Geschäftsführung musste ebenso für einzelne Beteiligte eine entsprechende Priorität vorgeben. Für die Führungskräfte-Veranstaltungen größeren Rahmens war es genauso erforderlich, die Teilnahme aller abzusichern.

Beides entspricht der typischen Erkenntnis, dass sich in solchen Prozessen viele Beteiligte zunächst zurückhalten, wenn ihre Aufgabenfelder stark von der Veränderung oder vom Veränderungsbedarf betroffen sind. Durch die entsprechenden Anweisungen der Geschäftsführung entstand natürlich Unruhe, da ein solches Verhalten gegenüber den Führungskräften bisher unüblich war.

Im Ganzen wurde durch den Strategieprozess – insbesondere durch die bereichsübergreifende Einbindung aller Führungskräfte – das Potenzial für übergreifendes Denken und Planen in der Breite erhöht. Es wuchs über die sichtbar gewordenen Themen für die Unternehmensentwicklung auch die Einsicht, dass weitere Veränderungen erforderlich sein würden, und wie diese aussehen könnten. All das führte zu weiterem Unbehagen, da transparent wurde, wie weit die Dienstleistungstochter noch von den Vorstellungen des Konzerns entfernt war.

Das inhaltliche Ergebnis und dessen weitere Verwendung in der Führung

Die Teilnehmer an der Roadmap-Entwicklung brachten jeweils ihre Sicht auf die zentralen Themen für die bevorstehenden ein bis zwei Jahre ein. Das Gesamtergebnis wurde konsolidiert und dann in einer ersten Zwischenpräsentation mit der Geschäftsführung und einzelnen Abteilungsleitern durchgesprochen. Davon ausgehend wurde festgelegt, welche Themen vertieft zu betrachten waren. Diese Vertiefung geschah in bilateralen Gesprächen mit den jeweilig Verantwortlichen im Linienmanagement oder den entsprechenden Projektfunktionen. Dabei wurde inhaltlich herausgearbeitet, was jeweils konkret zu geschehen hatte, wer noch Beiträge dazu leisten musste, welche Abhängigkeiten bestanden und worin die Hauptrisiken zu sehen waren. Es wurden auch Empfehlungen für Managemententscheidungen und Priorisierungen entwickelt.

Als nächster Schritt wurde eine Klausurtagung unter Einbeziehung aller Führungskräfte angesetzt, um die Vertiefungsergebnisse vorzustellen und planerisch zu integrieren. Dabei wurde großer Wert darauf gelegt, dass alle Beteiligten ihre Sicht einbringen konnten und mit dem Ergebnis einverstanden waren. Letzteres war jedoch nur eingeschränkt möglich – die Geschäftsführung musste einzelne Themen mit den zuständigen Führungskräften bilateral klären und dabei ihre hierarchische Funktion zum Teil stark einsetzen (passend zur kongruenten Führung der loyalen Ebene).

Als Ergebnis des Strategieprozesses entstand eine Matrix-Darstellung, die neben der zeitlichen Dimension der nächsten zwei Jahre die zehn zentralen inhaltlichen „Zielpunkte" enthielt. Diese waren entweder erfolgskritische Projektergebnisse oder aber Ergebnisse interner Unternehmensveränderungen, zum Beispiel:

▦ Entwicklung und erstmaliger Einsatz eines veränderten Planungsprozesses

▦ Einführung einzelner fokussierter Messgrößen für die Unternehmensleistung

▦ Aufbau eines Arbeitsmodells für die Mitwirkung von Spezialisten in großen Projekten

▦ Eine veränderte, bedarfsorientierte Mitarbeitereinsatzplanung

Geeignete Entscheidungsmeilensteine und Zwischenmeilensteine wurden hervorgehoben, sowohl im Verantwortungsbereich des Dienstleistungsunternehmens als auch in dem der Konzernmutter. Allen Meilensteinen und Ergebnissen wurden Verantwortliche zugeordnet. Als verdichtetes Arbeitsergebnis entstand eine Orientierungsmatrix, die auch in der unternehmensinternen Kommunikation gut nutzbar war. Weiteres Arbeitsergebnis war eine Tracking-Liste als Managementinstrument für die zentralen Themen. Diese nutzte die Geschäftsführung von nun an in ihren wöchentlichen Sitzungen mit den Führungskräften der zweiten Führungsebene.

Die Integration in den laufenden Managementprozess stellte sicher, dass die strategischen Planungsschritte zu einem Teil der laufenden Arbeit wurden und nicht „in der Schublade" landeten. Damit wurden einerseits die planenden und steuernden Fähigkeiten im Gesamt-Management weiter gestärkt, andererseits konnte die Einsicht in die kommenden Veränderungen weiter wachsen. Die Kontinuität des ganzen Prozesses und die dabei immer wieder neu sichtbar werdenden Aufgabenstellungen führten jedoch auch zu einer zunehmenden Dissonanz.

Veränderungen in der Führungsstruktur

Durch die Arbeit an der strategischen Themen-Roadmap wurde deutlich, was das Unternehmen in der nächsten Zeit zu leisten hatte und welche Führungskräfte bereit und in der Lage waren, dazu einen Beitrag zu leisten. Genauso waren Reibungsflächen im Unternehmen sichtbar geworden – und die Widerstands-Muster eines Teils der Führungskräfte.

Aufbauend auf den Vorschlägen der externen Berater schuf die Geschäftsführung eine modifizierte Führungsstruktur. Diese stattete die planerischen Stabsfunktionen und die Projekt-Kompetenzen im Unternehmen mit deutlich mehr Einfluss aus. Deren Führungskräfte wurden zu ständigen Teilnehmern der wöchentlichen Meetings mit der Geschäftsführung. Gleichfalls wurde den übergreifenden Planungs- und Steuerungsprozessen erheblich mehr Platz eingeräumt. Die Roadmap und die daraus abgeleiteten Steuerungsinstrumente konnten als sehr gute und allgemein akzeptierte Basis eingesetzt werden.

All dies half, deutlich mehr Transparenz zu schaffen und die Einzelkämpfer in das loyale Führungsgefüge zu integrieren. In einem Fall musste sich die Geschäftsführung – in dem für eine loyale Kultur typisch langwierigen Prozess – allerdings von einem Manager der zweiten Führungsebene trennen.

Zusammenfassende Betrachtung

Die Geschäftsleitung bekam auf diese Art nicht nur inhaltliche Transparenz über zentrale Themen und die dafür Verantwortlichen, sondern auch den gewünschten Impuls im Hinblick auf die Mobilisierung des Unternehmens. Dabei handelte es sich methodisch um eine Stabilisierung und Optimierung des Unternehmens auf der loyalen Ebene sowie um erste Elemente des Stretch-Up.

Insbesondere in den Bereichen

- Potenzial für Veränderungen
- Integration des Gelernten
- Dissonanz
- Einsicht in Notwendigkeit von Veränderungen

konnte in ausgewählten Unternehmensbereichen an den Voraussetzungen für Veränderungen – gemäß der Begleitvariante Stretch-Up – gearbeitet werden. Das Unternehmen war auf dem Weg in einen stabilen, loyalen Zustand mit einzelnen Keimzellen erfolgsorientierten Handelns. Diese Keimzellen zu stärken und weiter wachsen zu lassen war dann die nachfolgende Aufgabe für die Geschäftsführung.

3.   Eine einheitliche Vertriebsstrategie im europäischen Markt

Rahmenbedingungen	
Ausgangssituation	Börsennotierter internationaler loyaler Anlagenhersteller mit länderspezifischen Vertriebsorganisationen auf unterschiedlichen Graves-Ebenen. Differenzierte nationale Absatzmärkte mit starken Konsolidierungstendenzen
Aufgabenstellung	Etablierung einer einheitlichen Vertriebsstrategie

Können	Status
Souveräne Lösungen auf der aktuellen Ebene	Bisher souveräne Vertriebsleistungen in den jeweiligen Märkten
Potenzial für Veränderungen	Gering, da der Markt und die Branche seit Jahren recht konstant waren
Umgang mit Hindernissen	Lediglich mit den bekannten Hindernissen, die in das bisherige Marktbild passen, konnte souverän umgegangen werden
Integration des Gelernten	Hohe kognitive Lernfähigkeit, jedoch geringe Umsetzungsstärke
Wollen	**Status**
Offenheit für Veränderungen	Grundsätzlich gegeben
Dissonanz	Zunächst wenig vorhanden
Einsicht in Notwendigkeit der Veränderung	Nur bei Einzelnen gegeben, in der Regel nicht vorhanden
Begleitung/Besonderheiten	
Einschätzung der Führungskräfte	Starke regionale Abweichungen: europäischer Vertriebsleiter erfolgsorientiert, die Verkaufsleiter von Einzelkämpfer bis loyal einzustufen
Begleitvariante	Stabilisierung auf der Ebene Teammensch, verschiedene Stretch-Up-Szenarien
Besonderheiten	Überarbeitung der ursprünglichen Zielsetzung nach Auswertung der Analyseergebnisse der einzelnen Regionen. Getrennte Weiterentwicklung der einzelnen länderspezifischen Teilbereiche

Ausgangssituation und Ziel

Ein international agierender Industrieanlagenhersteller beabsichtigte, eine einheitliche Vertriebsstrategie für den europäischen Markt zu implementieren. Das Vertriebsgeschäft in Europa war in verschiedene Divisionen aufgeteilt, die auf unterschiedlichen Ebenen des Graves-Value-Systems angesiedelt waren und sehr unterschiedliche Historien hatten. Ziel der einheitlichen Vertriebsstrategie sollte sein, Prozesse gleichzuschalten, um Shared Services nutzen zu können, sowie die Abläufe zu verschlanken und effizienter zu gestalten.

Grundsätzlich wurden die Kunden jeweils von drei unterschiedlichen Funktionen des Industrieanlagenherstellers betreut. Zum Ersten vom Key Account Manager, dieser war für den Vertrieb zuständig und sollte eigentlich erster Ansprechpartner des Kunden sein. Meist verfügten die Key Account Manager über eine technische Ausbildung mit einer kaufmännischen

Zusatzqualifikation. Zum Zweiten waren die Anwendungsberater beim Kunden präsent. Sie wiesen die Mitarbeiter des Kunden an den Anlagen ein und berieten sie in fachlicher Hinsicht. Die Anwendungsberater hatten meist einen technischen Hintergrund, häufig hatten sie auch schon in vorherigen Anstellungen in ähnlichen Bereichen bei Kunden gearbeitet. Dritter Ansprechpartner der Kunden waren die Servicetechniker. Sie installierten und reparierten die Anlagen. Die Servicetechniker verfügten zumeist über eine ausgezeichnete technische Qualifikationen, hatten jedoch häufig eine geringere soziale und kommunikative Kompetenz.

Der Markt des Anlagenherstellers veränderte sich zunehmend. Die Kundenunternehmen konsolidieren sich, es gab viele Übernahmen und Unternehmensverschmelzungen. Dementsprechend bestand der Markt des Anlagenherstellers nur noch aus einer geringeren Anzahl an Kundenunternehmen, diese jedoch mit jeweils größerem Umsatzvolumen und stärkerer Einkaufsmacht ausgestattet. Zudem strukturierten sich die Kunden selbst verstärkt zu erfolgsorientierten Unternehmen um. Sie bauten zum Beispiel professionelle Einkaufsprozesse mit entsprechenden Verantwortlichkeiten im Einkauf auf.

Hatte das Industrieanlagenunternehmen früher einen Kunden verloren oder gewonnen, war der Einfluss auf den Umsatz eher gering gewesen. Aufgrund der Marktkonsolidierung hatten jedoch Gewinnen oder Verlieren eines Kunden nun erhebliche Schwankungen des Umsatzes zur Folge – mit allen positiven oder negativen Auswirkungen, auch auf den Aktienkurs des Industrieanlagenherstellers.

Die Vertriebsmannschaft des Unternehmens sah sich aufgrund der Umstrukturierungen auf Kundenseite veränderten Strukturen und Abläufen sowie neuen Ansprechpartnern gegenüber. Strategische Einkäufer, Finanzexperten und Controller waren nun Entscheidungsträger beim Kauf neuer Anlagen.

Die bisherigen Entscheidungsträger der Kunden hatten meist einen technischen Hintergrund. Sie waren häufig Produktionsleiter oder Experten aus der Verfahrenstechnik. Diese Personen waren durch die hohe Produktqualität, die sie einzuschätzen wussten, gut und einfach zu betreuen. In den neuen Strukturen der Kunden wurden die bisherigen Entscheidungsträger jedoch vielfach nur noch als interne Experten genutzt.

Für diese neue Herausforderung war der Vertrieb des Industrieanlagenherstellers nicht aufgestellt, so dass der Umsatz rapide sank. Die Lösung sollte ein neues, einheitliches Gesamtkonzept, „das Teamselling", bringen. Es basierte auf der Grundidee, einerseits die Verzahnung der Kundenansprechpartner – Key Account Manager, Anwendungsberater und Servicebetreuer – zu stärken und andererseits deren Erfolgsorientierung zu forcieren. Zur Umsetzung des Konzepts sollte für jede europäische Division eine individuell passende Qualifizierung durchgeführt werden.

Analyse der Voraussetzungen nach dem Graves-Value-System

Die Divisionen der nordischen Länder befanden sich auf der Teammenschen-Ebene und hatten demnach die Erfolgsorientierung bereits integriert. Die Mehrzahl der deutschen Servicetechniker war hoch loyal. Im Sinne des loyalen Systems sahen sie es als ihre ausschließliche

Aufgabe, die Anlagen zu warten und zu reparieren. Verkaufen sei nicht ihr Geschäft, antworteten sie in Interviews, und wenn, dann wollten sie dafür auch den Status eines Key Account Managers haben und zudem mehr Geld bekommen. In Frankreich zeichnete sich ein ähnliches Bild ab.

In Ländern wie Polen und Tschechien war das Verkaufen für alle Mitarbeiter selbstverständlich. Hier konnte der Markt nur dann bedient werden, wenn alle vertriebsorientiert dachten. Dahinter steckte ein klarer Einzelkämpfer-Gedanke. Die Mitarbeiter sahen es als ihre eigene Verantwortung an, genügend Arbeit zu haben.

Schlüsselpersonen und Schlüsselländer

Zentrale Personen waren neben den erfolgsorientierten Länderchefs speziell die regionalen Verkaufsleiter und einige Key Account Manager, die eine hohe Meinungsbildungsfunktion innehatten. Die regionalen Verkaufsleiter kamen meist ebenso aus der alten loyalen Welt wie die wortstarken Key Account Manager. Die regionalen Verkaufsleiter galt es frühzeitig zu gewinnen und für das Projekt zu begeistern.

Den Ländern und damit den regionalen Vertriebsorganisationen kam eine besondere Bedeutung zu. So war Deutschland einer der wichtigsten Märkte, an den organisatorisch die Schweiz und Österreich und mittelbar die südosteuropäischen Staaten angeschlossen waren. Das für sich loyale Frankreich war weitgehend autonom und verhielt sich auch so. Die nordischen Regionen (Nordics) galten von der Einstellung und Verhaltensweise als Vorbilder, wenngleich ihr Umsatz vergleichsweise gering war.

Veränderungsziel nach Graves

Um die Umsätze wieder zu steigern und zu sichern, wurde der Teamselling-Ansatz, ein klassisches Vertriebskonzept, das auf der Erfolgssucher-Ebene des Graves-Value-Systems gut funktioniert, seitens des europäischen Vertriebsleiters gewünscht.

Eine einheitliche Umsetzung der Strategie wäre jedoch zum Scheitern verurteilt gewesen. Die Länderorganisationen und die Märkte waren so unterschiedlich, auch von den Ebenen des Graves-Value-Systems her, dass nur regionale Konzepte funktionieren konnten.

Wo befanden sich nun die einzelnen Vertriebsorganisationen?

- Nordics: Sie befanden sich schon auf der Ebene des Teammenschen und hatten damit bereits die Erfolgsorientierung integriert. Daher galt es, die Nordics auf der aktuellen Ebene zu optimieren und sie als Keimzelle für die anderen Regionen zu nutzen.

- Deutschland, Schweiz, Österreich, Benelux, Frankreich: loyale Länder – Stretch-Up zum Erfolgssuchertum.

▓ Polen, Tschechien, Balkanstaaten: Durch die politische Situation und die noch recht jungen Märkte befanden sich diese auf der Einzelkämpferebene. Es herrschte mehr Eroberung als Verdrängung. Hier galt es, zunächst zu stabilisieren und loyale Strukturen und Denkweisen vorzubereiten.

Die Begleitung – Teamselling als Lösungsansatz

In den „loyalen" Regionen – Deutschland, Frankreich, Schweiz, Österreich und den Benelux-Staaten – wurden die Key Account Manager von den regionalen Verkaufsleitern geführt, während die Anwendungsberater und die Servicetechniker von den Serviceleitern geführt wurden.

In den „Einzelkämpfer"-Regionen – Polen, Tschechien und den Balkan-Staaten – wurden die Key Account Manager und die Anwendungsberater von den Verkaufsleitern geführt und nur die Servicetechniker von den Serviceleitern. Zum einen hatten die Verkaufsleiter hier mehr Macht und nutzten diese auch, indem sie z. B. die Verantwortung für die Anwendungsberater übernahmen. Zum anderen war in diesen Regionen alles auf den Vertrieb im Sinne von „Erobern neuer Kunden" ausgerichtet.

In den „erfolgsorientierten" beziehungsweise „Teammensch"-Regionen der nordischen Länder gab es eine prozessorientierte Struktur: Der Verkaufsleiter war auch Serviceleiter und hatte so die Verantwortung für den gesamten Kundenprozess und damit auch einen besseren Zugriff auf alle Mitarbeiter, die den Kontakt zum Kunden pflegten.

Diese unterschiedlichen Strukturen hatten sich in den letzten Jahren regional bewährt. Sie waren nun aber in Frage gestellt, da sich der Markt verändert hatte.

Die Geschäftsleitung beschloss, eine europaweite Qualifizierungswelle zu starten, um die Mitarbeiter auf „Teamselling" einzuschwören und ihnen die entsprechende Unterstützung zu geben. Die Grundidee des gemeinsamen Verkaufens blieb bestehen, es handelte sich jedoch nicht wirklich um Verkaufen auf der Teammenschen-Ebene – es wurde aber gezielt so genannt. Der neue Teamselling-Ansatz zeichnete sich dadurch aus, dass unterschiedliche Ansprechpartner beim Kunden durch unterschiedliche Mitarbeiter des Industrieanlagenherstellers betreut werden sollten, wobei diese ein gemeinsames Vertriebsziel verfolgen sollten.

Dies gestaltete sich beispielsweise so, dass sich der Key Account Manager vornehmlich um die Verwaltung und das Management des Kunden kümmerte. Alle Zahlen, Daten und Fakten der Angebotserstellung wurden von ihm zusammengestellt und ein Vertriebsprojekt als Ganzes wurde von ihm gesteuert. Die Projektsteuerung beinhaltete auch die fachliche Führung der hierarchisch gleichgestellten Kollegen, die disziplinarisch überwiegend von anderen Führungskräften geführt wurden.

Die neue Struktur des Teamsellings sah vor, die Anwendungsberater als Bindeglied zwischen den betriebswirtschaftlichen und technischen Bereichen des Unternehmens und den Kunden zu nutzen. Sie sollten die Rolle von Experten übernehmen und ihre Fachexpertise konsultierend in das Team einbringen.

Die Servicetechniker sollten neben ihrer klassischen technischen Verantwortung nun auch Funktionen im Customer Relationship Management übernehmen. Ihre Aufgabe sollte es sein, vor Ort die Fachexperten zu betreuen, Kundenbeziehungen auf der persönlichen Schiene aufrechtzuerhalten und zu pflegen. Diese neue Verantwortung sollte den Servicetechnikern zukommen, da die Key Account Manager nun mehr in den Managementbereichen aktiv waren und so nur noch wenig Kontakt zu den „Endanwendern" hatten.

Dies erforderte bei einigen Servicetechnikern einen radikalen persönlichen Verhaltensveränderungsprozess. Viele von ihnen hatten wenig Neigung zu Smalltalk und Beziehungspflege. Sie sahen sich als Profis der Technik und fanden dies für ihren Beruf auch ausreichend. Der Begriff des Verkaufens war bei ihnen eher negativ belegt. Im neuen Teamselling-Konzept sollten sie vertriebsrelevante Informationen aufnehmen, Bedarf erkennen und aktiv (!) wecken.

Maßnahmen zur Umsetzung

Die große Herausforderung war nun, die unterschiedlichen Vertriebsdivisionen und Mitarbeiter für dieses Vertriebskonzept zu gewinnen und zu qualifizieren. Dies musste in einer Weise geschehen, die den regionalen Besonderheiten entsprach und gleichzeitig eine einheitliche Darstellung des Themas ermöglichte. Für die regionalen Schwerpunkte wurden Trainingskonzepte aufgestellt, um die gewünschten Wirkungen zu erzielen, dabei waren die Qualifizierungsmaßnahmen nach den Zielgruppen und Aufgabenbereichen entsprechend getrennt.

In den Nordics wurden gemeinsame Trainings mit allen drei Zielgruppen organisiert. Key Account Manager, Anwendungsberater und Servicetechniker stellten sich der Aufgabenstellung von Anfang an gemeinsam. Die Trainings hatten eher Workshop-Charakter, waren sehr prozessorientiert, am Tagesgeschäft und den Alltagsherausforderungen angelehnt.

In den loyal geprägten Länderorganisationen Deutschland, Österreich, Schweiz, Benelux und Frankreich wurde ein gänzlich anderes Vorgehen gewählt. Zunächst gab es eine Reihe von Qualifizierungsmaßnahmen, die differenziert auf die Zielgruppen eingingen und diese auf ihre künftigen Rollen in der veränderten Zusammenarbeit vorbereiten sollten:

- Key Account Manager: Trainings für die effiziente und kundentypengerechte Vertriebssteuerung im Teamselling

- Anwendungsberater: beratendes Verkaufen durch Expertise

- Servicetechniker: interpersonelle Kommunikation und Serviceorientierung

Erweiternd wurde in den loyalen Regionen die Zusammenarbeit stark strukturiert und formal organisiert. Zudem wurde der Austausch untereinander gefördert durch die Einrichtung von regelmäßigen gemeinsamen Meetings. Die Aufgaben und Möglichkeiten der regionalen Verkaufsleiter wurden um einige Führungsinstrumente erweitert. Zum Beispiel bekamen sie die Aufgabe und die Möglichkeit, sowohl die Key Account Manager als auch die Anwendungsberater und die Servicetechniker vor Ort zu begleiten und zu coachen.

Die Trainings- und Veränderungsmaßnahmen für die eher einzelkämpferisch geprägten Länderorganisationen – also Polen, Tschechien, Balkan-Staaten – mussten natürlich anders ausgerichtet werden:

▨ Key Account Manager: Ausbildung und Training zu vernetztem und langfristigem Denken

▨ Anwendungsberater: Networking und Kommunikation

▨ Servicetechniker: Interpersonelle Kommunikation und Serviceorientierung

Die Trainings wurden teils innerhalb der Länderorganisationen homogen gesteuert, teilweise bewusst regional gemischt – um beispielsweise von den Nordics zu lernen und sich wechselseitig zu inspirieren.

Die Nordics konnten durch Verfeinerungen innerhalb ihrer Graves-Ebene den Vertrieb optimieren. In den anderen Ländern wurde längerfristig erreicht, den Gedanken der Zusammenarbeit und des gemeinsamen Ziels zu verankern und damit die Arbeitsweise zu verändern.

Zusammenfassende Betrachtung

Durch die Betrachtung mit dem Graves-Value-System war es möglich, eine ursprünglich einheitlich geplante Qualifizierung vor dem Scheitern zu bewahren und unter dem gleichen strategischen Ziel eine maßgeschneiderte – kulturell und werteorientiert angepasste – Qualifizierung zu entwickeln und durchzuführen.

Das Graves-Value-System wurde den Führungskräften des mittleren und unteren Managements und den Mitarbeitern nicht transparent gemacht. Es diente lediglich als Orientierung und Erklärungsgrundlage für die Personal- und Organisationsentwickler sowie das Top-Management und die Vertriebsleiter in den Divisionen.

Das Modell ist inzwischen in der oberen Managementebene etabliert und wird dort sowohl als Erklärungshilfe im Tagesgeschäft genutzt als auch bei der fortlaufenden Entwicklung (Stretch-Up) der Divisionen. Insbesondere kommt es nun für das weitere Schaffen von Voraussetzungen zum Einsatz:

▨ Potenzial für Veränderungen

▨ Integration des Gelernten

▨ Dissonanz

▨ Einsicht in Notwendigkeit von Veränderungen

4. Service-Center als Keimzelle der Unternehmensentwicklung

Rahmenbedingungen	
Ausgangssituation	Mittelständisches Sach- und Lebensversicherungs-unternehmen hoher Reife
Aufgabenstellung	Aufbau eines gemeinsamen Service-Centers, Wechsel von der loyalen auf die erfolgsorientierte Ebene
Können	**Status**
Souveräne Lösungen auf der aktuellen Ebene	Gute Qualität der Arbeit, wenig Fehler
Potenzial für Veränderungen	Gute (insbesondere auch betriebswirtschaftliche) Kenntnis-se und Fähigkeiten – gleichmäßig im Unternehmen verteilt
Umgang mit Hindernissen	Unerwartet wenig ausgeprägt
Integration des Gelernten	Hohe Fähigkeit zur Adaption von neuen Lösungen
Wollen	**Status**
Offenheit für Veränderungen	Hoch, viele aktive Unterstützer
Dissonanz	Anfänglich gering
Einsicht in Notwendigkeit der Veränderung	Überraschend hoch, auch bezüglich der Konsequenzen für das Unternehmen
Begleitung/Besonderheiten	
Einschätzung der Führungskräfte	Überwiegend loyal, viele mit Erfahrungen in anderen Un-ternehmen
Begleitvariante	Stretch-Up
Besonderheiten	Aufbau eines Service-Centers als Keimzelle für den später geplanten Veränderungsprozess des gesamten Unterneh-mens

Ausgangssituation

Ein Sach- und Lebensversicherungs-Unternehmen wollte im angestammten Marktumfeld die Be-stands- und Erlöspotenziale sichern und besser nutzen. Schon frühzeitig entstand dabei die Idee, ein Service-Center aufzubauen und dieses mit einer leistungsfähigen Organisation auszustatten.

Bei dem Unternehmen handelte es sich um eine Versicherung mit circa 2000 Mitarbeitern, diese waren etwa hälftig auf Innen- und Außendienst verteilt. Das Leistungsangebot umfasste vielfältige Produkte im Bereich der Sach- und Lebensversicherungen. Dabei sah sich das Unternehmen einem immer stärker werdenden Wettbewerb von Versicherungen, Banken, Finanzdienstleistungen und internationalen Konkurrenten ausgesetzt. Veränderte Kundenbedürfnisse und komplexere Produkte und Dienstleistungen erhöhten zudem die Anforderungen an das Unternehmen.

Mit dem Vorhaben wollte die Versicherung daher die Kundenorientierung erhöhen, die Verwaltungskosten senken und dem Außendienst eine verbesserte Unterstützung zur Verfügung stellen. Sozusagen als Nebeneffekt erhoffte sich das Unternehmen eine Steigerung der Mitarbeiterzufriedenheit und der Leistungsorientierung.

Ziel/Aufgabenstellung

Die Herausforderungen, welche die Organisation zu bewältigen hatte, waren erheblich: Es galt, bestehende Strukturen, Prozesse, Technologien und Unternehmenskultur auf den Prüfstand zu stellen und schrittweise in Richtung „Kunden und Service" zu transformieren. Dabei war zum Beispiel die Spartentrennung – in Sachversicherung und Lebensversicherung – zu überwinden und die Denkweise auf den Kunden hin auszurichten. Die dazu erforderliche Verhaltensänderung und die notwendige Qualifizierung der Mitarbeiter stellten neben der Implementierung neuer Technologien die größten Herausforderungen dar.

Zuerst war ein 1st- und 2nd-Level Kunden-Service-Center zu implementieren. In diesem sollte die Grundidee des „Kundenbeziehungsmanagements" innerhalb von zwei bis drei Jahren nachhaltig verankert sein. Das Service-Center sollte damit die führende Rolle hin zu den Kunden übernehmen. Dies setzte voraus, das Kunden-Service-Center entsprechend leistungsfähig zu organisieren und auszustatten.

Für die Implementierung der technischen Systeme und der neuen Prozesse mussten zunächst die bestehenden Abläufe und Strukturen analysiert werden. Dann sollte das Design der neuen Prozesse und der neuen Organisation folgen – einschließlich Konzeption eines neuen Arbeitszeitmodells. Im Mittelpunkt würde dann auch die Erarbeitung von Konzepten für den Transformationsprozess stehen; dies sollte im Hintergrund und mit externer Unterstützung vorbereitet werden.

Zielfestlegung nach Graves

Bei Betrachtung der Zielsetzung unter der Perspektive des Graves-Value-Systems wurde schnell deutlich, dass es sich bei dem Vorhaben um eine Transformation von der loyalen zur erfolgsorientierten Ebene handeln sollte.

Die von der Geschäftsleitung hinzugezogenen Berater schlugen nach abgeschlossener Analyse des Unternehmens ein mehrstufiges Vorgehen vor. Als Erstes sollte eine Service-Center-Einheit aufgebaut werden, die einer erfolgsorientierten Kultur entspricht. Diese sollte dann als Keimzelle für die Transformation des Unternehmens im Ganzen dienen.

Analyse der Voraussetzungen nach dem Graves-Value-System

Zu Beginn des Projekts wurde eine umfangreiche Analyse durchgeführt, aus der hervorging, welches Potenzial das Unternehmen für die angestrebte Einführung einer erfolgsorientierten Arbeitsweise bereits hatte. In diesem Zusammenhang waren alle Voraussetzungen im Sinne einer Veränderung zur erfolgsorientierten Ebene zu prüfen.

Der erste Schritt der Analyse beschäftigte sich mit der Frage, ob auf der aktuellen Ebene *souveräne Lösungen* für alle Aufgabenstellungen bestanden. Diese Betrachtung ergab, dass die meisten Verwaltungsabläufe gut und klar organisiert waren. Es gab vergleichsweise wenig Redundanz im Unternehmen, und die Verantwortlichkeiten waren im loyalen Verständnis klar gegliedert. Auch die Qualität der Arbeit war im Branchenvergleich gesehen relativ hoch. Die Analyse kam also zu dem Ergebnis, dass die Lösungen auf der aktuellen Ebene von hoher Qualität waren.

Der nächste Aspekt der Analyse beschäftigte sich mit dem *Potenzial für Veränderungen*. Betrachtet wurden sowohl das fachliche Vermögen der einzelnen Mitarbeiter und der Organisation als Ganzes als auch das Verständnis in Bezug auf die anstehende unternehmerische Aufgabe. Es konnte festgestellt werden, dass die Organisation über ein gleichmäßig verteiltes, gutes Fachwissen verfügte. Dieses erschien in vielerlei Hinsicht für eine erfolgsorientierte Arbeitsweise ausreichend oder zumindest ausbaufähig zu sein. Weiterhin wurde deutlich, dass viele Mitarbeiter ein gutes Verständnis betriebswirtschaftlicher Zusammenhänge und bereichsübergreifender unternehmerischer Aufgaben hatten. Ebenso war vielen Mitarbeitern klar, dass eine Veränderung in der Arbeitsweise und in den Produkten und Leistungen des Unternehmens anstand. Die Analyse ergab also ein gutes Potenzial für Veränderungen.

Dies deckte sich mit der Feststellung, dass die *Einsicht in die Notwendigkeit von Veränderungen* vergleichsweise hoch war. Die Mitarbeiter hatten nicht nur das inhaltliche Verständnis, dass sich Weiterentwicklungen in der Leistungspalette des Unternehmens (also eine Ausweitung der klassischen Versicherungsprodukte hin zu weiteren Leistungen) ergeben würden. Sie verstanden auch, dass so eine Weiterentwicklung für das Wohlergehen des Unternehmens erforderlich war. Viele Mitarbeiter wussten, dass dies deutliche Veränderungen in der Organisation, in den Prozessen sowie in den Systemen nach sich ziehen würde. Die Einsicht in die Notwendigkeit von Veränderungen war also überraschend hoch.

Wenig überraschend war demzufolge die Auswertung der *Offenheit gegenüber Veränderungen*: Es gab viele Mitarbeiter, die Neuerungen erwartungsvoll gegenüberstanden und diese auch aktiv unterstützen wollten. Die Verteilung zwischen aktiven Unterstützern, abwartenden Skeptikern und potenziellen Blockieren war erfreulich stark hin zu den aktiven Unterstützern verschoben. Die Erwartung aller Beteiligten war, dass diese Offenheit sehr hilfreich sein würde, um das Service-Center-Projekt und damit die gewünschte Veränderung auf den Weg zu bringen.

Schwer zu analysieren war, inwieweit die Organisation mit unbekannten *Hindernissen* umgehen konnte. Aus der Betrachtung der Lösungen auf der aktuellen Graves-Ebene war deutlich geworden, dass es vergleichsweise wenig schwerwiegende Probleme im laufenden Geschäftsbetrieb gab. Viele fachlich schwierige Aufgabenstellungen wurden innerhalb der Organisation als Tagesgeschäft betrachtet und als solches abgewickelt. Unerwartete Probleme gab es folglich vergleichsweise wenige, so dass die Organisation in der jüngeren Vergangenheit keine Erfahrungen in diesem Zusammenhang sammeln konnte. Daher war die Einschätzung dieses Parameters erst im Lauf der Projektarbeiten möglich. Gleiches galt für die Fragestellung, inwieweit das aus der Bewältigung solcher neuen Aufgaben Gelernte tatsächlich zügig in das *Wissen* des Unternehmens *integriert* werden konnte.

Wenig ausgeprägt war nachweislich die *Dissonanz* unter den Mitarbeitern. Die gute Zusammenarbeit und das vergleichsweise reibungslose Funktionieren der Abläufe führten dazu, dass viele zwar offen für Veränderungen waren, tatsächlichen Veränderungsdruck aber noch nicht erlebten.

In diesem Zusammenhang muss die Einsicht in die Notwendigkeit von Veränderungen gegenüber der Dissonanz abgegrenzt werden. Daraus ergab sich im konkreten Fall das Erfordernis, den Veränderungsdruck im Unternehmen deutlich zu steigern, um das Vorhaben wirksam umsetzen zu können.

Einschätzung einzelner Unternehmensteile und Schlüsselpersonen

Die schon länger bestehende kleine Kundenservice-Einheit des Versicherungsunternehmens war der Vertragsverwaltung angegliedert. Sie zeichnete sich durch eine gute und straffe Organisation aus, einzelne statistische Kennzahlen zur Messung der Leistungsfähigkeit des Unternehmens beziehungsweise dieses Unternehmensteils waren etabliert. Die Mitarbeiter der Abteilung waren überdurchschnittlich motiviert, die Qualität der Arbeiten lag sogar noch über dem sehr hohen allgemeinen Niveau des Unternehmens. Diese Abteilung war also schon ein gutes Stück des Weges in Richtung Erfolgsorientierung gegangen und würde sich als gute Basis für die Einführung des Service-Centers eignen.

Die Führungskräfte des Unternehmens waren überwiegend auf der loyalen Ebene zu finden, hatten jedoch eine sehr unterschiedliche Historie. Viele waren in den vergangenen Jahren von außen neu hinzugekommen und hatten sich dann in die Organisation eingefügt. Einzelne mit ausgeprägter Erfolgsorientierung waren gezielt eingestellt worden, andere hatten sich im loyalen Verständnis einige Ebenen „hochgedient".

Phase I: Aufstellen einer Kernmannschaft

Die Geschäftsleitung beauftragte ein externes Beratungsunternehmen mit den Vorbereitungen für den Aufbau des Service-Centers. Es war bald allgemein akzeptiert, dieses als eine neue Einheit im Unternehmen aufzustellen. Die Zielsetzung dabei war von Anfang an, eine erfolgsorientierte Kernmannschaft für das Service-Center-Management aufzustellen. Dazu wurden sowohl Manager aus der bestehenden Serviceeinheit als auch eine erfahrene Callcenter-Managerin und ein kaufmännischer Geschäftsführer vom Markt rekrutiert. Letztere wurden zu einem sehr frühen Zeitpunkt an Bord geholt, um die Gestaltung der Einheit mit den Managern durchführen zu können, die später die operative Verantwortung haben würden.

Gleichzeitig wurde ein straff gemanagtes Projektteam gebildet, das sich aus verschiedenen inhaltlich orientierten Teilteams zusammensetzte. Ein Teilteam befasste sich mit der fachlichen Arbeitsweise und den künftigen Prozessen im Service-Center sowie mit dessen künftiger Organisationsstruktur. Ein weiteres Team war zuständig für die Etablierung der erforderlichen Telekommunikationstechnik und der benötigten Software. Schließlich war ein drittes Team dafür verantwortlich, die Anbindung an die Prozesse und IT innerhalb des Versicherungsunternehmens zu organisieren und abzustimmen. Eine starke Projektleitung, die von zwei Change-Managern unterstützt wurde, war dafür zuständig, das homogene Zusammenspiel dieser Teilteams sicherzustellen – und gleichzeitig die erforderlichen Veränderungen im Versicherungsunternehmen anzustoßen.

Im Zusammenhang mit der gewünschten Erzeugung von Veränderungsdruck im Unternehmen wurde von Anfang an großer Wert darauf gelegt, eine intensive und sehr offene Kommunikation über das Thema „Service-Center" zu führen. Dies folgte der Annahme, dass bei den Mitarbeitern dadurch die Einsicht in die Notwendigkeit der Veränderungen einerseits weiter wachsen würde. Andererseits wurde erwartet, dass die bevorstehenden Veränderungen und die damit verbundenen Einschnitte für viele Mitarbeiter im Unternehmen eine entsprechende Unruhe erzeugen würden. Es wurde daher sehr deutlich transportiert, dass das Service-Center die künftig bevorzugte Schnittstelle zu den Kunden sein würde und auch viele zentrale Prozesse dort laufen würden. Die Argumentation wurde sowohl über Servicequalität als auch über Effizienz geführt. Damit wurde erreicht, dass viele Mitarbeiter sich darüber Gedanken machten, ob sie selbst ins Service-Center wechseln sollten.

Gleichzeitig wurde an vielen Stellen des Unternehmens die Frage nach der Effizienz und der Effektivität der Arbeit aufgeworfen – die bestehende Service-Qualität wurde in Beziehung gesetzt zu dem, was ein Service-Center künftig für die Versicherungskunden leisten sollte.

Diese intensive Kommunikation ließ ihre Wirkung nicht vermissen, viele Mitarbeiter waren über die forsche Vorgehensweise der Geschäftsführung irritiert. Es kam zu intensiven Debatten auf Mitarbeiterversammlungen und insbesondere innerhalb der Abteilungen. Es war eine kontinuierliche Aufgabe der Kommunikation, diesen Prozess zu begleiten. Gleichzeitig kümmerten sich die Change-Manager darum, stets ein aktuelles Bild von der Dissonanz im Unternehmen zu erhalten, um an dieser zentralen Größe weiter arbeiten zu können.

Phase II: Eigentlicher Aufbau des Service-Centers

Nach einer Anlaufphase begannen die drei Teilteams des Projekts mit ihrer eigentlichen Arbeit. Das Team zur Etablierung der neuen Organisation wählte einen Standort aus, der deutlich außerhalb der bestehenden Räume des Versicherungsunternehmens lag. Dies war eine bewusste Entscheidung, um eine veränderte Kultur mit großer Energie und auch klarer Abgrenzung zum bestehenden Unternehmen etablieren zu können. Gleichzeitig sollte das Service-Center in der Nähe von künftigen Arbeitskräften angesiedelt werden, denn es war die dezidierte Absicht des Projektteams, einen erheblichen Teil der Mitarbeiter neu zu rekrutieren. In diesem Zusammenhang wurde an gut ausgebildete Arbeitskräfte gedacht, die vielfach im Innenstadtbereich wohnten, arbeiteten oder studierten. Die Wahl fiel also auf einen neuen Standort. Dies verursachte eine zusätzliche Irritation in der Organisation und vergrößerte somit die Dissonanz. Im Folgenden wurden auf der fachlichen Seite die organisatorischen Gestaltungselemente des Service-Centers konzipiert, was auch die Erstellung eines entsprechenden Personalkonzeptes beinhaltete. Dann wurde mit der Rekrutierung der Mitarbeiter wie geplant begonnen.

Das Technik-Team begann mit der Ausstattung der Räume, wählte entsprechend der Vorgaben von der fachlichen Seite eine Software für die eigentliche Callcenter-Lösung aus und begann mit der Entwicklung der spezifischen Komponenten. Gleichzeitig wurde die Telefontechnik etabliert.

Eine doppelte Funktion hatte das dritte Teilteam, das sich mit der Integration der künftigen Service-Center-Tätigkeit sowohl in die IT-Landschaft als auch in die bestehenden Abläufe des Unternehmens befasste. Dieses Teilteam hatte erhebliche inhaltliche Arbeiten zu leisten und gab entsprechende Aufträge an die beiden anderen Teilteams. Ebenso war eine Wirkung für die Veränderung des Unternehmens im Ganzen zu erreichen. Die Mitarbeiter mussten sich entsprechend intensiv mit den aufgeworfenen Fragestellungen auseinandersetzen. Über das dritte Teilteam kamen also viele Themenstellungen, die das erfolgsorientierte Arbeiten des Service-Centers unterstützten sollten, in die bestehende Organisation des Unternehmens.

Damit wurde einerseits greifbarer, was für eine Veränderung durch die neue Unternehmenseinheit kommen würde. Andererseits wuchs dadurch der Druck auf die Organisation.

Es wurde möglich, die Einschätzung über die Fähigkeit des Unternehmens, mit Hindernissen geeignet umzugehen, nachzujustieren. Im Zug der Implementierung der technischen Lösung und der Prozesse tauchte eine ganze Reihe von Schwierigkeiten auf. Viele davon waren nicht auf konventionellen Wegen zu lösen. Dabei zeigte sich, dass die Organisation Schwierigkeiten damit hatte, sich auf die veränderten Arbeitsweisen und Prozesse einzustellen. Viele der Lösungen wurden mit großem Aufwand und zum Teil auch mit größerem Zeitbedarf entwickelt. Die Fähigkeit, mit neuen Hindernissen umzugehen, war demnach nicht so gut ausgeprägt. Gleichzeitig zeigte sich aber, dass einmal gefundene Lösungen dann zügig auf andere Bereiche übertragen wurden. Das Unternehmen hatte also eine gute Fähigkeit, Gelerntes zu integrieren.

Durch die Projektarbeiten, die sich in der Implementierungsphase über gut ein Jahr hinzogen, wurden die Fähigkeiten des Unternehmens im Umgang mit Hindernissen deutlich verbessert. Besonders wirksam waren dabei projekt- und abteilungsübergreifende Workshops, in denen die Mitarbeiter gezielt mit komplexeren inhaltlichen Problemen konfrontiert wurden.

Gleichzeitig stieg die Dissonanz im Verlauf des Projekts kontinuierlich an. Während in der Hauptphase nur eine geringe Dissonanz vorhanden war, stieg das Unbehagen der Mitarbeiter deutlich, als das Projekt sich weiter in Richtung Pilotbetrieb und Einführung bewegte.

Phase III: Pilotbetrieb und Einführung

Nach der technischen und fachlichen Implementierung folgte die Inbetriebnahme des Service-Centers. Ein Teil der Mitarbeiter war neu an Bord genommen und entsprechend geschult worden. Andere kamen aus der bestehenden Organisation des Unternehmens – das betraf insbesondere solche, die künftig Spezialistenaufgaben zu bewältigen hatten.

Zu einem definierten Stichtag wurde das Service-Center einem ausgewählten Kreis der Versicherungskunden bekannt gemacht. Ab diesem Tag begann die veränderte externe Kommunikation, sowohl in Bezug auf die Bearbeitung von Kundenanfragen als auch in Gestalt des aktiven Vorgehens für die Akquisition von Neu- und Zusatzgeschäft.

Die Service-Center-Einheit war von Anfang an entsprechend Kriterien des erfolgsorientierten Arbeitens aufgestellt. Die sehr flache hierarchische Struktur orientierte sich klar entlang der schlank organisierten Prozesse. Die Steuerung erfolgte anhand von eingeführten Kennzahlen. So wurden die Mitarbeiter konsequent über Zielvereinbarungen in Bezug auf die neu eingeführten Kennzahlen geführt. Ein nicht unwesentlicher Teil der Gehälter – insbesondere auf der Ebene der Führungskräfte – war von der Erreichung der gesteckten Ziele abhängig.

Den Mitarbeitern des Centers war zu jedem Zeitpunkt klar, wie gut die Einheit telefonisch erreichbar war, wie viele Kunden sich in der Warteschleife befanden, wie viele Kollegen gerade mit Versicherungskunden sprachen etc. Auch auf der dispositiven Ebene gab es entsprechende Kennzahlen, zum Beispiel für die Verfügbarkeit und Erreichbarkeit über den Tag und über längere Laufzeiten, über die typischen Bearbeitungsquoten oder über die Anzahl der abschließend bearbeiteten Vorgänge.

In der Etablierung der Unternehmenskultur und -politik wurde besonderer Wert auf eine offene prozessübergreifende Kommunikation gelegt. Die Integration und das offene und vertrauensvolle Miteinander-Arbeiten wurden in den Vordergrund gestellt und gezielt gefördert. Ebenso wurde jedem Mitarbeiter eine hohe Verantwortung für die Erfüllung seiner Aufgaben übertragen, die entsprechenden Entscheidungskompetenzen wurden eingeräumt.

In diesem Verständnis hatte die Etablierung einer neuen erfolgsorientierten Einheit im Unternehmen also gut funktioniert.

Zusammenfassende Betrachtung

Methodisch war das Vorhaben eine Abfolge von Stretch-Up-Maßnahmen. Im Kern wurde eine erfolgsorientierte Keimzelle neu geschaffen, um eine Beschleunigung zu erreichen und die Erfolgsaussichten zu erhöhen. Die Begleitmaßnahmen zur Veränderung der Organisation konzentrierten sich auf

- Dissonanz und

- Fähigkeiten für den Umgang mit Hindernissen

Dabei wurde gezielt insbesondere an der Steuerung der Dissonanz gearbeitet, die Kommunikation über das Thema hatte eine zentrale Bedeutung.

Mit dem beschriebenen Aufbau der Service-Center-Einheit war zunächst ein erfolgsorientierter Kern geschaffen worden. Dies zuverlässig durchzuführen war die erste zentrale Aufgabe. In den folgenden Jahren ging es in anschließenden Projekten darum, weitere Teile des Versicherungsunternehmens auf die Erfolgsorientierung „zu heben" – dabei blieben Teile des administrativen Apparats und der Verwaltung bewusst auf der loyalen Ebene.

5. Bildung eines Projekts aus Mitarbeitern konkurrierender Unternehmen

Rahmenbedingungen	
Ausgangssituation	IT-Projekt in schwierigem Umfeld (politisch und technisch)
Aufgabenstellung	Aufstellen eines sehr leistungsfähigen Projekts auf erfolgs-orientierter Ebene
Können	**Status**
Souveräne Lösungen auf der aktuellen Ebene	Zunächst nicht gegeben – Team wurde in schwieriger Situation neu zusammengestellt
Potenzial für Veränderungen	Groß, viel Projekterfahrung bei den Beteiligten
Umgang mit Hindernissen	Wurde aufgrund der früheren Projekterfahrungen als gut eingeschätzt
Integration des Gelernten	Wurde aufgrund der früheren Projekterfahrungen als gut eingeschätzt

Wollen	Status
Offenheit für Veränderungen	Groß
Dissonanz	Bereits zu Beginn vorhanden
Einsicht in Notwendigkeit der Veränderung	Sehr groß
Begleitung/Besonderheiten	
Einschätzung der Führungskräfte	Teils loyal, teils erfolgsorientiert
Begleitvariante	Stretch-Up
Besonderheiten	Betrachtung eines vergleichsweise kleinen Unternehmensausschnitts

Ausgangssituation

Am Anfang stand eine verstrickte politische Situation. Der Leiter einer Fachabteilung wollte für die Entwicklung eines neuen IT-Systems für seinen Bereich ein höchst leistungsfähiges Team aufstellen. Dazu wollte er nicht, jedenfalls nicht ausschließlich, auf den konzernangehörigen IT-Dienstleister zurückgreifen, sondern ein anderes Unternehmen einsetzen. Von dessen Leistungsfähigkeit war er deutlich mehr überzeugt. Gleichzeitig hatte er ein großes Interesse daran, das System erfolgreich und im geforderten Zeitrahmen einzuführen – das war besonders kritisch, da eine Reihe neuer Technologien zum Einsatz kommen sollte. Und dafür wurden technisches Know-how und ein leistungsfähiges Projektteam benötigt.

Der Konzern selbst und sein IT-Dienstleister waren eindeutig der loyalen Ebene zuzuordnen, die beauftragende Fachabteilung hingegen war klar erfolgsorientiert. Gleiches galt für das externe Unternehmen. Die Gemengelage wurde dadurch verschärft, dass der IT-Dienstleister im Konzern Widerstand gegen den Einsatz Dritter mobilisieren konnte. Es brauchte also sowohl eine Lösung auf der politischen Ebene als auch einen Rahmen für ein leistungsfähiges Projektteam.

Ziel/Aufgabenstellung

Wie in der loyalen Welt üblich kam auf der politischen Ebene – mit gehörigem Zeitverzug – eine Kompromisslösung zustande, die keinem wehtun sollte. Das Projekt sollte demnach sowohl aus Mitarbeitern der Fachabteilung, des konzernangehörigen IT-Dienstleisters, als auch des externen Unternehmens zusammengesetzt werden. Die Rolle der „echten" Externen wurde qua Definition auf einen technisch besonders anspruchsvollen Teilbereich des Projekts begrenzt, den der konzernangehörige IT-Dienstleister nach allgemeiner Einschätzung nicht hätte bedienen können. Den Projektleiter stellte der IT-Dienstleister, der Leiter der Fachabteilung hielt in der Rolle des Auftraggebers einen sehr engen Kontakt zu Projekt und Konzernentscheidern.

Die Management-Aufgabe bestand darin, in diesem Umfeld den Projekterfolg zu gewährleisten. Dazu war zunächst ein Projektteam zu bilden. Die Beteiligten – die konzernzugehörigen Mitarbeiter und die des externen IT-Dienstleisters – standen sich in einer klaren Konkurrenzsituation gegenüber. Gleichzeitig war bei den Mitarbeitern hohes Potenzial und viel guter Wille erkennbar. Die Erzielung des Projekterfolgs schien also schwierig, aber machbar.

Der Leiter der Fachabteilung ließ sich bei seinem weiteren Vorgehen von externer Seite coachen. Dabei standen die Beurteilung der Lage nach dem Graves-Value-System und die Ableitung geeigneter Maßnahmen im Vordergrund.

Analyse der Voraussetzungen nach dem Graves-Value-System

Da sich die Beteiligten des konzernzugehörigen IT-Dienstleisters und des externen IT-Dienstleisters in einer klaren Konkurrenzsituation gegenüberstanden, war das Projektteam zunächst nicht einmal als loyal zueinander einzustufen. Vielmehr befand es sich als Ganzes auf der Ebene der Einzelkämpfer. Die Teilteams agierten loyal (konzernzugehöriger IT-Dienstleister) beziehungsweise erfolgsorientiert (Fachabteilung und externer IT-Dienstleister).

Die Analyse der Voraussetzungen führte demzufolge zu dem in etwa erwarteten, durchaus kritischen Bild:

■ *Souveräne Lösungen* auf der aktuellen Ebene – wenn man von der loyalen Ebene als „kleinstem gemeinsamen Nenner" ausgeht – waren zunächst nicht vorhanden. Die beteiligten Manager arbeiteten nicht wirklich zusammen, was stark in das Projekt ausstrahlte.

■ Das *Potenzial für Veränderungen* war hoch. Die Projektmitarbeiter hatten alle schon in großen und schwierigen Projekten erfolgreich gearbeitet. Zudem befanden sich die Teilteams des Fachbereichs und des externen IT-Dienstleisters, wie oben beschrieben, bereits auf der Ebene der Erfolgssucher. Hieran schien es also am wenigsten zu fehlen. Auch fachliche Skills standen durch die externe Firma ausreichend zur Verfügung.

■ Der *Umgang mit Hindernissen* und die *Integration des Gelernten* würden im konkreten Team natürlich erst wieder erprobt werden müssen – auch hier sprach die gute Projekt-Historie der Beteiligten für eine positive erste Einschätzung.

■ Die *Offenheit* der Beteiligten für Veränderungen war hoch. Gleiches galt für die *Einsicht in die Notwendigkeit* einer Veränderung. Allen Projektmitarbeitern war von Anfang an klar, dass man die Zusammenarbeit deutlich verändern müsste – oder scheitern würde.

■ Folglich war auch die *Dissonanz* schon am Anfang ziemlich hoch.

Viele Voraussetzungen waren also gegeben, das Projektteam als Ganzes erfolgsorientiert aufzustellen.

Zieldefinition nach Graves

Ausgehend von der Analyse der aktuellen Situation entschied man sich, zunächst eine loyale Arbeitsweise herzustellen und das Team kurz auf dieser Ebene zu stabilisieren. Durch geeignete Stretch-Up-Maßnahmen sollte das Projektteam dann zügig zur erfolgsorientierten Arbeitsweise geführt werden.

Herstellen einer loyalen Projektarbeitsweise

Der Start der Projektarbeiten verlief erwartungsgemäß holperig. Die Teilteams waren entsprechend ihrer Konkurrenzsituation befangen. Sie konzentrierten sich auf ihre konkreten Aufgaben und versuchten die Zusammenarbeit mit der „Konkurrenz" zu meiden. Die als „Klammer" im Projekt eingesetzten Mitarbeiter der Fachabteilung hatten es entsprechend schwer, eine im Ganzen konstruktive Arbeit zu bewirken. Allenthalben wurde ein Scheitern des Projekts erwartet.

Der erste Schritt des zielgerichteten Vorgehens bestand darin, im Projektteam eine loyale Arbeitsweise einzuführen – und das mit der ganzen Macht eines loyalen Managements. Dazu wurde ein Kickoff durchgeführt, bei dem der gemeinsame Auftrag dargestellt wurde. Es gab eine eindeutige „Ansage", dass die Teilteams zusammenzuarbeiten hätten. Es wurden feste Regeln für die Zusammenarbeit definiert, die alle zu befolgen hatten. Die Zusage aller verantwortlichen Manager zu ihrer Mitwirkung wurde dann „zelebriert".

Als weitere Elemente zu einem klaren loyalen Umfeld wurden Projekt-Räume bereitgestellt und die volle Verfügbarkeit der Mitarbeiter sichergestellt. Regelmäßige Projektmeetings wurden angesetzt und ein wöchentliches Reporting auf Aufwandsebene eingeführt. Die fachlichen Teilteams takteten dabei in der Meeting-Folge sehr kurz, um die nötige Verbindlichkeit in der Zusammenarbeit herzustellen.

Diese Maßnahmen wirkten. Alle Projektmitarbeiter hatten schnell ein Verständnis des Projektauftrags, das viel mit der Aufgabe und wenig mit Politik zu tun hatte.

Einbringen der Erfolgsorientierung

Bereits in der Stabilisierungsphase des loyalen Zustands begann sich das Potenzial der Beteiligten zu entfalten, die Einsicht in das Veränderungserfordernis wuchs. Den Mitgliedern der Projektmannschaft wurde von Tag zu Tag deutlicher, dass sie vor einer komplexen Situation standen: Politisch von außen belastet, technisches Neuland, eine technische Pilotimplementierung, die nur in Zusammenarbeit der Beteiligten zu bauen war, wenig Zeit.

Der Stress war enorm, es kriselte in verschiedenen Bereichen. Der vom konzernzugehörigen IT-Dienstleister gestellte loyale Projektleiter begann bereits, sich anderen Aufgaben zuzuwenden. Er wollte „nebenher" noch ein anderes großes Projekt übernehmen. Dies ist eine typische Reaktion in der loyalen Welt. Man möchte schwierigen Aufgaben, die zu komplex erscheinen, ausweichen und die Verantwortung für ein etwaiges Scheitern nicht übernehmen – Schuld und Schande sind auf alle Fälle zu vermeiden. Um gegenzusteuern, wurde der Projektleiter nicht von seiner Verantwortung entbunden. Er durfte das andere Projekt nicht übernehmen.

Im Projekt gab es allerdings auch eine ganze Reihe verbindender Elemente. Beispielsweise hatten viele Projektmitglieder den großen Ehrgeiz, bei diesem sehr wichtigen und innovativen Projekt dabei zu sein und es zum Erfolg zu bringen. Auch das Verständnis für die Komplexität der Aufgabe war vielen gemeinsam. Erste „Versuchs-Ballons" der Zusammenarbeit fielen also auf einen guten Nährboden. Diese kamen auf der Arbeitsebene gezielt von der Seite des externen Unternehmens – gestaltet mit dem Wissen und teilweise zusammen mit dem Leiter der Fachabteilung.

Auf der technischen Seite wurden schnell gemeinsam moderne Methoden und Verfahren diskutiert und ausgewählt, eine Architektur für die Software wurde konzipiert und Tools aus anderen Projekten wurden adaptiert. Auch im planerischen Kontext war es deutlich zu spüren, dass man mehr und mehr versuchte, die Herausforderung gemeinsam anzugehen:

- Der Fokus lag auf den kritischen Ergebnissen – diese hatten alle im Blick

- Das Fachkonzept wurde gekapselt. Ein Teilteam „pufferte" das loyale politische Unternehmensumfeld ab und gab dem restlichen Projektteam damit Handlungsfreiheit für die anderen Aufgaben

- Ein erster Gesamtplan wurde erstellt

Ein kritischer Meilenstein für die Pilotimplementierung eines technisch sehr schwierigen Themas wurde gezielt definiert, um den Veränderungsdruck weiter zu erhöhen. Würde dies gelingen, sollte das Projekt fortgesetzt werden, andernfalls würde es abgebrochen.

Die Wirkung war gewaltig: Schnell entstand im Team der Eindruck, dass „die da draußen" aus ihren Teilperspektiven alle an einem Scheitern des Projekts interessiert waren. Das wollte man nicht so einfach geschehen lassen. Unter größtem gemeinsamem Arbeitseinsatz entstand der geforderte Prototyp. Er wurde dem zuständigen Vorstand zum geforderten Termin live vorgeführt.

Dass die verbliebenen Lücken im Prototypen-System dann bald geschlossen wurden und das Projekt als Ganzes erfolgreich verlief, überraschte danach niemanden mehr. Trotz der politischen Umgebung, des anspruchsvollen Inhalts und des technischen Neulands ging das System noch vor dem geplanten Termin in Betrieb.

Zusammenfassende Betrachtung

Die Mitarbeiter des Projektteams hatten als Individuen und als Teilteams gute Voraussetzungen für eine erfolgreiche Projektarbeit. Ein entsprechendes Gesamtteam musste zunächst geformt werden. Dafür war es leicht möglich, auch von den politischen Rahmenbedingungen her, die loyale Ebene des Graves-Value-Systems zu aktivieren und das Projekt damit zu ordnen. Arbeiten wurde möglich, wenn auch noch nicht mit der gewünschten Performance.

Im Folgenden wurden die Fähigkeiten des Systems bezüglich der Erfolgsorientierung gefordert. Mit einem konkreten Stretch-Up, dem Prototypen-Meilenstein, wurde ausreichend Dissonanz erzeugt, um einen großen gemeinsamen Erfolg zu erzielen. Dies diente dann als wiederholbare Vorgehensweise, um das Projekt weiterhin erfolgsorientiert arbeiten zu lassen.

Für die Fachabteilung war dies auch ein weiterer Schritt in die eigene erfolgsorientierte Ausrichtung. Mit dem externen IT-Unternehmen war ein starker Partner gewonnen worden. Auch der konzernzugehörige IT-Dienstleister entwickelte sich ein Stück weiter in Richtung Erfolgsorientierung. Die Projektmitglieder, die nun einmal das erfolgsorientierte Arbeiten kennen und schätzen gelernt hatten, dienten in der weiteren Entwicklung des IT-Dienstleisters als Potenzialträger und Keimzellen.

6.   Einführung papierloser Arbeit als Beschleuniger für die Unternehmensentwicklung

Rahmenbedingungen	
Ausgangssituation	Loyales mittelständisches Versicherungsunternehmen, gewachsene Strukturen
Aufgabenstellung	Effizienz in den Abläufen verbessern, Erfolgsorientierung vorbereiten
Können	**Status**
Souveräne Lösungen auf der aktuellen Ebene	Ordentliche Arbeitsergebnisse, aber Qualitätsmängel und teilweise lange Durchlaufzeiten
Potenzial für Veränderungen	Mäßig, abhängig von den Mitarbeitern (sehr heterogenes Bild durch die Abteilungen)
Umgang mit Hindernissen	Starke Fokussierung auf bekannte Problemstellungen. Schwierigkeiten mit neuen Aufgaben
Integration des Gelernten	Zumeist sehr langsam, in einzelnen Bereichen schneller (abhängig von den Mitarbeitern)

Wollen	Status
Offenheit für Veränderungen	Mäßig – zwar für fachliche Themen groß, für tatsächliche Veränderungen mäßig
Dissonanz	Gering, allenfalls kognitiv vorhanden
Einsicht in Notwendigkeit der Ver- änderung	Gering – abwartende Haltung
Begleitung/Besonderheiten	
Einschätzung der Führungskräfte	Loyal – mit sehr klarem Status-Bewusstsein
Begleitvariante	Optimierung auf der gleichen Stufe des Graves-Value- Systems
Besonderheiten	Vertraulicher Vorgehens-Gesamtplan, technische Projek- te als Vehikel der Veränderung

Ausgangssituation

Ein großes mittelständisches Versicherungsunternehmen stand vor der Herausforderung, sowohl die Effizienz und die Servicequalität in der Verwaltung deutlich zu verbessern als auch technische Systeme zu renovieren. Die Organisation war im Sinne des Graves-Value-Systems als loyal einzustufen und nach Erfolgen und Wachstum früherer Jahre breit und unflexibel aufgestellt. Vielen Mitarbeitern und Führungskräften war intuitiv klar, dass die administrative Arbeit deutlich effizienter und weniger kompliziert ausgeführt werden konnte.

Es war geübte Praxis, Veränderungen an Sachthemen entlang ins Unternehmen zu bringen. Veränderungen in den Verwaltungsabläufen waren zumeist an der Einführung oder Anpassung der IT-Systeme festzumachen. Eine Neuausrichtung im Vertrieb wurde einmal entlang der inhaltlichen Diskussion über den Zuschnitt von Vertriebsgebieten und das Provisionierungssystem geführt. Und so wurde die Erörterung des weiteren Entwicklungsbedarfs nicht anhand von Fragen der Unternehmensentwicklung, sondern anhand von technischen Systemen und Organisationsveränderungen geführt. Dies tat man mit entsprechend großer Leidenschaft.

Es war somit auch kein Zufall, dass die IT und die Organisationsentwicklung in einer Abteilung zusammengefasst waren – und die IT dort ganz klar dominierte. Die IT- und Organisationsabteilung ließ sich gerne von externen Unternehmen beraten, sowohl um Kapazitätsschwankungen auszugleichen als auch, um Impulse und Anregungen zu bekommen.

Ziel/Aufgabenstellung

Der Vorstand hatte die IT- und Organisationsabteilung damit beauftragt, sich mit einer deutlichen Verbesserung von Effizienz und Effektivität des Verwaltungsapparats zu befassen und hierzu ein Konzept zu erstellen. Gleichzeitig war allen Beteiligten klar, dass es in der Kultur des Unternehmens nicht möglich sein würde, große Veränderungen in einem Stück durchzusetzen.

Die IT- und Organisationsabteilung suchte Rat von externer Seite für ein Vorgehen, das Schritt für Schritt die technische Renovierung der Systeme und die gewünschte Steigerung der Effizienz in der Sachbearbeitung bringen sollte. Die Aufgabe für die Externen war zweigeteilt: Einerseits ging es um ein auch inhaltliches Verständnis der erforderlichen „Renovierungen" im Unternehmen an sich und der damit verbundenen Anpassungen in Prozessen und Arbeitsweise. Andererseits war zu klären, welche technischen Erfordernisse es gab – und welche Möglichkeiten genutzt werden könnten. Neue Technologien versprachen eine Menge. Eine realistische Abschätzung des Machbaren und des Nutzens war also Voraussetzung für die Akzeptanz und, neben der technischen Umsetzung, den Erfolg von Veränderungsmaßnahmen.

Es sollte ein Vorgehen entwickelt werden, das zwischen der unbestrittenen Notwendigkeit von Kosteneinsparungen und Serviceverbesserungen auf der einen Seite und dem skeptischen bis blockierenden Verhalten vieler Führungskräfte auf der anderen Seite geschickt vermittelte.

Man wählte als ersten Schritt einen überschaubar großen Bereich aus, in dem eine papierlose Verarbeitung eingeführt werden sollte. Hervorgehoben wurden dabei sehr stark die technische Neuerung und die erwartete Serviceverbesserung. Das Umsetzungsprojekt musste sich allerdings als isolierte Maßnahme durch Personaleinsparungen rechnen, so dass der Konflikt mit dem unmittelbar betroffenen Manager vorgezeichnet war. Denn es galt auch, die erforderlichen Anfangsinvestitionen gleich im ersten Schritt zu kompensieren.

Analyse der Voraussetzungen nach dem Graves-Value-System

Das Unternehmen als Ganzes war loyal – die Eigentümerfamilie dominierte den Aufsichtsrat, Vertraute saßen im Vorstand. Die Gesamtkultur war im Sinne des Graves-Value-Systems als loyal einzustufen, wobei die patriarchischen Strukturen stark spürbar waren. Strukturelle Eingriffe in Abteilungen und insbesondere die Veränderung von Abteilungsgrößen waren stets ein Politikum. Für viele Führungskräfte galt, dass sie großen Wert auf ihren Status im Sinne des loyalen Systems legten.

Entsprechend heterogen fiel die Analyse bezüglich der *Offenheit für Veränderungen* aus. Einerseits gab es ein großes Interesse an den inhaltlichen Themen. Die damit verbundenen Projekte wurden stets mit großem Interesse an der Sache angegangen. Es wurden dann auch stets – zunächst nur hinter vorgehaltener Hand – die Sorgen ausgedrückt, ob die Maßnahmen überhaupt umsetzbar seien. Je konkreter die Projekte dann wurden, desto größer wurden die von allen Seiten artikulierten Hinderungsgründe. Viele fielen in eine abwartende Haltung, ob der Vorstand denn die Vorstellungen durchsetzen könnte. Oft wurde dabei in vorauseilendem Gehorsam der kommende Widerstand von Führungskräften angenommen. Die Offenheit für Veränderungen war also nur mäßig ausgeprägt.

Die Analyse-Frage, ob *souveräne Lösungen* auf der aktuellen Ebene des Graves-Value-Systems bestanden, führte zu einem zwiespältigen Bild. Der beschriebene Auftrag an die IT- und Organisationsabteilung legte schon nahe, dass es hier Defizite geben musste. Die konkretere Analyse ergab, dass die Arbeitsabläufe ordentliche Qualität brachten – aber eben nur ordentliche. Qualitätsmängel oder lange Durchlaufzeiten waren bekannt und wurden vielfach hingenommen. Grobe Verstöße gegen die Arbeitsvorschriften – wie zum Beispiel das Wegwerfen von Schriftverkehr, um sich dessen Bearbeitung zu ersparen – konnten geschehen; sie wurden zwar hart sanktioniert, fielen aber oft erst nach Monaten auf.

Entsprechend war der *Umgang mit Hindernissen* stark fokussiert auf das Bekannte. Neue Aufgabenstellungen, wie etwa die Veränderung von rechtlichen Vorschriften oder auch überraschende Schritte des Wettbewerbs, führten stets zu einem „Aufstöhnen" der ganzen Organisation. Bei der Analyse wurde dies durch die systematische Befragung sehr schnell deutlich. Später bestätigte sich diese Einschätzung, als im Verlauf des Projekts wiederholt weit reichende Entscheidungen erforderlich wurden.

Die Einschätzung, wie groß die Fähigkeit der Organisation zur *Integration von neu Gelerntem* war, fiel in der Analysephase schwer. Die geschilderten Beispiele waren zu unterschiedlich und fielen in der einen oder anderen Richtung aus. Im Verlauf der Projektarbeiten zeigte sich, dass dies auch sehr stark von den Mitarbeitern abhängig war. Es gab de facto Teilkulturen im Unternehmen. Die Mitarbeiter, die schon viele Jahre im Unternehmen waren, nahmen Neuerungen nur sehr langsam auf. Die, die erst kurz im Unternehmen waren, und Quereinsteiger zeigten hier eine ganz andere Geschwindigkeit. Dennoch war die Organisation als Ganzes sehr schwerfällig.

Falsch war zunächst die Einschätzung aus der Analysephase bezüglich des *Potenzials für Veränderungen*. Denn es gerieten zunächst die jüngeren Mitarbeiter und die Quereinsteiger in den Fokus – und die wenigen Abteilungen, in denen diese dominierten. Das Bild wurde später deutlich differenzierter, aber auch pessimistischer, je besser die externen Berater das Unternehmen kennen lernten. Und die interviewten Führungskräfte mussten erfahren, dass sie eine sehr heterogene Mitarbeiterschaft hatten, in der die Leistungsfähigkeit und -bereitschaft der einen die Langsamkeit der anderen ausglich.

Dies passte auch wieder zum Bild der *Dissonanz*, das sich aus der Analyse ergab. Hier zeigten die Analyse der Stimmungsindikatoren und die Interviews ein sehr differenziertes Bild. Die einen sahen das Unternehmen „wie immer" auf einem guten Weg und in einem soliden Zustand, es müsse eben nur hier und da etwas verändert werden. Andere sahen die Lage kritischer, fürchteten den Anschluss an den Wettbewerb zu verlieren und befürchteten mittelfristig einen Verkauf des Unternehmens.

Dieser Eindruck verfestigte sich auch bezüglich der Bewertung zur *Einsicht in die Notwendigkeit von Veränderungen.* Zumeist wurde diese Notwendigkeit entweder in anderen Unternehmensteilen gesehen – oder „der Vorstand müsse eben handeln". Die Einsicht in die Notwendigkeit von Veränderungen war also sehr wenig ausgeprägt.

Schlüsselpersonen und Unternehmensteile

Der Vorstand war überwiegend mit Vertrauten der Eigentümer-Familie besetzt. Im Sinne eines mittelständischen Unternehmens waren dafür unternehmerisch und erfolgsorientiert denkende Persönlichkeiten ausgewählt worden, die auch zum traditionellen Stil des Hauses passten. Sie wurden im Unternehmen entsprechend wahrgenommen, waren aber deutlich zugänglicher und ansprechbarer, als viele meinten. Es war daher nur konsequent, dass der Auftrag an die IT- und Organisationsabteilung direkt vom Vorstand kam.

Die IT- und Organisationsabteilung wiederum verstand sich als Motor des Unternehmens. Mit Innovation, Effizienz- und Qualitätssteigerung wollte man viel zum Unternehmenserfolg beitragen. Der verantwortliche Abteilungsleiter wurde von seinen Kollegen als Fremdkörper wahrgenommen. Weder sein Äußeres noch seine Dynamik und sein Engagement passten ins Bild. Er war klar erfolgsorientiert und hatte die Abteilung nach seinem Eintreten in das Unternehmen binnen kurzer Zeit aufgebaut und im doppelten Sinne groß gemacht – in der Zahl an Köpfen und an Leistungsfähigkeit.

Die anderen Führungskräfte im Haus waren hingegen ganz überwiegend eher klassisch loyal. Viele lange Jahre gehörten sie im Allgemeinen dem Haus an und hatten sich auf ihre Positionen „hochgedient". Die tonangebenden, tatsächlich Mächtigen unter ihnen verhielten sich durchaus öfter in Einzelkämpfer-Manier. Sie achteten sehr auf ihren Status – und auf die zentrale Kenngröße des Status, die Anzahl der ihnen unterstellten Mitarbeiter. Man führte regelrechte Kämpfe, auch untereinander, um den Status zu sichern.

Zieldefinition gemäß Graves

Es handelte sich um ein Projekt für die Optimierung auf der aktuellen – loyalen – Ebene des Graves-Value-Systems. Eine spätere Entwicklung zur Erfolgsorientierung wurde allerdings „mitgedacht".

Die Begleitung – vertraulicher Vorgehensplan

Das Ziel war also eine Optimierung auf der aktuellen Ebene. Dafür gab es eine Reihe von loyalen Rahmenbedingungen und natürlich auch Möglichkeiten für die Umsetzung:

■ Prinzipiell sollten keine Mitarbeiter abgebaut werden. Es war Praxis, in verschiedenen Bereichen des Unternehmens frei werdende Stellen für Mitarbeiter vorzuhalten, die aus Effizienzgesichtspunkten in andere Aufgabengebiete wechseln mussten.

■ Bezüglich der abzubauenden Mitarbeiter konnte folglich eine Weile abgewartet werden, bis sich passende Lösungen im Unternehmen ergaben.

■ Das Vorgehen war in überschaubare Schritte zu gliedern, um den Widerstand der Organisation nicht herauszufordern.

■ Ein Gesamtplan konnte nicht kommuniziert werden, da genau dies den Widerstand vieler erzeugt hätte.

■ Umsetzungsschritte in „verträglicher" Größenordnung konnten problemlos über die hierarchische Macht des Vorstands durchgesetzt werden.

Auf der Seite der organisatorischen und technischen Realisierungen mussten entsprechend die Notwendigkeiten und Möglichkeiten geklärt werden:

■ Systeme waren zum Teil sehr alt und kaum noch wartbar, mussten also abgelöst werden.

■ Die bisherige Systemlandschaft musste aber auf jeden Fall weiterhin verfügbar bleiben – bis zu einer vollständigen Ablösung in der ferneren Zukunft.

■ Neue Technologien für die elektronische Steuerung von Geschäftsabläufen und die papierlose Bearbeitung waren verfügbar und hinreichend ausgereift.

■ Es war nur sinnvoll, immer komplette Geschäftsvorfälle – oder wenigstens signifikante Teile davon – auf eine neue IT-System-Basis zu stellen.

Darauf aufbauend wurde unter hoher Vertraulichkeit ein Vorgehensplan entwickelt. Neben den externen Beratern waren daran der Abteilungsleiter der IT- und Organisationsabteilung, einige seiner Organisations- und Systemspezialisten, die Vorstände und nur ein einziger weiterer Abteilungsleiter beteiligt. Durch eine Arbeitsweise überwiegend außerhalb der Räumlichkeiten des Unternehmens wurden gleichermaßen Voraussetzungen für Vertraulichkeit als auch Kreativität geschaffen.

Das Ergebnis mehrerer solcher Klausur-Runden war ein zweiteiliger Vorgehensplan:

■ Eine „Landkarte" der Unternehmung bezüglich Veränderungsbedarf und Brennpunkten wurde entwickelt. Zusammen mit einer Einschätzung der Veränderungsfähigkeit und -bereitschaft der einzelnen Abteilungsleiter wurde eine Phasenbildung vorgenommen. Es wurden die folgenden vier Phasen gebildet: „Pilotfelder", „erste Welle", „zweite Welle" und „Abrundungsfelder".

■ Ein technischer Phasenplan, der neben der Bereitstellung von Infrastruktur die schrittweise Realisierung für die einzelnen Systeme beziehungsweise Geschäftsprozesse zeigte. Dieser Phasenplan war natürlich gut abgestimmt auf die Unternehmens-Landkarte – und sollte in Teilen für die Kommunikation im Unternehmen eingesetzt werden.

Die Vorgehensweise war bewusst so gewählt und existenziell dafür, mit den Veränderungsarbeiten tatsächlich systematisch und gezielt beginnen zu können. Es ging darum, genügend Potenzial in das Unternehmen zu bringen und den Veränderungsdruck zu erhöhen – unter Umgehung der für die Organisation typischen Widerstandsmuster. Dabei war es auch wichtig, die Einsicht in die Notwendigkeit von Veränderungen deutlich zu erhöhen.

Die entwickelten Planungen wurden dem Vorstand vorgestellt – auch dies natürlich unter „Ausschluss der Öffentlichkeit". Die Notwendigkeit, der Organisation das gesamte Bild zunächst vorzuenthalten, wurde klar verstanden, die Vertraulichkeit blieb gewahrt.

Die erste Beratungsphase war an dieser Stelle abgeschlossen. Im Folgenden wurden zwei Einführungs-Projekte begleitet, um die Wirksamkeit des Vorhabens abzusichern.

Die Begleitung – Einführungsprojekt für papierlose Verarbeitung

Die Renovierung der technischen Systeme in der zum Piloten ausgewählten Abteilung war sowohl aus Effizienz- als auch aus Service-Gesichtspunkten erforderlich. Die Software war für die Mitarbeiter in vielerlei Hinsicht nicht komfortabel zu bedienen und die Verwaltungsvorgänge dauerten entsprechend lange. Auskünfte auf telefonische oder E-Mail-Anfragen waren oft nicht möglich oder nahmen viel Zeit in Anspruch. Die Wartung der Software war überdies aufwändig, so dass die Senkung der IT-Kosten alleine ein Grund für ein technisches Projekt war. Im Sinne der üblicherweise akzeptierten Vorgehensweise war die Abteilung also ein guter „Kandidat" für das Pilotprojekt. Auch der Abteilungsleiter war sich darüber im Klaren, dass er keine Hinhaltetaktik würde durchhalten können.

Entsprechend der fachlichen und der technischen Vorgaben wurde das Software-System für die papierlose Verarbeitung konzipiert und entwickelt. Scanner, große Monitore für die Anzeige der Schriftwechsel und die zugehörigen Workflow-Steuerungs-Komponenten wurden bereitgestellt und dann auch planmäßig in Betrieb genommen. Während der Projektlaufzeit leisteten Fachspezialisten aus der Abteilung große Beiträge, um dem System die nötige fachliche Reife zu geben. Diese waren eindeutig auf der loyalen Ebene zu finden und verstanden ihren Beitrag als ihre Aufgabe gegenüber dem Unternehmen.

Die Absicherung der Abstellung der Fachspezialisten für das Projekt erwies sich als steter Kampf zwischen der IT- und Organisationsabteilung und den Linienmanagern. Die innovative IT integrierte die Fachleute reibungslos ins Projekt, die Linienmanager mussten diese gemäß Weisung abstellen, hatten aber auf der anderen Seite ein zwiespältiges Interesse am Projekt. Ausreichend Aufmerksamkeit auf solche und andere Führungsthemen zu lenken, war ein zentraler Inhalt der externen Begleitung in der Umsetzungsphase – faktisch ging es darum, den Druck zu halten, Management-Entscheidungen herbeizuführen und damit auch die Dissonanz zu erhöhen.

Das IT-System wurde technisch planmäßig fertig gestellt und eingeführt. Die Mitarbeiter in der Fachabteilung konnten mit dem System nach einer kurzen Einlernphase gut und deutlich effizienter als bisher arbeiten. Insbesondere die papierlose Verarbeitung erwies sich als sehr hilfreich, da das „Horten von Akten" entfiel und alle Vorgänge schnell auffindbar waren. Die Veränderung in den Arbeitsabläufen wurde von den Mitarbeitern also angenommen. Hier kam eine Form von Einsicht in die Notwendigkeit der Veränderung zustande.

Auch herrschte nun Transparenz über die Anzahl von offenen Vorgängen und die Arbeitsbelastung der Abteilung. Der verantwortliche Linienmanager kam dadurch stark unter Druck, die im Business Case gerechneten Personaleinsparungen auch tatsächlich zu realisieren. Dieser bewusst spürbar gemachte Veränderungsdruck war ein Element, die Dissonanz im Unternehmen im Ganzen zu erhöhen.

Allerdings zeigte sich auch ein deutliches Widerstandsverhalten von Führungskräften:

- Die Regularien für die Sachbearbeitung wurden deutlich verschärft. Damit erreichten die verantwortlichen Linienmanager, dass der Arbeitsaufwand wieder in die Nähe des Zustands vor der Systemeinführung und der damit verbundenen Prozessveränderung anstieg. Konkret wurden beispielsweise die Freigaberechte eingeschränkt und zusätzliche Prüfungen und Kontrollen abverlangt. Zum Teil musste dafür das Software-System angepasst beziehungsweise umkonfiguriert werden, wodurch die gegenläufigen Maßnahmen natürlich sehr auffällig waren.

- Für einen Teil der Vorgänge wurden Hindernisse für die papierlose Verarbeitung aufgebaut. Beispielsweise wurde für bestimmte Unterlagen unterstellt, sie ließen sich nicht zuverlässig scannen, daher mussten komplette Vorgänge als Papierakten weitergeführt werden. Der Handhabungsaufwand dafür war entsprechend hoch. Außerdem entstand wieder eine Sphäre der Intransparenz, in der Aufwände und hoher Mitarbeiterbedarf begründet wurden.

Die IT- und Organisationsabteilung durchschaute dieses Vorgehen sehr schnell – auch aufgrund der fundierten Hinweise von den Fachspezialisten. Aufgrund der loyalen Arbeitsweise im Unternehmen gab es jedoch keinen direkten Durchgriff in die Fachabteilung, so dass es nur Möglichkeiten der indirekten Einflussnahme (Dissonanz erhöhen) oder der Eskalation gab. Es war auch hier Aufgabe der externen Unterstützung, entsprechende Transparenz zu schaffen und Entscheidungen durch den Vorstand vorzubereiten.

Zusammenfassende Betrachtung

Methodisch war die Maßnahme eine Optimierung auf der loyalen Ebene – und dies gegen erhebliche Widerstände. Bei

- Potenzial für Veränderungen

- Dissonanz

- Einsicht in Notwendigkeit von Veränderungen

wurde dabei gezielt an den Voraussetzungen für Veränderungen gearbeitet. Im Ganzen brauchte das Unternehmen für die engagierte Phase des Optimierungsprozesses mehrere Jahre – die beiden dargestellten extern begleiteten Umsetzungsschritte dauerten zusammen alleine fast zwei Jahre.

Bemerkenswert ist noch, dass engagierte Mitarbeiter, so zum Beispiel die schon genannten Fachspezialisten, zunehmend aktiv die Abteilung wechselten – und zwar oft in die IT- und Organisationsabteilung. Sie handelten damit im Grundsatz erfolgsorientiert, wobei sie dem Unternehmen gegenüber loyal blieben und Angebote aus dem Markt überwiegend nicht annahmen.

7.   Vertriebsetablierung im Gebäudemanagement

Rahmenbedingungen	
Ausgangssituation	Dezentrale Organisation mit rund Hundert Niederlassungen und einer Hauptverwaltung
Aufgabenstellung	Etablierung einer Vertriebsorientierung zur aktiven Marktbearbeitung.
Können	**Status**
Souveräne Lösungen auf der aktuellen Ebene	Zuverlässiger Service, hohe Qualität – Freundlichkeit und Geschwindigkeit lassen jedoch zu wünschen übrig.
Potenzial für Veränderungen	Mehr oder weniger nicht vorhanden. Durch jahrelange Konstanz in der Kundenbindung und der Tätigkeit war Veränderung nicht wirklich gefragt.
Umgang mit Hindernissen	Schwierig, weil es bisher kaum Hindernisse gab.
Integration des Gelernten	Konstante aber sehr langsame Weiterentwicklung.
Wollen	**Status**
Offenheit für Veränderungen	Auf Mitarbeiterebene sehr gering, auf Geschäftsführungsebene hoch.
Dissonanz	Auf Mitarbeiterebene sehr gering, auf Geschäftsführungsebene hoch.
Einsicht in Notwendigkeit der Veränderung	Auf Mitarbeiterebene mäßig, da wenig Dissonanz. Auf Geschäftsführungsebene sehr hoch.

Begleitung/Besonderheiten	
Einschätzung der Führungskräfte	Nahezu flächendeckend loyal, speziell in den Niederlassungen. Die Hauptverwaltung ebenso, mit Ausnahme des Vorstands, der Erfolgssucher ist.
Begleitungsvariante	Optimieren und Stabilisieren im Hautgeschäft auf Mitarbeiterebene; Stretch-up mit anschließendem Ausbruch inszenieren auf Geschäftsleiterebene.
Besonderheiten	Starker Umbruch des Marktes. Veränderung der Vertriebsstrategie – kurz- und mittelfristig. Verhinderung eines Abrutschens auf die Einzelkämpfer-Ebene.

Ausgangssituation

Der Konzern mit rund hundert Niederlassungen beschäftigte sich mit Gebäudemanagement im umfänglichen Sinne. Dies waren Niederlassungen, die komplexe Gebäudeeinheiten verwalten, managen und instandhalten, bis hin zu Niederlassungen die sich mit dem klassischen Hausmeisterservice für Kleinfirmen und Privathaushalte beschäftigen.

Der Markt war früher über Jahre von lokalen Anbietern besetzt und bearbeitet worden. Der Markt war also stabil, kleine lokale Verschiebungen waren die Regel, aber keine dramatischen Veränderungen. Der Konzern bildete sich vor etlichen Jahren aus dem Zusammenkaufen von kleinen lokalen Anbietern, deren Geschäftsführer nach dem Kauf der Unternehmung noch eine Beteiligung von maximal 25 Prozent behalten konnten, solange sie die Geschäftsführung inne hatten. Die lokalen Niederlassungen firmierten zwar unter der gleichen Marke, doch es wurde oft von den Namen der Geschäftsführer bzw. deren ursprünglicher Firmierung gesprochen. Die Dezentralisierung wurde bewusst beibehalten, da der Vorstand der Überzeugung war, dass die lokalen Besonderheiten in diesem Geschäft nur vor Ort zu verstehen und zu entscheiden waren. Daher herrschte wenig Einflussnahme von Seiten der Zentrale.

Die Mitarbeiter der Niederlassungen waren meist Handwerker oder angelernte Kräfte, die alle eine lange Betriebszugehörigkeit vorzuweisen haben. Da wenig Veränderung notwendig war, hatten es sich viele Mitarbeiter „bequem eingerichtet". Die Arbeit war zuverlässig, aber wenig dynamisch und servicefreundlich.

Die Geschäftsführer waren überwiegend langjährige Experten auf ihrem Gebiet und sie waren gut vernetzt in der lokalen Unternehmerszene. Daraus rekrutierten sie bisher immer die Kunden und pflegten über lokale Netzwerke, Serviceclubs und Vereine die Beziehungen.

Die meisten lokalen Kunden waren seit wenigen Jahren zunehmend unter Kostendruck und stellen langjährige Lieferanten- und Dienstleisterbeziehungen in Frage. Dies betraf nicht nur das Gebäudemanagement. Zeitgleich tauchten immer mehr Franchise-Unternehmen und Billiganbieter mit Subunternehmern aus osteuropäischen Ländern auf dem Markt auf und sorgten für Preisverfall.

Handschlaggeschäfte zählten plötzlich nicht mehr. Durch die privaten Netzwerke gab es oft keine aktuellen Verträge und die langjährigen Kunden stellten die Lieferanten auf die Probe, wer wie günstig anbieten könnte.

Dies erforderte neben dem emotionalen Umgang mit der Situation ein neues Vertriebsverhalten der Geschäftsführer. Neukundenakquisition musste nun systematisch gestartet werden, neue Geschäftsfelder sollten erschlossen werden.

Durch die nachlassenden Umsatzzahlen wurde die Hauptverwaltung skeptisch und recherchierte über die bisherigen Vertriebsstrategien. Dabei stellte sich heraus, dass diese quasi nicht vorhanden waren. Die Niederlassungen waren unsystematisch vorgegangen – und dabei früher erfolgreich.

Ziel/Aufgabenstellung

Die Geschäftsführer wussten nicht, wie sie mit der neuen Situation umgehen sollten – speziell die aggressiven Verhaltensweisen der neuen Marktbegleiter verunsicherte. So startete der Vorstand eine Vertriebsoffensive.

Ziel des Projektes war zunächst das bestehende Geschäft weitestgehend abzusichern und vor Verfall in gleich aggressive Wettbewerbs-Verhaltensweisen abzusichern. Ein Rückfall auf die Ebene der Einzelkämpfer sollte verhindert werden. Nachgelagertes oder paralleles Ziel war es, neue Vertriebsstrategien zu entwickeln und neue Märkte und Kunden zu erschließen, um langfristig wieder wachsen zu können.

Dazu sollten die Geschäftsführer und die erste Ebene der Niederlassungen als Zielgruppe in den Veränderungsprozess einbezogen werden, bzw. im Mittelpunkt stehen. Der Vorstand war Auftraggeber und Promoter des Prozesses.

Zielfestlegung nach Graves

Bei Betrachtung der Zielsetzung unter der Perspektive des Graves-Value-Systems wurde schnell deutlich, dass es sich bei dem Vorhaben um eine Transformation von der loyalen zur erfolgsorientierten Ebene handeln sollte.

Analyse der Voraussetzungen nach dem Graves-Value-System

Die Initialzündung des Projektes wurde vom Vorstand veranlasst. Er hatte festgestellt, dass sich die Umsatzzahlen konstant verschlechterten und auf die regelmäßigen Nachfragen und Besuche in den Niederlassungen bekam er nur unzufriedenstellende Antworten. Die Niederlassungsleiter/Geschäftsführer erwiderten nur „das wird schon wieder, wir tun unser Bestes" – konkrete Aktionen konnte aber keiner vermelden.

Für die Analyse wurden mit dem Vorstand zunächst die Ursachen analysiert und mögliche Ziele besprochen. Parallel wurden Regionaltagungen besucht, um vom Geist der lokalen Organisationen mehr zu erfahren. Daraufhin wurden die Niederlassungen besucht und die Geschäftsführer mit geleiteten Interviews nach den Ursachen befragt. Durch eine starke und proaktive Kommunikation, die über den Vorstand als Sprachrohr geführt wurde, konnte die Bereitschaft und die Offenheit für einen tiefgehenden Analyseprozess geschaffen werden. Der Nutzen für die einzelnen Geschäftsführer wurde plakativ verdeutlicht – es wurde auch klar, dass es um keinerlei Schuldzuweisungen ging. Sowohl in den Regionaltagungen, als auch über andere Kommunikationskanäle (Mitarbeiterzeitung, Mailings und persönliche Gespräche) wurde immer wieder auf die Dringlichkeit und Notwendigkeit des Projektes hingewiesen. Dies war im Nachhinein gesehen einer der wichtigsten Schlüssel für den Erfolg des Projektes. Der Vorstand machte den Prozess zur Chefsache, ohne dominant den Prozess an sich zu reißen. Er war eher Initiator, Katalysator und Promotor.

Dies passt ins Bild, denn der Vorstand ist als Erfolgssucher einzuschätzen. Die Idee der Konzernstruktur, die erfolgsorientierte dezentrale Niederlassungen vorsieht, war seine Idee. Er wollte von Beginn an einen loyalen Verwaltungsapparat verhindern, der alles übersteuert und sich womöglich anmaßt über lokalen Besonderheiten besser bescheid zu wissen als die Einheiten vor Ort.

Die lokalen Niederlassungen hatten über die Jahre hinweg viel Struktur entwickelt und dabei auch Verkrustungen angesetzt. Die Mitarbeiter waren loyal und pflichtbewusst – aber Bäume wurden nicht ausgerissen. „Und man ist ja auch nicht auf der Flucht, sondern in der Arbeit – daher bitte keine Hektik," so die weit verbreitete Einstellung.

Die Geschäftsführer waren seit jeher loyal und hatten teilweise langjährige Strukturen aufgebaut und verwaltet. Ein Hauch von Erfolgssuchertum war vorhanden, aber auch patriarchalische Strukturen, die etwas Stammesmenschentum ausstrahlten. Im Kern waren sie jedoch extrem zuverlässig und pflichtbewusst.

Die wichtige Frage, welches Potenzial das Unternehmen hatte, die angestrebte Erfolgsorientierung umzusetzen, konzentrierte sich vornehmlich auf die Geschäftsführer.

Die Dimensionen des Könnens und Wollens sind in Startsituationen in Veränderungsprojekten ein zentraler Punkt, um die nachgelagerten Aktionen zielgerichtet steuern zu können.

Können/Veränderungsfähigkeit

Potenzial für Veränderungen	Durch die langjährige Konstanz im Tagesgeschäft war wenig Veränderungspotenzial vorhanden. Flexibilität und „change readiness" waren wenig ausgeprägt.
Souveräne Lösungen für die aktuelle Ebene	Die aktuelle Ebene wurde souverän beherrscht. Strukturen, Abläufe und Aufgabenbereiche waren sehr klar definiert und wurden auch eingehalten. Dies jedoch zu streng und rigide.
Geeigneter Umgang mit Hindernissen	Die auftretenden Hindernisse wurden tendenziell eher hemdsärmelig und möglichst pragmatisch angegangen. Die neuen Hindernisse wurden jedoch meist mit alten Lösungen bekämpft. Neue Lösungen waren selten.
Konsolidierung, **Integration des Gelernten**	Die Konstanz des Geschäfts erforderte bisher wenig Integration von Neuem. Die langsamen und kleinen Lernfortschritte wurden jedoch stets schnell integriert.

Wollen/Veränderungsbereitschaft

Offenheit	Die Offenheit war vorhanden, speziell bei den Geschäftsführern und beim Vorstand. Die Belegschaften waren weder ausgesprochen offen, noch gegen Veränderungen. Hier bestand die Möglichkeit, Offenheit zu generieren – man konnte die Mehrheit als abwartende Skeptiker einschätzen.
Dissonanz	Die Dissonanz war nur bei den Geschäftsführern und beim Vorstand wahrzunehmen – bedingt durch die Erkenntnisse aus betriebswirtschaftlichen Kennzahlenanalysen und erste Versuche, Zukunftsszenarien zu erarbeiten. Bei den Mitarbeitern war keine Dissonanz feststellbar.
Einsicht	Generell war die Einsicht in die Vorteile einer Veränderung vorhanden, man wollte jedoch gleichzeitig nicht wie die Billig-Anbieter agieren und aufgestellt sein.

Vertriebs-Sensibilisierung als Initialprozess

Eine große Vertriebsoffensive wurde über mehrere Handlungsstränge initiiert. Zunächst wurden die lokalen Geschäftsführer im Rahmen von Workshops für die Themen „Solution Selling" und „Consultative Selling" trainiert. Dies wurde in vielen Praxisübungen aktiv in die jeweilige Geschäftswelt transferiert. Im Anschluss wurden Coachings vor Ort durchgeführt, um die Geschäftsführer zu unterstützen, das neue Wissen anzuwenden und die ersten Erfolge zu feiern. Die eingefahrenen Verhaltensweisen sollten durch neue Methoden verdrängt bzw. ersetzt werden. Hier erwies sich der Ansatz des Coachings vor Ort als sehr wichtig, denn einige Geschäftsführer hatten Fragen und Bedenken, die sie in der großen Runde aus politischen Gründen nicht immer zu äußern wagten. Im direkten Gespräch konnten diese Bedenken ausgeräumt werden. Leichter Druck durch die Präsenz des Coachs brachte viele Teilnehmer dazu, die neuen Erkenntnisse auch zügig anzuwenden – und den Erfolg zu erleben. So wurden mit jedem Teilnehmer zehn Neukundenkontakte vorbereitet und die Telefonate wurden gecoacht. In einigen Regionen wurden Teams gebildet, die sich in Lernpartnerschaften gemeinsam unterstützen und Einwände und Vorwände gemeinsam bearbeiten.

Zielorientiertes Führen als Nachhaltigkeitsprozess

Nachdem die Initialzündung zum Selbstläufer wurde und das Geschäft durch die neuen Akquise-Erfolge der Geschäftsführer wieder anzog, wurde der nächste Schritt angegangen. Die Mitarbeiter sollten in das Vorgehen integriert und auf den Veränderungsprozess eingestimmt werden. Die erarbeitete Strategie war, durch die Veränderung der Mitarbeitergespräche, die bisher „Jahresbeurteilungsgespräche" hießen, den Wandel durch Führung herbeizuführen.

Das neue Zielvereinbarungsgespräch wurde komplett umstrukturiert. Kleine Teile konnten wiederverwendet werden, um mehr Akzeptanz zu erhalten. Der wechselseitige Dialog wurde gefördert, Feedback in beide Richtungen eingeführt und klare messbare Ziele wurden integriert. Diese Ziele wurden ausnahmslos an erfolgsorientierte Verhaltensweisen gekoppelt. Das heißt, nicht nur Ergebnisse, sondern auch Verhaltensweisen wurden vereinbart und honoriert. Mit den Betriebsräten konnten Leistungsanreizsysteme vereinbart werden, die mehr Aktivität in die Niederlassungen bringen sollten.

Diese Mitarbeitergespräche wurden ebenso mit allen Führungsverantwortlichen trainiert und simuliert, um schnell und zielsicher den Roll-out zu erreichen. Vermeintliche Widerstände der Mitarbeiter wurden analysiert und mit der Einwand-Vorwegnahme-Technik im Vorfeld besprochen. Die Ziele der Mitarbeiter in den Niederlassungen wurden im Vorfeld der Gespräche gemeinsam synchronisiert, so dass die Ziele die gleiche Stoßrichtung hatten und keine Widersprüche beinhalteten. Die erste Runde wurde von einem Berater begleitet, um die Erfolgssucher-Aspekte der Ziele sicherzustellen.

Die neuen Zielvereinbarungsgespräche konnten im definierten Zeitrahmen umgesetzt werden. Zur Überraschung für viele Geschäftsführer wurde der neue Ansatz im Unternehmen als sehr positiv aufgenommen. Inzwischen ist es so, dass die Mitarbeiter die Gespräche aktiv einfordern, falls eine Führungskraft den Dialog etwas vernachlässigt. Die Mitarbeiter starteten Initiativen und Projekte, um mehr Vertriebsausrichtung in den Niederlassungen zu schaffen. So gestaltete eine Niederlassung sogenannte Scoreboards, mit denen sie allen aktiven Kunden, Interessenten, Kontakte und ehemaligen Kunden visualisierten und so stets einen visuellen Anreiz für die weitere Bearbeitung hatten.

Zusammenfassende Betrachtung

Für den langfristigen Erfolg der Maßnahmen sind neben der Vorreiterrolle der Führungskräfte speziell die gesteigerte Führungsgesprächskompetenz der Führungskräfte zu nennen, denn über diese wurde nach der Initialzündung der Prozess gesteuert. In nationalen Meetings wurde nun stets das Thema Kultur und Vertriebsausrichtung der Niederlassungen thematisiert und eingefordert.

8.   Weitere Einsatzfelder des Graves-Value-Systems

Sich verändernde Märkte, anstehende Unternehmensfusionen oder -abspaltungen führen im Management häufig zu dem Wunsch nach mehr Klarheit und Orientierung. Es gibt hin und wieder Praxis-Projekte, in denen das Graves-Value-System nicht als das führende Tool eingesetzt wird, sondern vielmehr im Hintergrund läuft. Immer wieder stellten wir fest, dass es sich hervorragend für Orientierungsworkshops und Coachings eignet. Der Einsatz des Modells bringt Licht in die konkrete Situation von Mitarbeitern und Unternehmen und erleichtert die Zielfindung.

8.1   Das Graves-Value-System als Coachingtool

Rahmenbedingungen	
Ausgangssituation	Ein international erfahrener Betriebswirt in beruflicher Orientierungsphase
Aufgabenstellung	Analyse von Stärken/Schwächen und Zielfokussierung auf eine neue Herausforderung
Begleitung/Besonderheiten	
Begleitungsvariante	Analyse und Zielsetzung nach Graves
Besonderheiten	Graves-Value-System in der Doppelbetrachtung auf den Coachee als Einzelperson und auf Systeme als ehemalige oder potenzielle Arbeitgeber

Ausgangssituation

Ein international erfahrener Betriebswirt und Mitglied der Geschäftsführung eines mittelständischen Elektronik-Unternehmens stand nach einem erfolgreichen Merger, den er intern begleitet und betreut hatte, an einer Weggabelung seiner Karriere. Er hatte sowohl Berufserfahrung im Investmentbanking als auch in großen loyalen Konzernen.

Sein eigentliches Aufgabengebiet entfiel durch die Fusion, und die ihm nun angebotenen Aufgabenbereiche schienen ihm wenig reizvoll und attraktiv. Deshalb wollte er das Unternehmen verlassen. Um für sich eine Standortbestimmung mit Stärken-und-Schwächen-Analyse durchzuführen und um auszuloten, was er denn in Zukunft machen wolle, suchte er Klärung im Executive-Coaching.

Analyse der Voraussetzungen nach dem Graves-Value-System

Neben anderen Coachingtechniken und -tools wurde das Modell des Graves-Value-Systems als Tool für den Coachingprozess verwendet. Mit Hilfe eines Fragebogens konnte der Coachee sich im Modell einordnen und ebenso eindeutig analysieren, auf welchen Ebenen sich seine bisherigen Arbeitgeber und Arbeitsgebiete befunden hatten. Er war regelrecht verblüfft, wie klar ihm die Gründe für Wohlbefinden und Unbehagen in den jeweiligen Positionen durch das Modell wurden.

Er hatte im Arbeitsumfeld die Denk- und Handlungsweisen eines Teammenschen stark integriert. Zudem wollte er sich nach den vielen Jahren der harten Arbeit wieder mehr auf sich selbst konzentrieren. Er hatte das Empfinden, zu kurz gekommen zu sein, und sein Wissen und seine Kompetenzen wieder verstärkt einsetzen zu müssen. Somit ergab die Analyse, dass bei ihm auch Anlagen des ich-bezogenen Möglichkeitensuchers vorhanden waren.

Im Lauf seiner Karriere hatte er in vielen Unternehmensbereichen gearbeitet, die sich auf unterschiedlichen Ebenen des Graves-Value-Systems befanden. So verstand er die Bedeutung klarer Regeln und Systeme auf der loyalen Ebene. Er hatte im Investmentbanking viel Erfahrung mit der Erfolgssucher-Ebene gesammelt. Zuletzt hatte er als Mitglied der Geschäftsführung des Elektronik-Unternehmens gemeinsam mit seinen Geschäftsführer-Kollegen sehr teamorientiert gearbeitet. Viele Jahre war er somit in Organisationen auf den unterschiedlichen Ebenen des Graves-Value-Systems beschäftigt gewesen und hatte sich dadurch gut weiterentwickeln können.

Der Coaching-Prozess machte ihm deutlich, dass sich seine persönlichen Ziele verändert hatten und ihm im beruflichen Umfeld zunehmend Flexibilität und der Einsatz seiner Kompetenzen wichtig waren. Er sah sich also künftig vielmehr als Möglichkeitensucher, dort war er jedoch noch nicht vollständig angekommen.

Gemeinsam mit dem Coach wollte er diesen Weg nun begehen. Vor- und Nachteile der neuen Zielsetzung wurden gemeinsam diskutiert und reflektiert. Potenzielle Arbeitgeber wurden mit dem Graves-Value-System analysiert, um eine Passung zu prüfen. Der Coachee wollte auf jeden Fall eine neue Herausforderung angehen, die ihm die Freiheit gab, in überwiegendem Maße Tätigkeiten auszuüben, die ihn persönlich interessierten und seinen eigenen Interessen genügend Freiraum ließen. Aspekte der Sicherheit und der festen Einbindung in eine Organisation waren für ihn zweitrangig.

Bewusstseinsschaffung durch Coachingtools

Der Coachee befand sich zum Beginn des Coachings in einer regelrechten Lähmungsphase. Geschockt vom erstmaligen Karriere-„Knick" stellte er fest, dass er regelrecht orientierungslos war.

Mit Hilfe von Coachingtools ließ sich seine Selbstorientierung verbessern, und er konnte Ziele für seine berufliche Zukunft definieren.

Als Tools wurden eingesetzt:

- der MBTI (Myers-Briggs-Type-Indicator) als Persönlichkeitsentwicklungsinstrument

- der Antreiber-Test, um das innere Team zu erkennen

- und das Graves-Value-System, verbunden mit dem bewussten Arbeiten an den eigenen Werten, um eine systemische Standortbestimmung zu ermöglichen

In mehreren iterativen Coachingsitzungen und nachgelagerten Aufgabenstellungen konnten drei Zeithorizonte aufgearbeitet werden:

- die Vergangenheit: zentrale Lebenslaufsstationen

▨ das Heute: aktuelle persönliche, familiäre und berufliche Situation

▨ die Zukunft: kurz-, mittel- und langfristige Perspektiven und konkrete Ziele

Mit Hilfe des Graves-Value-Systems analysierte er potenzielle Arbeitgeber, um die für ihn auf der Möglichkeitensucher-Ebene relevanten Unternehmensbereiche zu identifizieren.

Zusammenfassende Betrachtung

In diesem Fallbeispiel konnte das Graves-Value-System ausgezeichnet individuell angewendet werden, um Vergangenheit, Gegenwart und Zukunftsaussichten besser zu verstehen und ein Ziel für die Zukunft zu setzen.

Das Modell wurde genutzt, um

▨ die Situation zu analysieren

▨ sich selbst einzuschätzen

▨ ein passendes Ziel zu finden

8.2   Orientierungsworkshop für das Management

Rahmenbedingungen	
Ausgangssituation	Nationales Dienstleistungsunternehmen mit zahlreichen Niederlassungen. Zentrale loyal, Niederlassungen teilweise erfolgsorientiert
Aufgabenstellung	Orientierung schaffen für das Top-Management für Organisationsentwicklung und zukünftige Personalentscheidungen – bezogen auf die Führungsmannschaft in fünf Jahren
Begleitung/Besonderheiten	
Begleitvariante	Zunächst Einsatz des Modells für die Analyse und Zielfestlegung nach dem Graves-Value-System. Im weiteren Verlauf steht ein Stretch-Up in Teilen der Zentrale an
Besonderheiten	Das Modell als Orientierungshilfe für Entscheidungen des Top-Managements

Zwei Aufgabenstellungen: Organisations-Standortbestimmung und Personalentscheidungen der Zukunft

Das Top-Management eines Dienstleistungsunternehmens entschied sich für eine Klausurtagung, um eine Standortbestimmung durchzuführen. Die bestehenden Unternehmensbereiche sollten analysiert werden, um die Organisationseinheiten zu verstehen und künftige Notwendigkeiten von Veränderungen zu antizipieren. Dabei diente das Graves-Value-System als innovatives Analysetool, das bisher nur einem Teil des Managements bekannt war.

Im Lauf des Workshops konnten die Manager völlig neue Perspektiven einnehmen. Sie entstammten einer Unternehmenswelt, die von Pragmatismus geprägt war und in der wertorientierte Betrachtungen maximal im monetären Sinne stattfanden. Die Führungskräfte sahen nicht nur den pragmatischen Nutzen des Modells, sondern erlebten regelrechte Horizonterweiterungen für ihre Managementaufgaben.

Die Zentrale des Unternehmens wurde als überwiegend loyal analysiert. Dies ist im Hinblick auf ihre Aufgaben und ihr Umfeld auch als passend einzustufen. Aber auch die vertriebs- und niederlassungsunterstützenden Abteilungen waren überwiegend loyal, deren Aufgaben und Umfeld erforderten jedoch zumindest eine Erfolgsorientierung.

Die Erkenntnisse dieses Top-Management-Workshops führten dazu, dass im Rahmen des folgenden Leadership-Teammeetings ein weiterer neuer – längst überfälliger – Agendapunkt aufgenommen wurde: die Führungsmannschaft in der Zukunft.

Etliche Geschäftsleitungsmitglieder standen an Altersschwellen, andere waren kurz vor einer Abberufung in andere Regionen. So wurde mit Hilfe des Graves-Value-Systems nicht nur das Unternehmen in seinem bisherigen Zustand analysiert, sondern es wurde auch eingeschätzt, inwieweit das Unternehmen langfristig erfolgreich sein würde. Hierzu wurden vorliegende Prognosen der Marktentwicklung einer passenden Zielebene des Modells gegenübergestellt. Daraus wurde abgeleitet, wie sich das Unternehmen und die Niederlassungen mittel- und langfristig entwickeln müssten, um weiterhin erfolgreich sein zu können.

Nach dieser Zieldefinition erarbeitete das Management, für welche Funktionsbereiche welche Mitarbeiterprofile passen würden. Diese Wunschliste wurde anschließend mit den „High-Potenzial-Kandidaten" abgeglichen. Ergebnis war, dass es für etliche Positionen gute Anwärter aus den eigenen Reihen gab, andere jedoch von Externen besetzt werden müssten.

Die Reihenfolge der Vorgehensweise war hier entscheidend. Häufig tendieren Unternehmen dazu, Posten aus ihrem internen Nachwuchspool zu besetzen. Dies verleitet jedoch stark dazu, die langfristigen Marktentwicklungen und die Anforderungen der Zukunft an das Unternehmen zu vernachlässigen. Durch den Einsatz des Graves-Value-Systems konnte Klarheit über künftige Anforderungsprofile geschaffen und die Führungskräfteentwicklung entsprechend angepasst werden.

8.3   Von Loyal auf Erfolgssucher mit strukturiertem Coaching

In der Mehrzahl der Veränderungsfälle fragen sich die Verantwortlichen, wie man es schaffen kann, die loyalen Mitarbeiter in Richtung Erfolgssucher zu bewegen. In einem großen Projekt wurde mittels strukturiertem Gruppencoaching genau dies erreicht. Dieses Vorgehen werden wir nun kurz skizzieren.

Die Herausforderung war, die loyale mittlere Führungsebene erfolgssuchend zu formieren und mit mehr Energie und Dynamik auszustatten. Die Grundidee war, dass eine Zielsetzung wesentlich für den Erfolg eines Menschen ist – ein erfolgreicher Mensch arbeitet bewusst oder intuitiv nach einem persönlichen Zielprogramm. Für das darauf ausgerichtet Gruppencoaching wurde ein 10-moduliges, sehr strukturiertes Vorgehen entwickelt und eingesetzt.

Jeder Aspekt des entwickelten Coachingss half, konstruktive Maßnahmen für den Erfolg zu ergreifen. Maßnahmen, die Lohnenswertes zur Folge haben, erfordern erfahrungsgemäß Planung und Zielsetzung. Das strukturierte Gruppencoachingprogramm vermittelte dafür eine ständige Kenntnis über die eigenen Ziele und unterstützte, Zielsetzungsgewohnheiten zu entwickeln, aus denen konstruktive Maßnahmen resultieren. Dieses Herangehen unterstrich die Notwendigkeit klarer Handlungsabläufe und gab Anregungen, die die Teilnehmer darin unterstützten, ihre Selbstmotivation zu entfalten.

Innerhalb von 12 Wochen wurden 45 Führungskräfte durch dieses Programm geführt. An einem festen Wochentag (in diesem Fall der Montag) wurden jeweils in 2,5 stündigen Sessions in Kleingruppen von 15 Personen definierte Inhalte bearbeitet und besprochen. Die erste Gruppe startete um 8 Uhr, die zweite um 13 Uhr und die dritte Gruppe um 16 Uhr. Durch den Start von drei Parallelgruppen wurde es möglich, bei Terminschwierigkeiten die Gruppen zu wechseln.

Jeder Teilnehmer erhielt einen ausführlichen Leseordner mit umfassenden Informationen zu den Inhalten, ein Hörbuch mit genau den identischen Inhalten sowie einen Arbeitsordner als Aktionsplan und Arbeitsbuch. Die Teilnehmer bekamen die Aufgabe, die jeweiligen Lektionen vor den Sessions durchzulesen und nach den Sessions nochmals als Hörbuch anzuhören. Durch diese intensive mehrmalige und mehrkanalige Wiederholung der Inhalte verstärkte sich der Veränderungsprozess. Den Bedürfnissen der Loyalen Ebene entsprechend waren die Inhalte, Arbeitsunterlagen extrem strukturiert, detailliert und geordnet. Die Teilnehmer erhielten präzise Anweisungen und wurden so durch die Inhalte geleitet und mit Reflexionen weiter vertieft.

Konkret gab es eine Eröffnungssession, in der alle Regularien, Ziele und Abläufe definiert wurden. Der Abschluss fand mit der zwölften Session statt, in der jeder Teilnehmer von seinen Ideen und Veränderungen berichtete.

Die zehn dazwischen liegenden Module bzw. Sessions waren:

Lektion 1:   Persönliche Ziele setzen und erreichen

Lektion 2:   Die ersten Schritte zur Zielsetzung

Lektion 3:   Fortschritt, Weiterentwicklung, Veränderung

Lektion 4:   Der Mut, Ziele zu setzen und zu erreichen

Lektion 5:   Fünf Schlüssel zum Erfolg durch Zielsetzung

Lektion 6:   Prioritäten setzen

Lektion 7:   Selbstmotivation und Zielfokussierung

Lektion 8:   Visualisieren und Zielsetzung

Lektion 9:   Die Wirkung positiver Erfolgseinstellungen

Lektion 10:   Es ist Ihre Entscheidung

Nicht nur die einzelnen Führungskräfte entwickelten Energien und Dynamiken im persönlichen Bereich, auch in den Abteilungen wirkten die Impulse auf die Verhaltensweisen und Abstimmungen. Die Dynamik war regelrecht ansteckend und brachte viel Schwung und neue Energie in das Unternehmen. Das Gruppencoachingprogramm wurde von dem Beteiligten speziell deswegen als funktionierend und nachhaltig bewertet, da der Prozess durch die Modularität im Schwung gehalten wurde und wegen der starken Detaillierung intensiv und präzise gearbeitet wurde. Die Strukturierung mit Pre- und Postwork-Maßnahmen sowie dem Hörbuch überbrückten elegant die Tage zwischen den Modulen.

Schlusswort & Ausblick

Unternehmen zu verstehen, zu gestalten und zu verändern ist eine spannende, komplexe und durchaus herausfordernde Aufgabe für alle beteiligten Personen. Die Geschichte des Graves-Value-Systems in Europa wird gerade erst geschrieben, obwohl das Modell von Prof. Graves bereits seit 1996 öffentlich zugänglich ist. Inzwischen erleben immer mehr Anwender die Vorzüge und Einzigartigkeiten des Graves-Value-Systems. Und es findet mehr und mehr Verbreitung in Europa, speziell in Deutschland. Dieser Trend wird durch dieses Buch – das erste deutschsprachige Buch zu diesem Modell – beschleunigt werden.

Wir haben die wichtigsten Eckpfeiler für den erfolgreichen Einsatz des Graves-Value-Systems zum Verstehen, Gestalten und Verändern von Unternehmen dargestellt. Es ist nun an Ihnen, die Ausführungen und die zahlreichen Beispiele für Ihren beruflichen Bedarf zu transferieren und für Ihr Unternehmen anzupassen.

Nehmen Sie sich in Veränderungsprozessen ausreichend Zeit und Ruhe für die Analyse- und Planungsphase. Diese Zeit ist gut investiert. Und denken Sie stets daran, dass alle Unternehmen wie die Menschen, durch die sie getragen und gestützt werden, unterschiedlich sind. Setzen Sie im Veränderungsprozess die jeweils passenden Maßnahmen ein. Beachten Sie dabei, dass das Maßnahmenportfolio umfassend ist und alle erforderlichen Bereiche anspricht. Gestalten Sie ein Unternehmen so, dass es zu den jeweiligen Rahmenbedingungen passt und erfolgreich in seinem Geschäftsmodell arbeiten kann – hinterfragen Sie „Patentrezepte" kritisch. Und überfordern Sie das Unternehmen nicht – beachten Sie, was es zum jeweiligen Zeitpunkt leisten kann.

Nehmen Sie die Herausforderung an – Sie werden Erfolg haben und begeistert sein. Sollten Sie Fragen haben oder den Dialog mit uns suchen, freuen wir uns auf den Kontakt mit Ihnen unter: www.gravesvaluesystem.de

Wir wünschen Ihnen bei der Umsetzung viel Erfolg!

Anhang: Theoretische Vertiefung und Hintergründe des Modells

1.   Der Ursprung des Modells

Clare W. Graves (1914 – 1986) war Professor für Psychologie am Union College in New York. Sein Interesse galt nicht nur der Forschung, er war auch jahrelang als Berater in Wirtschaftsunternehmen, Kliniken und Bildungsinstituten tätig. Seine Theorie begann er in den 50er-Jahren zu entwickeln, und er verfeinerte sie bis zu seinem Tod im Jahr 1986.

Es wird berichtet, dass Graves zu Beginn seiner Lehrtätigkeit von einem seiner Studenten gefragt wurde, welches der unterschiedlichen Werte- und Persönlichkeitsmodelle denn nun das richtige oder das beste sei. Speziell nach Bezügen und Einsatzmöglichkeiten der Maslow-Pyramide wurde er gefragt. Dies sei die Initialzündung für den Beginn der Forschungsarbeiten von Graves für das Graves-Value-System gewesen.

Maslow hatte Entwicklungsstadien von Menschen erforscht. In der von ihm entwickelten Pyramide geht er davon aus, dass ein Individuum sich erst dann weiterentwickelt, wenn es gewisse Bedürfnisse befriedigt hat. So muss ein Mensch zunächst seine physiologischen Bedürfnisse wie Nahrung, Ruhe und Bewegung sowie Sexualität befriedigen, erst dann entwickelt er sich weiter zur nächsten Stufe: der Befriedigung der Sicherheitsbedürfnisse (Gesundheit, Wohnung und Arbeit).

Die Maslow-Pyramide geht von fünf Entwicklungsstadien des Menschen aus: physiologische Bedürfnisse, Sicherheitsbedürfnisse, soziale Bedürfnisse, Geltungsbedürfnisse und Selbstverwirklichungsbedürfnisse. In seiner Theorie spricht Maslow von dem „selbstaktualisierenden Individuum".

Die folgende Abbildung stellt die Maslow-Pyramide mit ihren Entwicklungsstadien dar.

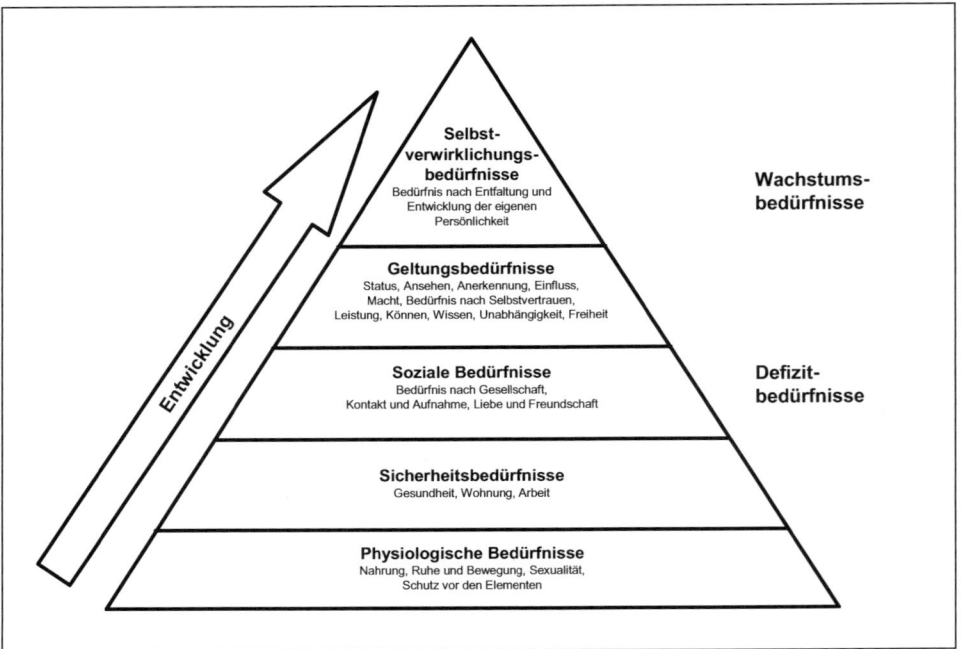

Quelle: Eigene Darstellung, angelehnt an Maslow
Abbildung A39: *Die Maslow-Pyramide*

Graves kritisierte die Sichtweise von Maslow als zu starr und unflexibel. Nach Maslow ist der Endpunkt der Pyramide der Endpunkt der Entwicklung eines Menschen. Graves wollte die Theorie aber um eine weitere Möglichkeit ergänzen. Er untersuchte die Frage, weshalb Menschen sich so unterschiedlich verhalten und weshalb manche Menschen sich verändern und andere nicht.

Also überprüfte Graves das Modell von Maslow empirisch. Dabei stellte er bei den oberen Stufen der Bedürfnispyramide Differenzierungen fest. Demnach divergiert die Befriedigung der oberen drei Bedürfnisse (soziale Bedürfnisse, Geltungsbedürfnisse und Selbstverwirklichungsbedürfnisse) je nach dem Wertesystem des Individuums und des sozialen Systems, in welchem das Individuum lebt.

So kann beispielsweise der Bereich „Geltungsbedürfnis" sehr unterschiedlich ausgeprägt sein. In einer stark erfolgsorientierten Welt machen sich Status und Ansehen eines Menschen an materiellen Dingen, wie einem schnellen Auto oder einer teuren Uhr, fest. In einer loyal geprägten Welt zählen die Treue zum übergeordneten System (zum Beispiel Unternehmen, Kirche, Staat) und die Beständigkeit. Ein gutes Beispiel ist auch der Wert „Freundschaft", der je nach Wertesystem des Menschen Unterschiedliches bedeuten kann.

Professor Graves verbrachte sein gesamtes berufliches Leben mit der Suche nach Gesetzmä-ßigkeiten bei Veränderungen von Personen und Gruppen. Der entscheidende Schritt von Graves ist die Verbindung des Individuums mit dem sozialen System, in dem es sich befindet. Das Entwicklungsstadium des sozialen Systems ist dabei ebenfalls von großer Bedeutung.

Maslow war in der Psychologie des Nachkriegs-Amerika ein starker Vordenker. Die Weiter-entwicklung von Graves irritierte ihn zunächst, später (nach acht Jahren der Auseinanderset-zung) jedoch verständigten sich die beiden und akzeptierten ihre jeweiligen Modelle.

Graves' Instrumentarium ist trotz seiner Bedeutung noch relativ unbekannt. Dies wird darauf zurückgeführt, dass er seine Arbeit krankheitsbedingt vor seinem Tod nicht vollenden konnte. Das Werk wurde erst 2005 durch Cowan und Todorovic aus zahlreichen Manuskripten, Film- und Tondokumenten zusammengefügt und sinnhaft ergänzt und unter dem Titel „The never ending quest" publiziert.

Graves' wissenschaftlichen „Erben" Cowan und Beck ist es zu verdanken, dass dieses um-fangreiche Modell erstmals publiziert wurde. In ihrem Buch „Spiral Dynamics" stellen sie das Graves-Value-System als Modell sehr ausführlich dar. Viel Grundlagenforschung findet sich in ihrem Buch wieder.

Da das Graves-Value-System ganz wesentlich auf Werten von Menschen sowie auf Werten ganzer Personengruppen beruht, beschreiben wir im folgenden Abschnitt den Begriff „Werte" näher.

2.   „Value System" – was sind Werte und wie entstehen sie?

Was sind Werte?

Werte sind Ideen und Überzeugungen, die eine Person antreiben, etwas auf sich zu nehmen, sich zu engagieren und sich einzusetzen.

Werte sind abstrakte „Dinge" wie: Freude, Harmonie, Partnerschaftlichkeit, Geborgenheit, Gerechtigkeit, Erfolg, Macht, Gesundheit, Höflichkeit, Akzeptanz und so weiter.

Werte sind für Menschen im wahrsten Sinne des Wortes „wertend". Durch sie entscheidet man, ob man etwas gut oder schlecht findet, ob Verhaltensweisen eines Menschen abgelehnt oder angenommen werden.

James Tad (1991, S. 183) beschreibt eindrucksvoll die Bedeutung von Werten wie folgt: „Werte zeichnen sich dadurch aus, dass wir bereit sind, unsere vorhandenen Ressourcen einzusetzen oder uns neue Ressourcen zu verschaffen, um sie zu bewahren. Werte sind weitgehend unbewusst und stellen auf der tiefsten Ebene der Persönlichkeit die Triebkraft für die wahren Ziele eines menschlichen Wesens dar. Werte bestimmen *sämtliches* menschliches Verhalten."

Innerhalb der eigenen Werte bildet man eine Hierarchie. Ein bestimmter Wert ist einem wichtiger als ein anderer. Einem Menschen ist Gerechtigkeit wichtiger als Erfolg, Liebe wichtiger als Gesundheit. Bei einem anderen Menschen kann dies ganz anders sein.

Jeder Mensch hat unterschiedliches Werteverständnis – und selbst bei einem identischen Begriff können die dahinter liegenden Aussagen bei zwei Personen sehr unterschiedlich sein. So kann beispielsweise für den einen der Wert „Gerechtigkeit" bedeuten, dass es allen Menschen auf der Welt gleich gut geht. Für einen anderen heißt „Gerechtigkeit", dass es nur den Menschen gut geht, die auch etwas leisten.

Von den eigenen Werten leitet man die eigene Sicht auf die Welt ab, das woran man glaubt und was man als wahr empfindet – die eigenen Glaubenssätze. Häufig trifft man auf Glaubenssätze in Form von Verallgemeinerungen („wer hart arbeitet, hat auch Erfolg") und Vorurteilen („die Jugend von heute ist ungezogen und frech"). Da Glaubenssätze stark als Filter wirken, nimmt man nur das wahr, was man glaubt. Mit obigem Glaubenssatz über Jugendliche wird man den hilfsbereiten und höflichen Jungendlichen einfach nicht wahrnehmen – man filtert ihn aus der eigenen Wahrnehmung heraus, weil er nicht in das erwartete Muster hereinpasst. Sehr wohl wird man aber einen Jungendlichen sehen, der laut pöbelnd durch die Straßen zieht.

Aus den Glaubenssätzen und Werten resultieren wiederum die Handlungen und Verhaltensweisen der Menschen. Ein Vertriebsmitarbeiter im Außendienst, der den Glaubensatz hat „der Kunde sagt schon, wenn er ein neues Produkt von uns will" – vielleicht beruhend auf den Werten „Selbstbestimmung und Freiheit" – wird sich deutlich weniger aktiv verhalten als sein Kollege mit dem Glaubenssatz „nur wenn ich meinem Kunde regelmäßig neue Produkte und Serviceleistungen anbiete, wird der Kunde sie auch kaufen".

Glaubenssätze und Werte können Fähigkeiten regelrecht mobilisieren oder blockieren. Das mentale Training rund um das „positive und erfolgsorientierte Denken und Handeln" baut stark auf diesen positiven und erfolgsorientierten Glaubenssätzen auf. Einfach ausgedrückt werden nach diesem Ansatz Glaubenssätze wie „das werde ich schaffen" im Menschen verankert. Der Mensch tut dann der Theorie zufolge unterbewusst genau das Richtige, um sein Ziel auch zu erreichen.

Da das unterbewusste Handeln und Denken so sehr von den eigenen Werten bestimmt wird, sorgt im zwischenmenschlichen Leben nichts so häufig für Schwierigkeiten wie unterschiedliche Wertvorstellungen von Menschen. Doch nicht nur äußere Konflikte werden durch Werte verursacht – es kommt auch unweigerlich zu inneren Konflikten, wenn eine Person gegen eigene Werte handelt oder handeln muss.

Wie werden Werte geprägt?

Werte werden im Lauf der menschlichen Entwicklung geprägt. Drei klassische Hauptperioden wurden von dem Soziologen Morris Massey (vgl. Tad, 1991) postuliert:

- die Prägeperiode (Geburt bis 7. Lebensjahr)

- die Modellierperiode (8. bis 13. Lebensjahr)

- die Sozialisationsperiode (14. bis 21. Lebensjahr)

Sicherlich sind gerade die frühen Jahre eines Menschen sehr prägend und legen das breite Fundament in der Wertestruktur, die von Erlebnissen, Erziehung und unterschiedlichen kulturellen Einflüssen geprägt ist. Diese Wertestruktur ist aber auch nach dem 21. Lebensjahr immer wieder den Anforderungen der Umwelt ausgesetzt. Die Werte eines Menschen werden also immer wieder konfrontiert mit Veränderungen und Neuem.

Mit einschneidenden Veränderungen in unserem Umfeld und abhängig von unseren Lebensphasen werden häufig alte Werte aufgehoben, die Wertehierarchie ändert sich. Zum Beispiel mit dem Einstieg in das Berufsleben werden häufig Werte wie Freizeit und Freundschaft dem beruflichen Erfolg untergeordnet. Mit der Geburt eines Kindes verändert ein Ehepaar vielleicht seine Werte: Beruflicher Erfolg ist nicht mehr so wichtig, jetzt zählt es, Zeit für die Familie zu haben. Oder für ein Elternteil wird der berufliche Erfolg noch wichtiger, da man der Familie nun ein finanziell abgesichertes Leben bieten möchte.

Menschen verändern ihre Wertehierarchien also im Verlauf des Lebens rollenabhängig – teilweise sogar sehr stark. Man denke nur an die Ideale von manchem Aktivisten, die sich nach einigen Jahren massiv gewandelt haben.

Die oberen Beispiele zeigen, dass man die eigenen Werte meist dann modifiziert, wenn sich in der Umwelt etwas verändert. Man passt die eigenen Werte der neuen Umwelt an, um besser zurechtzukommen. Umweltbezogene Werteveränderungen sind also vollkommen normal – was ein wichtiger Aspekt bei Changeprozessen ist.

Die Entwicklungsstadien, die ein einzelner Mensch durchlebt, können auch auf ganze Gruppen (Staaten, Organisationen, Abteilungen etc.) übertragen werden. Diesen Vorgang erfasst Graves in seinem System. Denn genau wie bei einem einzelnen Menschen werden Denken und Handeln in Systemen von den Werten gelenkt.

3.   Graves' Coping-Mechanismus

Die Welt verändert sich und dadurch ist eine Anpassung der Menschen und der sozialen Systeme erforderlich. Die Menschen und Systeme verändern dann wiederum die (Um-)Welt.

Daher leitete Graves die Wechselbeziehung zwischen der *Welt* und den *Reaktionen* auf die Welt ab. Welt und Reaktionen bedingen sich also wechselseitig. Die Welt verändert den Menschen, und der Mensch verändert mit seinen Reaktionen die Welt. Damit einhergehend verändern sich die Werte eines Menschen oder einer Gruppe.

- Die *Welt*: Lebensumstände und Herausforderungen. Darunter fallen ebenfalls soziale Umstände, Machtverhältnisse, kulturelle Gegebenheiten etc.

- Die *Reaktionen*: die dazugehörigen Lösungsstrategien (oder Anpassungsmechanismen). Dies beschreibt, wie die Menschen mit diesen Lebensumständen umgehen, wie sie Wege finden, um unter den gegebenen Umständen besser leben zu können.

Das Graves-Value-System ist zudem ein Modell, welches die Wechselwirkung von Welt und Reaktionen auf die Welt als Entwicklung in verschiedenen aufeinander aufbauenden Ebenen aufzeigt und darstellt. Jede Ebene steht für ein System mit bestimmten bevorzugten Wertehierarchien und resultierenden Denk- und Handelsweisen. Die jeweilige Wertehierarchie bestimmt, wie die Lebensbedingungen und die damit verbundenen Probleme wahrgenommen werden und wie die Probleme bewältigt werden. Auf veränderte Lebensbedingungen reagiert das System und entwickelt eine neue Wertehierarchie. In diesen Anpassungsmechanismen drückt sich die Veränderung von einer zur nächsten Ebene aus.

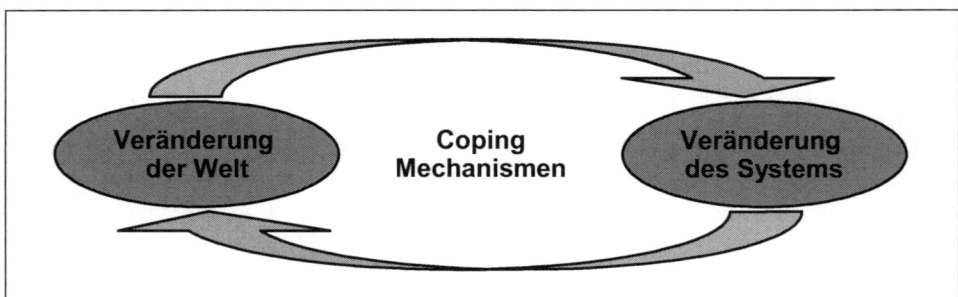

Quelle: Eigene Darstellung
Abbildung A40: *Coping-Mechanismen*

Jede durch Veränderung neu entstandene Ebene schließt die Werte der vorhergehenden Ebenen mit ein, es verändert sich lediglich die Wichtigkeit (die Hierarchie) der Werte, teilweise kommen neue Werte hinzu.

Dennoch sind diese Veränderungen nicht konfliktfrei, da die Veränderung bestehender und etablierter Werte Ängste auslöst. Tatsächlich werden die Veränderungen als fundamental erlebt.

In Graves' ursprünglichem Modell zeigt sich der Coping-Mechanismus durch die nach oben breiter werdende Doppelspirale oder Helix (Helix: lat. Schnecke). In dieser Doppelspirale steht ein Strang für das Wertesystem der Menschen, der zweite Strang steht für die Umwelt. Beide verändern sich in Abhängigkeit voneinander und sind miteinander verwoben.

Ein weiterer Aspekt des Modells ist, dass die Umwelt von Ebene zu Ebene komplexer wird. Die Veränderung von einer Ebene in die nächste bedeutet dabei immer einen Quantensprung. Für „einfache" und leichte Veränderungen bildet sich keine neue Ebene im System aus. Die Veränderung von einer Ebene in die nächste bedeutet immer eine grundlegende, meist sehr schmerzhafte Veränderung des Systems in einen neuen Zustand.

Als Graves sein nach oben offenes Modell 1970 veröffentlichte, ging er von sieben Ebenen aus. Seine Schüler Beck und Cowan fügten die achte Ebene hinzu. So besteht das System derzeit aus acht Ebenen, die sich in unterschiedlichen und differenzierten Glaubenssätzen, Werten und Vorstellungen ausprägen. Wenn von „derzeit" gesprochen wird, heißt dies, dass das System nach oben offen ist und sich immer weiter entwickeln wird. Im Moment zeichnet sich bereits die neunte Ebene ab.

Graves hat den Ebenen Buchstabenkombinationen gegeben, um das Modell wertneutral zu halten. Seine Schüler Beck und Cowan gaben den Ebenen Namen. Zum leichteren Verständnis und Transfer unterschiedlicher Darstellungen des Graves-Value-Systems finden Sie im Angang (S. 224) eine Transformationstabelle. Wir sind im ganzen Buch Beck und Cowan gefolgt.

Auf der ersten Ebene befindet sich der *Existierende*, gefolgt vom *Stammesmensch* auf der zweiten Ebene. Ebene drei zeichnet sich durch den *Einzelkämpfer* aus, Ebene vier durch den *Loyalen*. Auf Ebene fünf ist der *Erfolgssucher*, auf Ebene sechs der *Teammensch*, auf Ebene sieben der *Möglichkeitensucher* und letztlich auf Ebene acht der *Globalist zu finden*.

Es ist interessant zu beobachten, dass in der Entwicklung der verschiedenen Ebenen *Ich-* und *Wir*-Bezug alternieren. Das heißt, die Menschen auf den Ebenen Existierender, Einzelkämpfer, Erfolgssucher und Möglichkeitensucher sind stark auf sich selbst bezogen und haben das eigene Wohlergehen im Auge. Während Stammesmensch, Loyaler, Teammensch und Globalist das Wohl der Gruppe, in der sie sich bewegen, als wichtiger als das eigene betrachten. Wir-bezogene Menschen leben demnach stärker für ihre Gruppe, ich-bezogene Menschen leben stärker für ihre Bedürfnisse und Interessen als für die der Gruppe.

Zu jeder Ebene gibt es „gesunde" und „ungesunde" Ausprägungen. Eine Ebene entsteht zunächst als optimale Reaktion auf eine veränderte Rahmenbedingung. Später, wenn sich die äußeren Rahmenbedingungen erneut ändern, das System aber noch nicht bereit ist für eine Modifikation, oder wenn Systeme sogar von einer oberen Entwicklungsstufe wieder zurück in eine untere Entwicklungsstufe fallen, können ungesunde Ausprägungen einer Ebene ent-

stehen. Beispielsweise wäre staatliche Ordnung eine gesunde Ausprägung, die zu einer aus-
ufernden und damit ungesunden Bürokratie entarten kann.

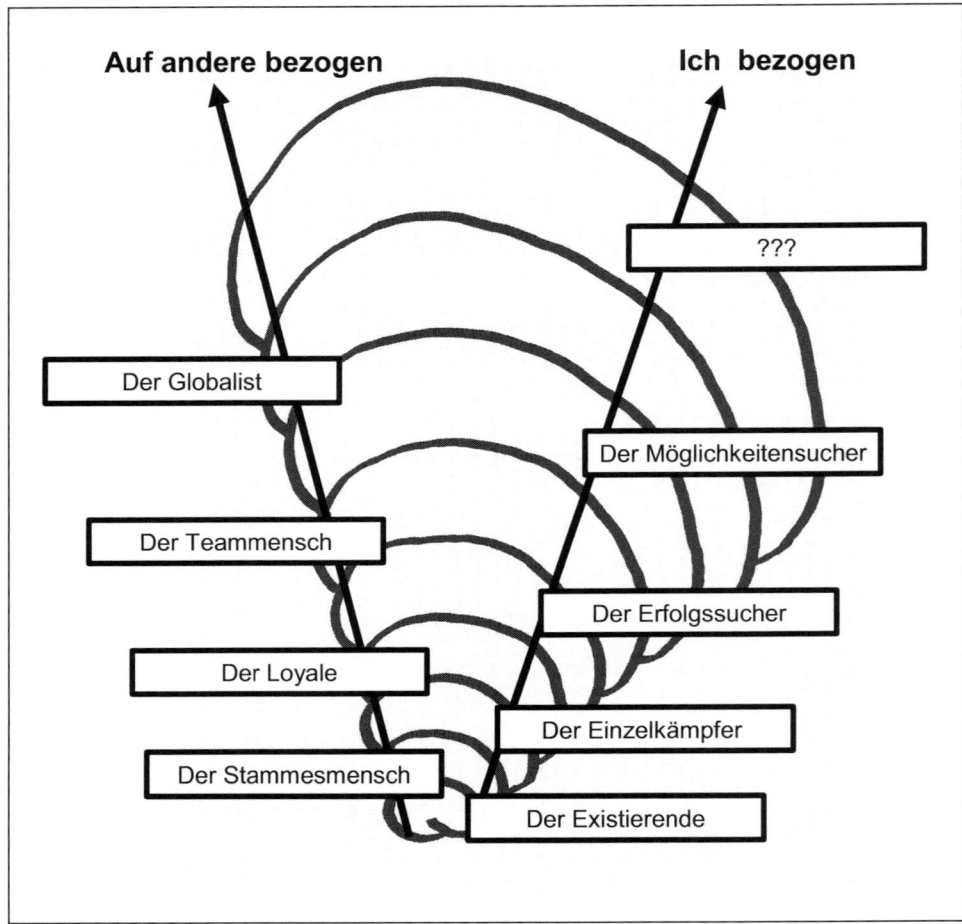

Quelle: In Anlehnung an Spiral Dynamics ®
Abbildung A41: *Das Graves-Value-System als Helix-Darstellung*

4. Die erste Entstehung der Ebenen (evolutionäre Betrachtung)

Die evolutionäre Entwicklung der einzelnen Ebenen, die wir im Folgenden darstellen, beschreibt die ursprüngliche Entstehung der unterschiedlichen Ebenen. Auch für die Ebenen, die vor langer Zeit entstanden sind, gilt, dass sie auch heute noch in vielfältigsten Spielformen existieren. Sicherlich hat sich die Ausprägung der einzelnen Ebenen verändert, geblieben sind aber die speziellen Wertehierarchien mit entsprechenden Denk- und Handlungsweisen, die zu einem bestimmten Ausschnitt unserer Welt passen.

Im vorderen Teil des Buches wurden diese Ebenen speziell auf Unternehmen und Organisationen beschrieben. Im nachfolgenden Text ist die Beschreibung eher allgemein gehalten, um dem Graves'schen Modell damit näher zu kommen und den gesamten Entstehungszusammenhang zugänglich zu machen.

4.1 Das eigene Überleben sichern: „Der Existierende"

Entstehung und Umwelt

Die erste und damit die Ebene, von der alle anderen ausgehen, ist die des Existierenden. Dementsprechend hat noch keine Werteevolution stattgefunden.

Diese Ebene zeichnet sich durch eine Umwelt aus, in der es primär um das Überleben des Einzelnen geht. Die Umwelt ist geprägt von Wettereinflüssen, Temperaturschwankungen, feindlichen Angriffen und Nahrungsmangel.

Reaktion des Menschen, Ausprägung der Ebene

Der Mensch ist den Umwelteinflüssen stark ausgeliefert. Darwinismus beherrscht das System und prägt die Verhaltensmuster. Es geht um das bloße Überleben, das Verhalten ist stark vom Instinkt geprägt. Das Entwicklungsstadium der Menschen ist primitiv und unterentwickelt. Arterhaltung und Lebenssicherung stehen im Mittelpunkt des Interesses.

Wo kam und kommt diese Ebene vor?

Ausprägungen dieser Ebene sind heute Kleinkinder und Schwerstbehinderte, die ihrer Umwelt sehr stark ausgeliefert sind, ebenso Obdachlose.

Auch findet man das Muster dieser Ebene in Extremsituationen, insbesondere in Paniksituationen.

Überblick

Situation:	Überleben in feindlicher Umwelt
Reaktion:	Kampf ums Überleben, Darwinismus
Maxime:	Überleben um jeden Preis
Motivation/Antrieb:	Primärbedürfnisse erfüllen
Lernen:	Trial and Error
Fähigkeit:	Überleben
Drohende Gefahr:	Brutalität

4.2   Mysteriöse Kräfte bezwingen: Der Stammesmensch

Entstehung und Umwelt

Ist das eigene Überleben auf der Ebene des Existierenden gesichert, stellt sich für einen ersten Quantensprung die Frage, wie sich unerklärliche Phänomene der äußeren Umwelt, wie Donner, Erdbeben, Blitze, Flutwellen, Dürre etc., erklären lassen.

Reaktion des Menschen, Ausprägung der Ebene

Im Kampf gegen die Naturgewalten lernen die Menschen an konkreten Beispielen, dass sich Sicherheit in einer Gruppe besser erreichen lässt als allein. Natürlich bietet sich als Gruppe zunächst die Familie/der eigene Stamm an.

In einer Familie oder in einem Stamm ergibt sich eine quasi natürliche Ordnung. Die Rollen innerhalb des Systems sind fest definiert und werden nicht bezweifelt. Es gibt ein Stammesoberhaupt, welches das Sagen hat und dessen Autorität nicht bezweifelt wird. Die Autorität begründet sich z. B. auf Weisheit, Magie und Zauber. Derjenige, der Kontakt zu den Ahnen aufnehmen kann, derjenige, der die Mittel hat, gegen das Böse und die Naturgewalten zu kämpfen, hat Macht über seine Untertanen bzw. Schützlinge.

Die Untergebenen im System dienen dem Oberhaupt, als Lohn bietet der Stammesführer Sicherheit und Schutz. Somit ist die Ebene der Stammesmenschen von Zusammengehörigkeit und Obrigkeitsdenken geprägt. Fest eingefahrene Rituale und Traditionen bestimmen die Lebensumstände und Verhaltensweisen.

Lebenseinstellungen sind: Ich lebe zu Ehren meiner Ahnen, ich lebe für meinen Stamm und mein Volk.

Wo kam und kommt diese Ebene vor?

Die Ausprägung dieses Systems hat sich ursprünglich bei Naturvölkern entwickelt. Später findet man die Struktur dieser Ebene auch in ausgeprägten Monarchien.

Die Stämme der Naturvölker, wie sie heute noch in Teilen Afrikas und Asiens existieren, lassen sich dieser Ebene zuzuordnen.

Überblick

Situation:	Mysteriöse Kräfte bedrohen den Menschen
Reaktion:	Vertrauen in Magie, Zauberer; Unterordnung, Stammesdenken
Maxime:	Es gibt keinen Zufall! Tradition entscheidet!
Motivation/Antrieb:	Tradition, Gewohnheit, Magie, Angst
System:	Clan, Stamm mit Oberhaupt
Lernen:	Klassische Konditionierung, Rituale und Routinen, Schritt für Schritt
Fähigkeit:	Sich ausdrücken können, Power und Charisma
Drohende Gefahr:	Ausgebeutet werden

4.3 Ich und meine Macht: Der Einzelkämpfer

Entstehung und Umwelt

Die Entstehung der Naturgewalten ist durch die Stammesmenschen erklärt. Die Menschen machen aber die Erfahrung, dass auch das Stammesoberhaupt Fehler macht und keinen uneingeschränkten Schutz bieten kann.

Vor allem entsteht der Wandel in eine neue Ebene dann dadurch, dass wichtige Ressourcen nur begrenzt verfügbar sind. In einer komplexeren Welt mit Ressourcenmangel sind somit schnellere Entscheidungen gefragt, um seine eigenen Bedürfnisse zu befriedigen. Traditionelle Rituale und langwierige Entscheidungsprozesse wie bei den Stammesmenschen sind nicht mehr angemessen.

Reaktion des Menschen, Ausprägung der Ebene

Der Mensch reagiert durch eine Rückbesinnung auf die eigene Macht und Stärke. Einzelkämpfer sind nun gefragt. Es herrscht das Motto vor: Jeder muss für sich selbst sorgen, denn sonst tut es keiner. Jeder kämpft gegen jeden, um sich die knappen Ressourcen zu sichern.

Die Menschen lernen, dass sie, wenn sie etwas haben wollen, es sich holen müssen. Und zwar sofort, denn vielleicht gibt es das Gewünschte morgen schon nicht mehr. Darüber hinaus ist der Respekt vor der eigenen Persönlichkeit sehr wichtig. „Alles, was ich von anderen will, ist Respekt!" Dies resultiert aus einer Unzufriedenheit mit der Stammesmenschen-Ebene, in welcher der Respekt und Fokus klar auf das Stammensoberhaupt ausgelegt war. Die Individuen fühlen sich benachteiligt und sehen in einer stärkeren Ich-Orientierung (also hin zum Einzelkämpfertum) mehr Chancen, ihre Bedürfnisse zu befriedigen.

Selbstverständlich bilden sich auch in dieser Ebene Gruppen aus. Diese Gruppen sind jedoch in sich selbst autark und unterstützen sich soweit, dass sie ihre Ziele erreichen können. Sie dienen auch dazu, sich von anderen abzugrenzen. Gruppen sind jetzt gekennzeichnet durch ein Oberhaupt mit einigen oder vielen Untertanen. Die Position des Oberhaupts ist jedoch im Gegensatz zur Ebene Stammesmensch nicht sicher, da ihm die Untergebenen jederzeit die Position abjagen können. Das Oberhaupt gewinnt die führende Position durch eigene körperliche Kraft, Durchsetzungsfähigkeit, Ausstrahlung und Charisma.

Diese Ebene bringt schnelle Entscheidungen zustande, beweist sich oft als gut in Notsituationen und mobilisiert und motiviert durch wechselseitiges Imponieren – und durch Selbstständigkeit. Ein Beispiel wäre ein Schiff in Seenot: Hier hat nur einer das Sagen, alle anderen arbeiten nach den klaren Anweisungen des Kapitäns. Diskussionen würden hier zum Untergang führen.

Die Kehrseite ist die negative Ausprägung in Form von Unterdrückung und zwanghafter Unterwerfung. So sind die heutigen Diktaturen auf dieser Ebene zu finden.

Wo kam und kommt diese Ebene vor?

Ursprünglich ist sie mit den ersten großen Völkerwanderungen bei den ersten „Welteroberern" entstanden. Die Menschen haben sich aufgemacht, neue Welten zu entdecken und Nahrung zu finden. Später findet man deutliche Strukturen dieser Ebene in der ersten Phase der Industrialisierung. Die Eroberung Amerikas, der Goldrausch, das Diamantenfieber sind weitere Beispiele für Verhalten, das aus dieser Ebene getrieben wird. Genauso wie vor wenigen Jahren die „Eroberung" Osteuropas durch westliche Unternehmen.

Im Sport, insbesondere bei Einzelsportarten, findet man Ausprägungen dieser Ebene, im wirtschaftlichen Bereich ist der Frühkapitalismus hier zu finden – und leider auch allerlei Entwicklungen der heutigen Zeit.

Negative Beispiele sind Diktaturen oder Straßen-Gangs.

Überblick

Situation:	Ich erlebe meine Stärke
Reaktion:	Vertraue deiner Kraft; Egoismus und Ausbeutung (Winner/Loser-Strategien)
Maxime:	Ich will alles! Jetzt!
Motivation/Antrieb:	Bewunderung und Respekt sowie das Sichern von Ressourcen
System:	Autokratien, Banden und Gangs mit Diktator oder Bandenchef
Lernen:	Operante Konditionierung mit sofortiger Belohnung
Fähigkeit:	Fügen, Symbiose, Unterordnung
Drohende Gefahr:	Ausgebeutet werden

4.4 Gerechtigkeit und Ordnung: Der Loyale

Entstehung und Umwelt

Die Bevölkerungsdichte nimmt zu. In der Welt herrschen Chaos und Einzelkämpfertum. Die Welt wird zunehmend als ungerecht empfunden, die vermehrten Konflikte werden in unangemessener Weise mit Gewalt gelöst. Der Beantwortung der Frage nach dem Sinn des Lebens kommt eine immer größere Bedeutung zu.

Dies alles führt dazu, dass die Menschen nach Sicherheit, klaren Regeln, Zuverlässigkeit und Qualität suchen. Es bilden sich auf der loyalen Ebene klare und große Strukturen heraus. Erste Stadtgründungen lassen sich als Meilensteine dieser Ebene einordnen.

Reaktion des Menschen, Ausprägung der Ebene

Es werden Regeln geschaffen, um das bestehende Chaos zu beherrschen. Das sofortige Befriedigen von Bedürfnissen tritt in den Hintergrund, zugunsten eines Systems, das den Lohn oder die Strafe für das aktuelle Verhalten auf später verschiebt.

Das Lebensmotto heißt ab jetzt: Es gibt eine höhere Macht, für die wir leben, diese gibt dem Leben einen Sinn. Diese höhere Macht wird mich für Gutes belohnen und für Schlechtes bestrafen.

Die entstehende Welt ist geprägt von Idealen, Treue und einem klaren und verständlichen Weltbild. Somit entstehen monotheistische Religionen, Weltanschauungen und damit auch erstmals mehrstufige Hierarchien.

Idealisten verkörpern diese Welt. Da ein errungener Verdienst nicht sofort belohnt wird, sind Titel und Positionen das neue Ziel der Anstrengung. Prinzipien spielen eine große Rolle. Diese wurden von den Eltern übernommen und kommen zum Wohle aller auf der gesamten Welt zur Anwendung.

Die Kehrseite: Organisationen und Weltanschauungen haben oft einen absolutistischen Anspruch auf Allgemeingültigkeit. Ein Anderssein wird nicht akzeptiert. Eigene Fehler werden nicht gern zugegeben. Die Frage der Schuldklärung ist oft hinderlich – sie ist oft wichtiger, als eine gute Lösung zu finden. Einzelkämpferische Herrscher setzen sich auf der loyalen Ebene durch, indem sie die Angst der Untergebenen vor Bestrafung ausnutzen.

Wo kam und kommt diese Ebene vor?

Ursprünglich ist sie gleichzeitig mit den ersten monotheistischen Religionen entstanden. Auch heute noch weist beispielsweise die katholische Kirche starke loyale Strukturen auf.

Spätere Errungenschaften dieser Ebene sind z. B. der Sozialstaat, die Gewerkschaften, Verwaltungen.

In Deutschland findet man sehr viele Unternehmen, die Strukturen dieser Ebene aufweisen.

Überblick

Situation:	Frage nach dem Sinn des Lebens
Reaktion:	Suche nach der einen Wahrheit, Religion; Absolutismus, Glaube
Maxime:	Ich opfere mich!
Motivation/Antrieb:	Disziplin, Aufopferung, Ehre und Titel; moralische Unterwerfung, Status
System:	Bürokratie, funktionierende Hierarchie
Lernen:	Bestrafung, Vermeidungslernen
Fähigkeit:	Loyalität, Treue, Geduld
Drohende Gefahr:	Unflexibilität, Starrheit, Selbstausbeutung

4.5   Mein Haus, mein Auto, meine Motoryacht: Der Erfolgssucher

Entstehung und Umwelt

Mit sich ändernden Märkten und einem zunehmendem Wettbewerb muss sich individuelle Leistung wieder lohnen.

Die Menschen möchten nicht mehr auf eine Belohnung ihrer Taten in einer abstrakten Zukunft warten, sie möchten hier und jetzt leben und die Früchte ihrer Anstrengung ernten können.

Ein Streben nach Erfolg und materieller Befriedigung setzt ein.

Reaktion des Menschen, Ausprägung der Ebene

Der Cleverere gewinnt. Marktwirtschaft, unternehmerisches Denken und Handeln setzen sich durch. Der Wettbewerb wird zum Motor des Fortschritts. Unternehmerische Strategien und Planungen durchziehen das gesamte Handeln – selbst im privaten Bereich: Work hard – play hard!

Die Leistungsorientierung dieser Ebene ist sehr markant. Man fokussiert sich auf Ergebnisorientierung. Auch Status ist weiterhin wichtig, er macht sich jedoch jetzt anhand von Status- und Luxusgütern fest. Wichtig ist, was wir haben: „mein Haus, mein Auto, meine Motoryacht …" Das Leben ist ein Spiel, in dem es möglichst viel zu gewinnen gilt.

Diese Ebene unterscheidet sich insofern von der Ebene Einzelkämpfer, als dass das Streben nach Erfolg sich nicht in einer Unterdrückung der anderen manifestiert. Vielmehr handelt es sich hier um einen Wettbewerb. Konkurrenz ist etwas Positives: Immer höher, immer schneller und immer weiter – was andere schaffen, haben, können, das kann ich auch, und zwar besser!

Die sozialen Strukturen sind entsprechend auf geringe soziale Sicherung und ein Maximum an persönlicher Nutzenmaximierung ausgerichtet. Kurzfristige Erfolge können schnell und leicht realisiert werden.

Wo kam und kommt diese Ebene vor?

Die Marktwirtschaft gehört in diese Ebene. Wachstum ist häufig ein Ziel, wobei das erfolgsorientierte Paradigma der Arbeitsteilung immer weiter ausgereizt wird – auch über Unternehmensgrenzen hinweg (Outsourcing). Übernahmen von Unternehmen sind ebenso hier zu finden.

Überblick

Situation:	Der Bessere gewinnt!
Reaktion:	Unternehmerisches Denken, Planen und Konkurrenz, Materialismus
Maxime:	Ich will gewinnen!
Motivation/Antrieb:	Herausforderung, Besitz, Gewinn
System:	Materialismus, Kapitalismus, Marktwirtschaft, leistungsorientierte Hierarchie
Lernen:	Wettbewerb mit Belohnung (Prämien, Incentives)
Fähigkeit:	Effektivität, Zielstrebigkeit
Drohende Gefahr:	Goldener Käfig, König Midas, Burn-out

4.6   Gemeinsam schaffen wir es: Der Teammensch

Entstehung und Umwelt

Die Kehrseite der erfolgsorientierten Welt tritt in den Vordergrund. Im „Spiel" um den Erfolg hat es viele Verlierer gegeben, viele Ressourcen sind gierig verbraucht worden. Und auch die ursprünglichen Gewinner des Spiels erkennen, dass Materielles allein nicht ausreicht. Das Jagen nach Erfolg führt zu Isolation und in einigen Fällen zum Burn-out.

Dazu kommt, dass die Anforderungen der Welt immer komplexer werden. Die Ressourcen sind nicht unendlich. Die Märkte wachsen nicht unendlich.

Die Menschen erkennen in der Zusammenarbeit und Kooperation ihre Vorteile. Gemeinsam geht es oft doch irgendwie besser. Dies ist die Geburtsstunde der Teams.

Reaktion des Menschen, Ausprägung der Ebene

Das Soziale und das Miteinander werden als Wert erkannt und gefördert. Hier steht nun wieder das *Wir* vor dem *Ich*!

Konsens wird gemeinsam gebildet. Die Vorteile von multifunktionalen Teams werden erkannt. Die Ebene der Teammenschen hat die Erfolgssucher-Werte dabei voll integriert. Dies ist ein fundamentaler – wenn auch häufig übersehener – Unterschied zur Ebene der Loyalen. Ein klares Leistungsziel wird verfolgt – aber eben im Vergleich zu den Erfolgssuchern nicht solitär, sondern gemeinsam im Team.

Wo kam und kommt diese Ebene vor?

Die soziale Marktwirtschaft ist eine Errungenschaft dieser Ebene. Auch bei Mannschaftssportarten ist diese Ebene zu finden.

Überblick

Situation:	Größere Probleme erfordern kollektives Herangehen
Reaktion:	Gruppenbildung mit emotionaler Bindung, soziales Denken
Maxime:	Gemeinsam schaffen wir es!
Motivation/Antrieb:	Dazugehören, Zuwendung, Teilnehmen
System:	Sozialstaat, Team
Lernen:	Beobachtungslernen, Erfahrungslernen, Reflexion und Austausch
Fähigkeit:	Integration, Wertschätzung, Wir-Gefühl
Drohende Gefahr:	Zu starre Prozessorientierung; am Ziel vorbei

---

4.7 Die Welt steckt voller Optionen: Der Möglichkeitensucher

Entstehung und Umwelt

Die Gefahr der Teammensch-Welt liegt u. a. darin, dass Entscheidungen aufgrund mangelnden Konsenses nicht oder zu langsam gefällt werden. Und das Team trägt lange Zeit Menschen, die vielleicht eine Unterstützung gar nicht verdient haben, da sie sich nur auf den Lorbeeren der anderen ausruhen.

Zudem nimmt die Komplexität der Welt weiterhin zu. Die Orientierung in dieser Welt wird schwieriger. Der Möglichkeitensucher reagiert darauf mit höherer Flexibilität, Leistungsfähigkeit, Schnelligkeit und Kreativität.

Es erfolgt eine Abkehr von reinen Teamgedanken hin zu einem vernetzten System. Gesehen wird ein vernetztes System aus Stammesmenschen, Einzelkämpfern, Loyalen, Erfolgssuchern, Teammenschen und Möglichkeitensuchern – und der Umwelt.

Reaktion des Menschen, Ausprägung der Ebene

Die Welt steckt voller Optionen, die den Möglichkeitensucher begeistern. Persönliche Freiheit und Individualität werden angestrebt. Status wird über Kompetenz und Wissen erreicht, dieser wird aber nicht unbedingt nach außen sichtbar gemacht.

Die Lebenseinstellung: „Ich bin dafür verantwortlich, wie es mir geht, denn es liegt alles nur an meiner Sichtweise" tritt in den Vordergrund.

Soziale Systeme werden erkannt und analysiert. Eine Wertschätzung für andere Systeme als das eigene tritt ein. Anderssein ist gut!

Motto: Wir können zusammenarbeiten, sind aber unabhängig voneinander.

Wo kam und kommt diese Ebene vor?

Wissensnetzwerke und Think Tanks gehören zu dieser Ebene.

Weiterhin ist Coaching eine Errungenschaft dieser Ebene – der Coach ist unabhängig, akzeptiert, dass der Klient anders ist. Er sucht flexibel nach Lösungen und Optionen.

Ausprägungen findet man bei Selbstständigen, die immer wieder neue Nischen suchen, in die sie vordringen können – und dabei mit anderen in einem losen Netzwerk zusammenarbeiten.

Überblick

Situation:	Offene Fragen bei hoher Komplexität
Reaktion:	Komplexe und systemische Lösungen/Systemdenken
Maxime:	Es gibt viele Möglichkeiten und Ansätze
Motivation/Antrieb:	Autonomie und Freiheit, Überblick, Optionen, Information
System:	Selbstgesteuerte Einheiten, Netzwerke, Projekte, Selbstorganisation
Lernen:	Selbstgesteuert, Information und Ressourcen bereitstellen, neue Lernkontexte
Fähigkeit:	Flexibilität, Kreativität, Autonomie
Drohende Gefahr:	Abspaltung, Arroganz, Kälte, Überlastung

4.8   Globale Probleme erfordern ein Umdenken: Der Globalist

Entstehung und Umwelt

Die steigende Komplexität nimmt globale Formen an – die Welt wird als ein großes System verstanden. Das lokale Denken und Handeln muss erweitert werden. Die Vielfalt und die Existenz auf dem Planeten sollen gesichert werden.

Reaktion des Menschen, Ausprägung der Ebene

Diese Ebene ist gekennzeichnet durch Weitsichtigkeit, ganzheitliches Denken und Idealismus. Das Individuum wird den globalen Interessen untergeordnet.

Philosophische Ansätze haben eine große Bedeutung für die Denk- und Handlungsstrukturen.

Das Weltbild/Selbstbild ist holistisch. Das bedeutet, der Mensch sieht sich als Abbildung der Erde, die Erde als Abbildung des Universums. Genau wie ein Hologramm, das einen Gegenstand darstellt. Wird das Hologramm in 1000 Einzelteile zerbrochen, so zeigt jedes der Einzelteile wieder die ursprüngliche Abbildung des gesamten Hologramms, nur eben kleiner.

Wo kam und kommt diese Ebene vor?

Diese Ebene kommt in der Praxis selten vor. Wir sehen Ansätze in Religionen wie dem Buddhismus oder in philosophischen Lehren wie Yoga.

Überblick

Situation:	Globale Probleme erfordern ein Umdenken
Reaktion:	Ganzheitliche Lösungen, globales Denken
Maxime:	Alles hängt zusammen!
Motivation/Antrieb:	Globales Überleben, Gleichwertigkeit der Menschen
System:	Chaosmanagement, Konstruktivismus, perspektivische und fraktale Unternehmenskultur
Lernen:	Intuitives Lernen, ganzheitliches Erleben
Fähigkeit:	Ökologiedenken, Entwicklungsdenken
Drohende Gefahr:	Heiligkeit – damit Unantastbarkeit, Radikalität, Unterdrücken eigener Impulse

4.9   Die Ebene 9 – noch nicht definiert

Die neunte Ebene zeichnet sich nach Meinung der Graves-Experten in der Entwicklung ab, ist jedoch für uns noch nicht greifbar. Diese Ebene wird versuchen, mit den Problemen und Herausforderungen der Globalisten-Ebene zurechtzukommen. Ein Name ist noch nicht definiert. Möglicherweise werden diese Individuen und Systeme sich so organisieren, dass sie die globalen Probleme besser individuell (ich-bezogen) lösen können als die Globalisten, die gegebenenfalls zu stark wir-orientiert waren. Hier gilt es noch weiter zu forschen, um diese Ebene zu verstehen. Sie spielt in der Wirtschaft zunächst, wie die Globalisten, eine sehr untergeordnete Rolle, gesellschaftspolitisch und ökologisch könnte sie jedoch wichtig werden.

5.   Transformation des beschriebenen Modells in das Original

Die folgende Tabelle dient dazu, andere Beschreibungen in der Literatur oder im Internet in die in diesem Buch verwendeten Bezeichnungen zu transferieren.

Tier	Graves-Kategorie	Farbe	Bezeichnung	Englische Bezeichnung	Ausrichtung, Bezogenheit
Second Tier		Koralle	(noch keine Bezeichnung)	(noch keine Bezeichnung	Ich-bezogen
	B'O'	Türkis	Der Globalist	GlobalView	Auf andere bezogen
	A'N'	Gelb	Der Möglichkeitensucher	FlexFlow	Ich-bezogen
First Tier	FS	Grün	Der Teammensch	HumanBond	Auf andere bezogen
	ER	Orange	Der Erfolgssucher	StriveDrive	Ich-bezogen
	DQ	Blau	Der Loyale	TruthForce	Auf andere bezogen
	CP	Rot	Der Einzelkämpfer	PowerGods	Ich-bezogen
	BO	Violett	Der Stammesmensch	KinSpirit	Auf andere bezogen
	AN	Beige	Der Existierende	Survival Sense	Ich-bezogen

Abbildung A42: Transformation – Begrifflichkeiten in anderen Graves-Darstellungen

Die Begriffe First und Second Tier (engl. Tier: Schichten) bezeichnen zwei Entwicklungswellen des Graves-Value-Systems. Erst in der zweiten Welle werden die Individuen und Systeme in der Lage sein, die anderen Ebenen als wertvoll und richtig einzuschätzen. Zuvor sieht man nur die eigene Ebene als die einzig wahre Ebene an.

Die Nomenklatur von Graves in seinen Original-Werken wird heute kaum mehr verwendet, da diese schwer verständlich ist. Er beginnt in der untersten Ebene mit den Buchstaben A und N und zählt jeweils im Alphabet einen Buchstaben weiter nach oben. Im Second Tier verwendet er diese Buchstaben dann wieder, jedoch mit oberem Strich als Unterscheidungsmerkmal. Die zwei Buchstaben stellen jeweils die unterschiedlichen Bezogenheiten (Wir vs. Ich) dar. Diese Nomenklatur hat sich in den Praxisfällen nicht bewährt und findet sich daher nur noch in wissenschaftlichen Fällen wieder.

6.   Let the Data Talk! – Wissenschaftliche Ergebnisse von Professor Graves

Im Buch „Levels of Human Existence" von Clare W. Graves – herausgegeben von William R. Lee (einem der bedeutendsten Bewahrer und Forscher der Graves-Value-System Theorien und Erkenntnisse) – sind etliche Forschungsergebnisse und Statistiken von Graves' Forschungen dokumentiert.

Die Untersuchungen wurden teilweise auch von anderen Universitäten, wie von Dr. O. J. Harvey von der University of Colorado, begleitet. Die dargestellten Kurven zeigen die Veränderung der jeweiligen Begrifflichkeiten in der Weiterentwicklung innerhalb des Modells, d. h. Ausprägungen der Begriffe und Veränderungen durch den Ebenen-Wechsel in dieser Eigenschaft/Fähigkeit.

Die nachfolgenden Ausführungen sollen den Leser bei der eigenen Interpretation unterstützen und zu Gedanken anregen.

Autonomie

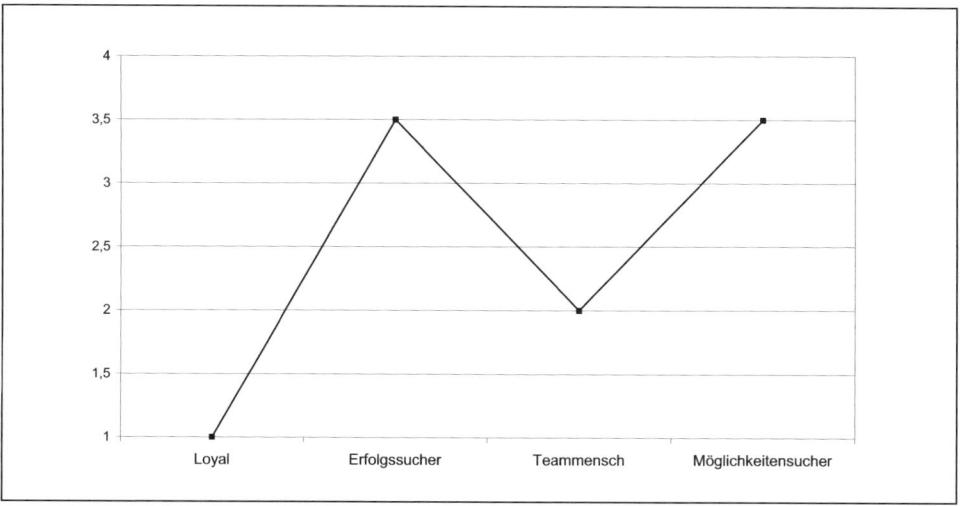

Autonomie ist bezeichnenderweise in der wissenschaftlichen Datenerhebung stark ausgeprägt auf der Seite des Modellhauses, die „auf-sich-bezogen" heißt. Die Loyalen sind wenige autonom, sondern fühlen sich ihrem Unternehmen, ihrem System sehr verbunden. Loyal im wahrsten Sinne des Wortes. Die Teammenschen sind durch die Errungenschaften des konstruktivistischen Denkens (mehrere Meinungen sind zulässig) autonomer als die Loyalen.

Intelligenz

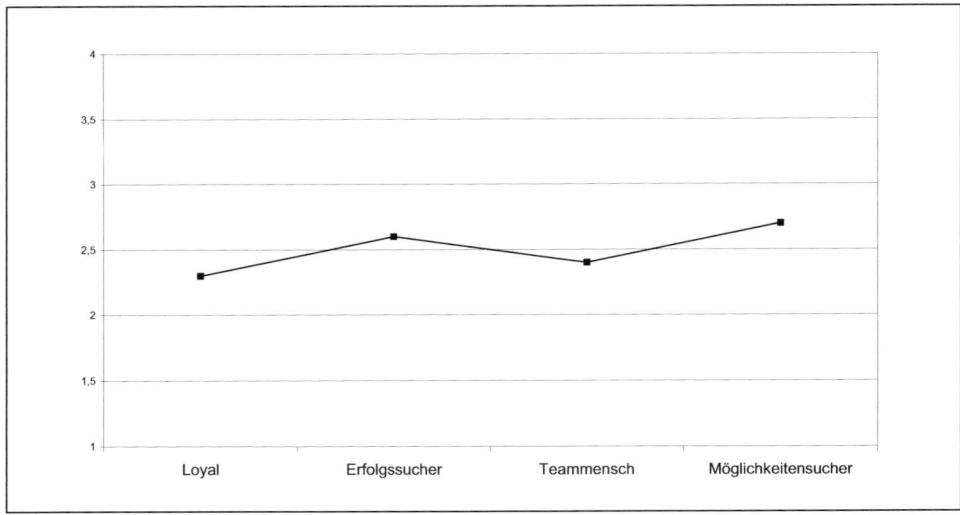

Der Begriff der Intelligenz ist auf allen Ebenen mehr oder weniger gleich verteilt. Intelligenz ist auch kein Begriff, der sich in Werten darstellen lässt.

Autoritäre Einstellung

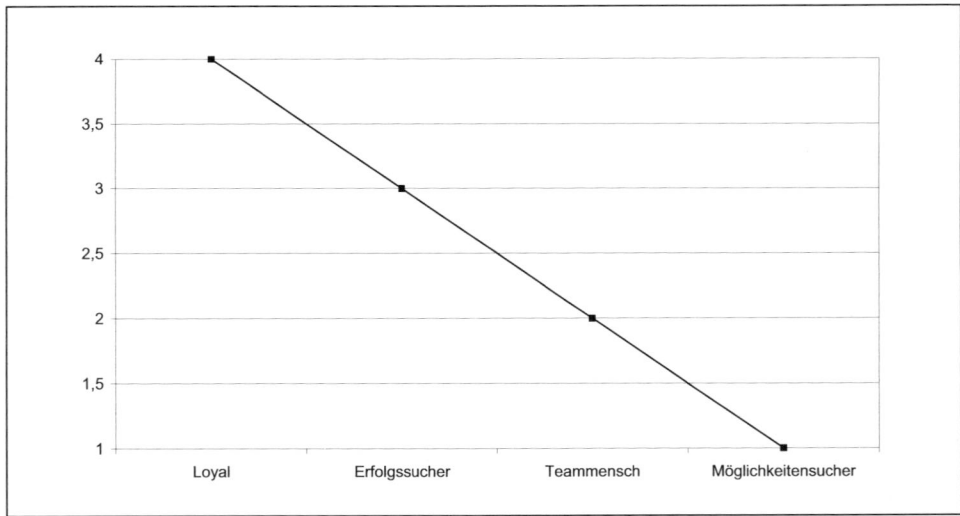

Bezeichnenderweise nimmt die autoritäre Einstellung mit aufsteigender Ebene ab.

Erreichen neuer Konzepte

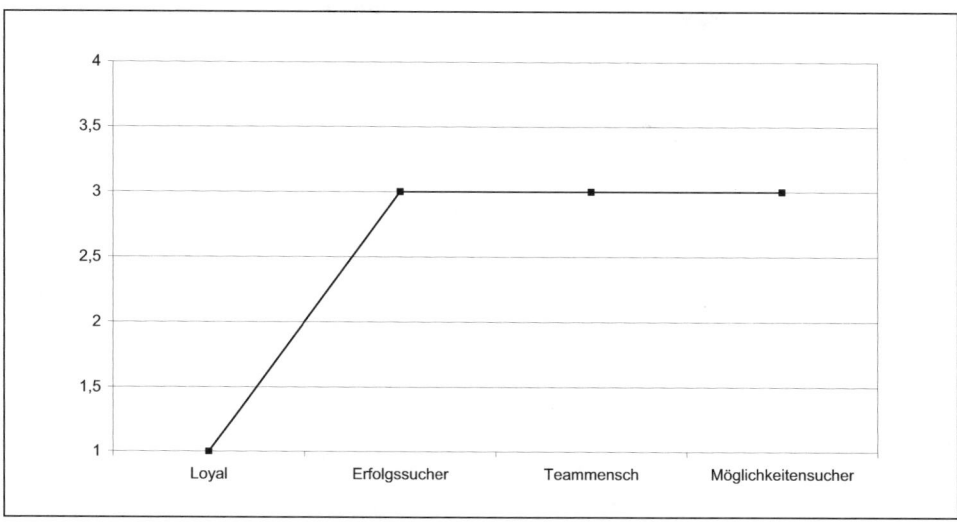

Das Erreichen neuer Konzepte steigt nach der Ebene der Loyalen deutlich an und bleibt dann stabil.

Kreieren von Neuheiten

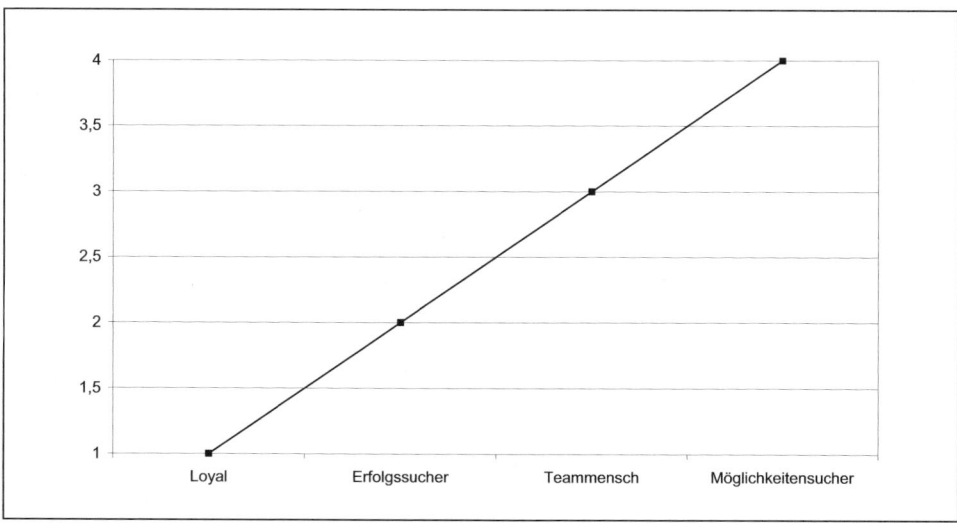

Im Gegensatz zum Erreichen neuer Konzepte steigt das Kreieren von neuen Konzepten linear an, d. h. Möglichkeitsucher sind am erfolgreichsten bei der Entwicklung neuer Konzepte.

Selbstkontrolle

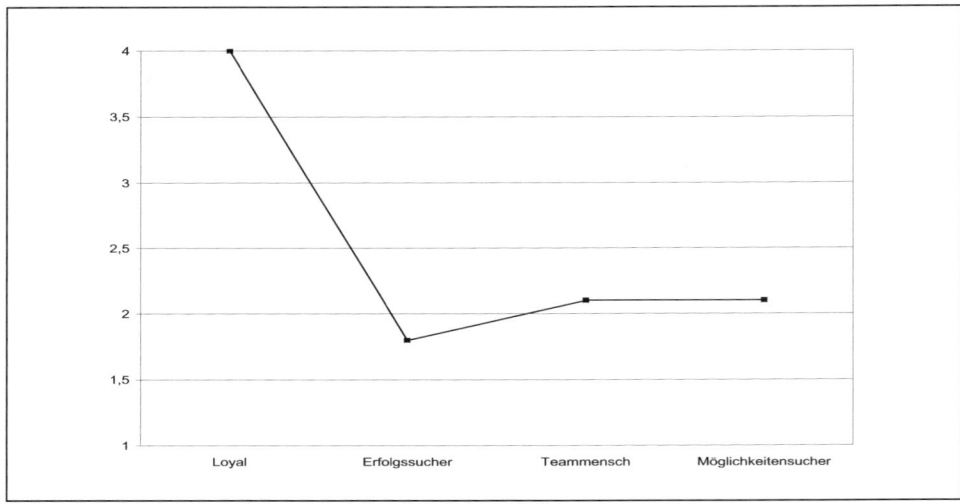

Rückblickend auf das Thema Autonomie verwundert dieses Forschungsergebnis nicht. Bei den Loyalen ist die Selbstkontrolle am höchsten, bei den Erfolgssuchern am niedrigsten.

Zugehörigkeit

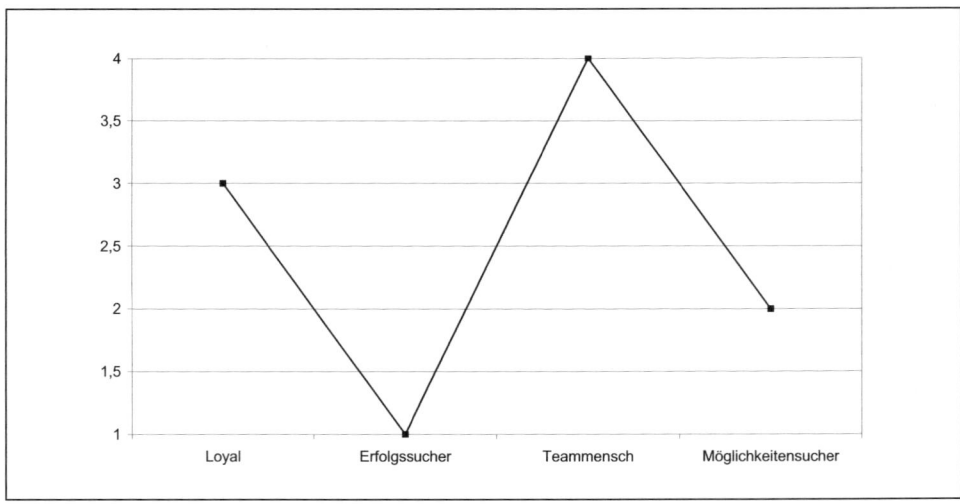

Zugehörigkeit ist ein Begriff, der auf den ersten Blick schnell den Loyalen zugesprochen wird. Bei den Teammenschen ist das wirkliche Teamarbeiten ausgeprägter und damit wohl die Zugehörigkeit stärker. Menschen, die in Loyalen Unternehmen und in Teammensch-

Organisationen gearbeitet haben, können dies bestätigen. Die Loyalen sind zwar zugehörig, aber alles hat auch seine (definierten) Grenzen, während die Teammenschen eher noch eine Extra-Meile für das Unternehmen gehen.

Aggressivität

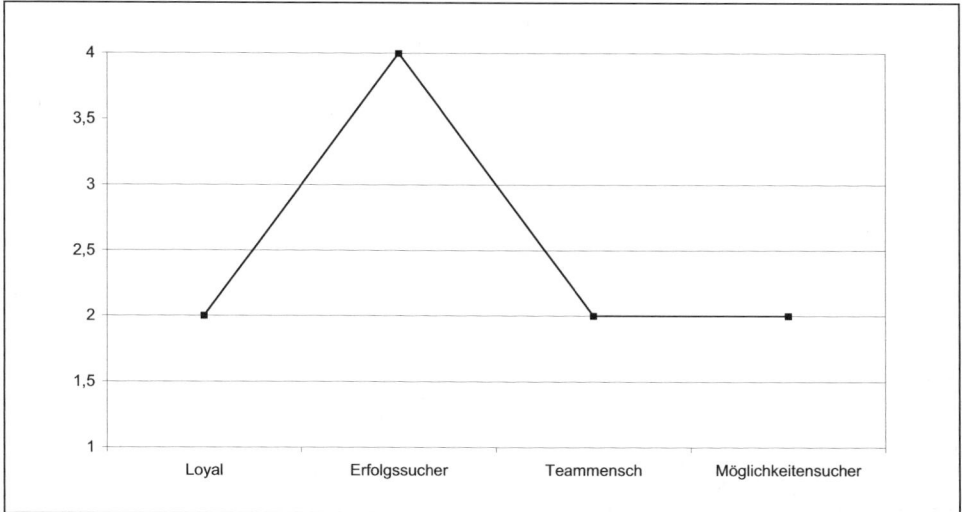

Das Aggressivitätsverhalten ist über die Ebenen Loyal, Teammensch und Möglichkeiten-sucher gleich ausgeprägt, die energiegeladenen Erfolgssucher sind hier ein Ausreißer nach oben.

Unabhängigkeit

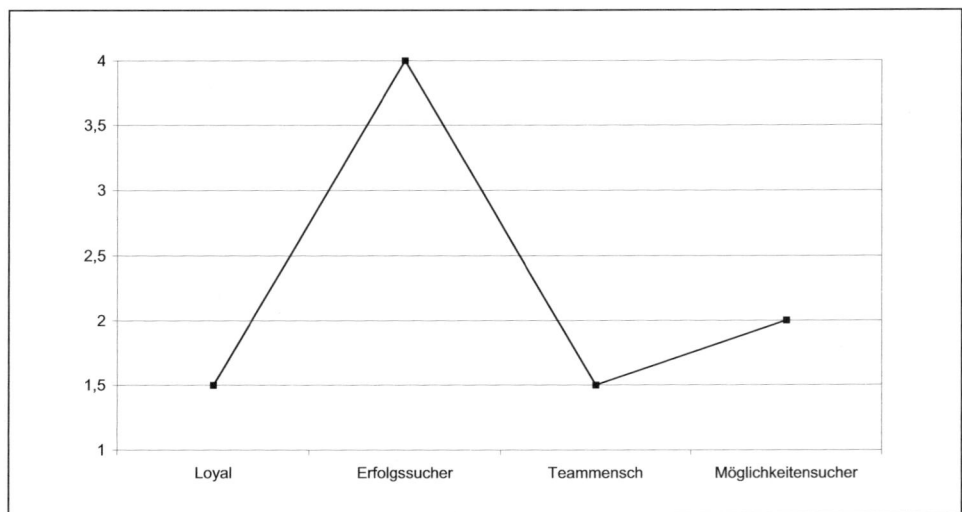

Die Unabhängigkeit veranschaulicht wiederum den Aspekt, dass bei den Loyalen und den Erfolgssuchern die Absolutheit von Aussagen vorliegt. Während bei den Teammenschen und Möglichkeitensuchern die konstruktivistische, relativistische Meinungsäußerung vorherrscht. Daher ist das Thema Unabhängigkeit bei den Erfolgssuchern im Vergleich zu den Möglichkeitensuchern viel stärker ausgeprägt.

Literatur

BECK, D. E., COWAN, C. C., Spiral Dynamics – Mastering Values, Leadership and Change, Blackwell Publishing, Williston 1996

BECK, D. E., COWAN, C. C., Spiral Dynamics – Leadership, Werte und Wandel, J. Kamphausen Verlag, Bielefeld, 2007

BELL, D., U. A., Die nachindustrielle Gesellschaft, Campus Verlag, Frankfurt/Main, 1976

BENNIS, W.; NANUS, B., Leaders: The strategies for taking charge, NY: Harper & Row, New York, 1985.

BLANCHARD, K., ZIGARMI, P., Der Minutenmanager: Führungsstile, rororo, Hamburg, 1995

CAMPBELL, A., DEVINE, M., YOUNG, D., Vision, Mission, Strategie, Die Energie des Unternehmens aktivieren, Campus Verlag, Frankfurt/Main, 1992

CLEMENT, S.D., & JACQUES, E., Executive Leadership., VA: Cason Hall & Company, Arlington, 1991

DE BONO, E., Lateral Thinking: Creativity step by step, Harper & Row, New York, 1970

DRUCKER, P. F., Management im 21. Jahrhundert, Econ Verlag, Berlin, 1999

ECHTER, D., Rituale im Management, Verlag Vahlen, München, 2003

FEUSTEL, B., Das Graves Value System, in: MultiMind Heft 03/2002, Junfermann Verlag, Paderborn

GRAVES, C. W., The Implications to Management of System – Ethical Theory, o.O., 1962

GRAVES, C. W., Value System and their relation to managerial Controls and Organizational Viability, Schenectady, 1965

GRAVES, C. W., HUNTLEY, W. C., LaBIER, D. W., Personality Structure and Perceptual Readiness; an investigation on their relationship to hypothesized levels of human existence, Schenectady, 1965

GRAVES, C. W., Deterioration of Work Standards, Harvard Business Review, 44 (September/October, 1966), S. 117-128

GRAVES, C. W., Levels of Existence: An Open System Theory of Values, in: Journal of Humanistic Psychology, Alameda, Volume 10 (Fall, 1970), No. 2, S. 131-155

GRAVES, C. W., MADDEN H.T.; MADDEN, L.P., The congruent Management Strategy, o.O. 1970

GRAVES, C. W., How should who lead whom to do what?, YMCA Management Forum, Schenectady, 1971-1972

GRAVES, C. W., Human Nature Prepares for a Momentous Leap, The Futurist, Bethesda, No. 8, April, 1974, S. 72-87

GRAVES, C. W., Summary Statement: The Emergent, cyclical double-helix model of adult human biopsychosocial Systems, Boston, 1981

GRAVES, C. W., Levels of Human Existence (transcript from a Seminar), edited by W.R. Lee, Santa Barbara, ECLET, 2002

GRAVES, C. W., The never ending quest; edited by Ch. Cowan and N. Todorovic, Santa Barbara, ECLET, 2005

GREEN, R., Power, dtv, München, 2001

KAPLAN, R. S., NORTON, D. P., Die strategiefokussierte Organisation, Schäffer Poeschel Verlag, Stuttgart, 2001

KAPLAN, R. S., NORTON, D. P., Strategy Maps, Schäffer Poeschel Verlag, Stuttgart, 2004

KATZENBACH, J. R., SMITH D. K., Teams – der Schlüssel zur Hochleistungsorganisation, Heyne Verlag, München, 1993, 2000

KOTTER, J. P., COHEN, D. S., The Heart of Change, Harvard Business School Press, Boston, 2002

KOUZES, J. M., & POSNER, B. Z., The Leadership Challenge, Jossey-Bass, San Francisco, 1995

LANDSBERG, M., The Tao of Coaching, London, 2003

LEE, B., Transcription of a "Seminar on Levels of Human Existence" conducted by Dr. Graves at the Washington School of Psychiatry, October 16, Washington, 1971

LIKER, J. K., The Toyota Way, McGraw-Hill, New York, 2004

LYNCH, D., DelphinDenken, Rudolf Haufe Verlag, Freiburg, 1996

SCOTT-MORGAN, HOVING, SMIT, VAN DER SLOT, The End of Change, McGraw-Hill, New York, 2001

TAD, J.; WOODSMALL, W., Time Line, Junfermann Verlag, Paderborn, 1991

TREACY, M., WIERSMA, F., Discipline of Market Leaders, Perseus Publishing, Cambridge, 1995

VESTER, F., Die Kunst vernetzt zu denken, dtv, München, 2002

YUKL, G. A., Leadership in Organizations Prentice Hall, Englewood Cliffs, 1989

Die Autoren

v.l.n.r.: Hartmut Wiehle, Martina Bär, Rainer Krumm

Martina Bär ist Vorstandsmitglied der businessforce Unternehmensberatung. Als Private Advisor berät sie Entscheider in komplexen Veränderungsvorhaben. Ihre Themenschwerpunkte sind neben der persönlichen Begleitung des Managements die inhaltlich strategischen Aspekte der Organisationsentwicklung. Einen besonderen Fokus legt sie zudem auf eine stimmige und passende Verknüpfung zwischen Organisations- und Personalentwicklung. Weiterhin vermittelt sie ihr Wissen als Hochschuldozentin. Sie studierte Wirtschaftsinformatik an der Technischen Universität Darmstadt.

E-Mail: martina.baer@businessforce.eu, Internet: www.businessforce.eu

Rainer Krumm ist Managementtrainer und Coach. Er ist Geschäftsführer der axiocon GmbH, einer Unternehmensberatung mit dem Schwerpunkt Personalentwicklung und Organisationsentwicklung. In zahlreichen internationalen Projekten begleitet Rainer Krumm strategische Veränderungsprozesse, implementiert Führungsphilosophien in Unternehmen, führt kreative Team-Workshops durch und coacht Topführungskräfte. Sein Wissen gibt er auch als Hochschuldozent und Keynote-Speaker weiter. Er studierte Wirtschaftspädagogik und Strategische Unternehmensführung an der Ludwig-Maximilians-Universität München.

E-Mail: rainer.krumm@axiocon.de, Internet: www.axiocon.de

Hartmut Wiehle ist Managementberater mit Fokus auf die Umsetzung von Veränderungsvorhaben. Er ist darauf spezialisiert, komplexe Zusammenhänge in Veränderungsprozessen greifbar zu machen und Managern in der Veränderungsarbeit auch persönlich zur Seite zu stehen. Die Gestaltung konkreter und wirksamer Maßnahmen und die Unterstützung der Verantwortungsannahme haben dabei besondere Bedeutung. Er studierte Informatik und Wirtschaftswissenschaften an der Technischen Universität München.

E-Mail: hartmut.wiehle@businessforce.eu, Internet: www.businessforce.eu

Die Website zum Buch: www.gravesvaluesystem.de

Managementwissen: kompetent, kritisch, kreativ
↗

Lebendigkeit im Unternehmen freisetzen und nutzen

Lebendigkeit ist der fundamentalste Wettbe-
werbsvorteil eines Unternehmens. Denn durch
einen hohen Grad an Lebendigkeit entsteht alles
andere: Spitzenleistung, Innovationskraft, Veränderungsbereitschaft, Dynamik und Tempo. Dieses
Buch zeigt, wie diese hohe Lebendigkeit in Unternehmen erreicht werden kann.

Matthias zur Bonsen
Leading with Life
Lebendigkeit im Unternehmen
freisetzen und nutzen
2009. 273 S.
Geb. EUR 39,90
ISBN 978-3-8349-1353-1

Authentisch führen - worauf es dabei ankommt

Führungskräfte lernen ihren Führungsjob, während
sie ihn betreiben. Dabei gibt es drei entscheidende
Kompetenzbereiche, die entwickelt werden müssen: die Orientierung in der Rolle, die persönliche
Selbstreflexion und die Empathiefähigkeit.

Adolf Lorenz
Die Führungsaufgabe
Ein Navigationskonzept für
Führungskräfte
2009. 192 S. mit 6 Abb. und
Zusatzprodukt: Mindmap. Geb.
EUR 39,90
ISBN 978-3-8349-1029-5

Nachhaltige Führung durch intelli-gente Verknüpfung von Ökonomie, Ökologie und Ethik

In Zeiten der Globalisierung und zunehmender
Dynamik der Märkte stellt sich immer häufiger
die Frage nach der Vereinbarkeit von ökonomi-
schem Handeln mit Umweltmanagement, Ethik
und Nachhaltigkeit. In diesem Buch werden neun
Bausteine für die Entwicklung eines integrierten
Führungssystems der Nachhaltigkeit beschrieben.
Die Kompatibilität der Bausteine und die Schlüs-
sigkeit des Gesamtansatzes stehen dabei im
Vordergrund.

Jörg Rabe von Pappenheim
Das Prinzip Verantwortung
Die 9 Bausteine nachhaltiger
Unternehmensführung
2009. 176 S. mit 22 Abb. Br.
EUR 29,90
ISBN 978-3-8349-1431-6

Änderungen vorbehalten. Stand: Februar 2010.
Erhältlich im Buchhandel oder beim Verlag

Gabler Verlag . Abraham-Lincoln-Str. 46 . 65189 Wiesbaden . www.gabler.de

GABLER

Mitarbeiter erfolgreich führen
↗

Von der Natur für die Führungs-praxis lernen

Mit Erkenntnissen der Evolutionsbiologie die „weichen" Verhaltensfaktoren wie Sympathie, persönliches Kennen und gegenseitiges Vertrauen mit den „harten" sozialen Regeln des Handelns erfolgbringend verschränken.

Klaus Dehner
Die Bindungsformel
Wie Sie die Naturgesetze des gemeinsamen Handelns erfolgreich anwenden
2010. 192 S.
Geb. EUR 39,90
ISBN 978-3-8349-1393-7

Mit verändertem Denken Leistungs-niveau steigern

Ein Praxisratgeber, der Führungskräfte pragma-tisch dabei unterstützt, Talent-Management, also Personalführung und –entwicklung, professionell in ihren Alltag zu integrieren. Durch die sehr pra-xisorientierte Herangehensweise, die auf über 10 Jahren Coaching-Erfahrung mit Führungskräften beruht, sowie eine Reihe realer Praxisfälle erhält der Leser erprobte Ansätze, wie er seine eigenen Denk- und Verhaltensmuster verändern kann, um seiner Verantwortung als Talent-Manager besser gerecht zu werden und seine Attraktivität als Arbeitgeber ebenso wie das Leistungsniveau in seinem Bereich zu steigern.

Jochen Gabrisch
Die Besten managen
Erfolgreiches Talent-Management im Führungsalltag
Mit zahlreichen Beispielen aus der Coaching-Praxis
2010. 237 S. mit 32 Abb.
Br. EUR 34,95
ISBN 978-3-8349-1872-7

Worauf es beim Führen wirklich ankommt

Was zeichnet gute Führung aus? Welche Füh-rungsansätze sind wichtig und praxisnah? Daniel F. Pinnow, Geschäftsführer der renommier-ten Akademie für Führungskräfte, zeigt in diesem Kompendium, worauf es wirklich ankommt.

Daniel F. Pinnow
Führen
Worauf es wirklich ankommt
4. Aufl. 2009. 321 S.
Geb. EUR 42,00
ISBN 978-3-8349-1753-9

Änderungen vorbehalten. Stand: Februar 2010.
Erhältlich im Buchhandel oder beim Verlag

Gabler Verlag . Abraham-Lincoln-Str. 46 . 65189 Wiesbaden . www.gabler.de

GABLER

Wissen für die Unternehmensführung

↗

Alle Geschäftsabläufe systematisch im Griff

Wie gelingt es, Prozesse im Unternehmen optimal zu gestalten? Die Autoren zeigen, wie Unternehmen eine kontinuierliche Leistungsmessung implementieren und innerbetrieblichen Widerstand konstruktiv nutzen können. Zahlreiche Beispiele, quantitative Tools, Checklisten und viele Praxistipps machen das Buch zu einem einzigartigen Werkzeug, um Wettbewerbsvorteile durch effektive Prozessoptimierung zu realisieren.

Eva Best / Martin Weth
Bestes Prozessmanagement
Wettbewerbsvorteile durch
optimierte Geschäftsprozesse
4. Aufl. 2010. ca. 256 S.
Geb. ca. EUR 52,95
ISBN 978-3-8349-2211-3

Enzymisches Management wirksam im Unternehmen umsetzen

„Management Turnaround" regt Manager dazu an, ihr eigenes Denken und Handeln kritisch zu hinterfragen und vor allem Shareholder Value nicht als Ausgangspunkt, sondern als Ergebnis guten Managements zu betrachten. Diese fundierte und zukunftsweisende Lektüre gibt Managern sowohl Orientierung als auch pragmatische Handlungsempfehlungen für ihr unternehmerisches Engagement. Denn die Hebel aus innovativem und kooperativem Vorgehen sind oft erheblich größer als Kostensenkungshebel.

Werner Boysen
Management Turnaround
Wie Manager durch Enzymisches
Management wieder wirksam
werden
2009. 436 S.
Br. EUR 49,90
ISBN 978-3-8349-1610-5

Das Standardwerk zu Wissensmanagement - fundiert, aktuell

Dieses Werk zum Thema Wissensmanagement - jetzt in der 6., überarbeiteten Auflage - zeigt an Fallbeispielen aus namhaften Unternehmen, wie der sinnvolle und innovative Einsatz von Wissen den Vorsprung von Spitzenunternehmen sichert. Neu in dieser Auflage sind vor allem Ausführungen zu Wissensverlusten durch Downsizing, zur Bedeutung von Social Software und des demografischen Wandels für Wissensmanagement, das Management von Communities of Practices. Mit aktuellen Untersuchungsergebnissen.

Gilbert Probst / Steffen Raub /
Kai Romhardt
Wissen managen
Wie Unternehmen ihre wertvollste
Ressource optimal nutzen
6., überarb. u. erw. Aufl. 2010. 328 S.
Geb. EUR 56,95
ISBN 978-3-8349-1903-8

Änderungen vorbehalten. Stand: Februar 2010.
Erhältlich im Buchhandel oder beim Verlag

Gabler Verlag . Abraham-Lincoln-Str. 46 . 65189 Wiesbaden . www.gabler.de

GABLER